老旧小区改造理论与实践系列丛书

共同富裕建设中
城镇老旧小区改造浙江实践

THE PRACTICE OF RENOVATION OF OLD URBAN RESIDENTIAL AREAS IN ZHEJIANG ON THE JOURNEY OF COMMON PROSPERITY

王贵美　章文杰　主编

郎利民　何炜达　主审

中国建筑工业出版社

图书在版编目（CIP）数据

共同富裕建设中城镇老旧小区改造浙江实践 = THE PRACTICE OF RENOVATION OF OLD URBAN RESIDENTIAL AREAS IN ZHEJIANG ON THE JOURNEY OF COMMON PROSPERITY / 王贵美，章文杰主编. -- 北京：中国建筑工业出版社，2024. 6. --（老旧小区改造理论与实践系列丛书）. -- ISBN 978-7-112-30026-6

Ⅰ. TU984.12

中国国家版本馆CIP数据核字第2024EK4714号

浙江担负着高质量发展建设共同富裕示范区的重要历史使命，作为省域层面的“探路先锋”，着力突破城镇居民住房的各项难题。在这一背景下，本书阐释浙江深度融合中的体制机制创新，梳理城镇老旧小区改造的浙江经验，并选取浙江省60多项具有特色的城镇老旧小区改造案例进行深度解读和剖析，以期为全国不同基础条件的城镇老旧小区改造提供经验参考。

责任编辑：朱晓瑜
责任校对：赵　力

老旧小区改造理论与实践系列丛书
共同富裕建设中城镇老旧小区改造浙江实践
THE PRACTICE OF RENOVATION OF OLD URBAN RESIDENTIAL AREAS IN ZHEJIANG ON THE JOURNEY OF COMMON PROSPERITY
王贵美　章文杰　主编
郎利民　何炜达　主审
*
中国建筑工业出版社出版、发行（北京海淀三里河路9号）
各地新华书店、建筑书店经销
北京建筑工业印刷有限公司制版
北京市密东印刷有限公司印刷
*
开本：787毫米×1092毫米　1/16　印张：21¾　字数：412千字
2024年8月第一版　　2024年8月第一次印刷
定价：**159.00**元
ISBN 978-7-112-30026-6
（43143）

本书编审委员会

主　　编： 王贵美　章文杰

主　　审： 郎利民　何炜达

副 主 编： 边志杰　潘　辉　吴俊华　娄　劼

参编人员： 冯毅超　杨静漪　袁　帆　黄　媚
管　震　孙保杰　楼成钢　杨伦锋
裘骏军　王光辉　姚元伟　王　健
龚黎黎　李小兰　李　笋　沈婷婷
张洁丽　蔡玉婷　沈思慧　王俊琳
王胡文　沈龙付　赵昊磊　李佳媛
祝桂海　胡　汉　朱　珩　刘　挺
斯　磊　霍其全　毛荣东　汪宇航

前　言

为实现共同富裕这一宏伟目标，解决发展不平衡不充分问题和人民群众急难愁盼问题被放在了重要位置。与此同时，我国城市发展已经迎来重要转变，“十四五”规划提出实施城市更新行动，意味着我国城市建设正从增量扩张向存量提质转变。城镇老旧小区是城市重要的存量空间，实施城镇老旧小区改造不仅是重大民生工程，是民众所需所盼，也是城市更新行动的重点内容，对于城市改善发展空间至为关键。

随着我国城市快速发展，一些小区也在逐渐变老，尤其是2000年以前建成的小区，普遍存在着基础设施落后、功能配套缺乏、失管失修等问题，居民反映强烈。据住房和城乡建设部调查，全国2000年以前建成的、需要改造的城镇老旧小区，占到了全国存量住宅面积的1/8。

事关民生无小事。党中央、国务院高度重视城镇老旧小区改造工作，习近平总书记亲自部署、亲自推动，在中央经济工作会议、中央城镇化工作会议、中央财经委员会议上多次对老旧小区改造发表重要讲话，为我国推动老旧小区改造工作指明了前进方向，更在全国两会的政府工作报告中连续七年专门提出了城镇老旧小区工作的要求。全国各有关部门、各地政府坚决贯彻党中央、国务院决策部署，大力推进城镇老旧小区改造，着力抓好“楼道革命、环境革命、管理革命”。

全国上下一盘棋、一条心，推动城镇老旧小区改造工作取得显著成效。2019～2023年，我国累计改造城镇老旧小区22万个，惠及居民3800多万户，约1亿人。老旧小区改造成为党的十九大以来最受欢迎的民心工程之一。

为深入介绍我国城镇老旧小区改造取得的阶段性成果，推动新时代老旧小区改造理论发展，多视角、全景化、深层次展现全国各地老旧小区改造的鲜活案例，总结可复制可推广的创新经验，我们推出了“老旧小区改造理论与实践系列丛书”，截至目前，本系列丛书已出版4部作品：

第一部《城镇老旧小区改造技术指南》，聚焦城镇老旧小区改造的重点、难点、焦点问题进行深入研究和探讨，就如何实现城镇老旧小区改造现代化、精细化、法治化、科技化等问题提出了建设性的观点和实施建议。

第二部《以未来社区理念推进城镇老旧小区改造研究》，通过对浙江实施未来社区建设和城镇老旧小区改造的研究，以未来社区建设的内涵特征、实施路径、场景应用、建设标准、政策保障等系统成果为驱动，结合完整社区建设，为老旧小区改造提供解决方案、展开实际探索。

第三部《城镇老旧小区改造“新通道”研究》，提出在新阶段的老旧小区迭代升级过程中，亟须用“清零”的思维、理念、方法和模式，重建城镇老旧小区改造工作的机制和体系，开启城镇老旧小区改造的“新通道”，坚持城市体检先行、实施城市更新再规划、赓续城市历史文化、开展“留改拆增”精准营造、建设老旧小区“五高”要素、强化“城市运营商”治理模式等，走出一条全新的城市更新之路。

本书《共同富裕建设中城镇老旧小区改造浙江实践》是“老旧小区改造理论与实践系列丛书”的第四部作品。浙江担负着高质量发展建设共同富裕示范区的重要历史使命，作为省域层面的“探路先锋”，一直以来在着力突破着城镇居民住房的各项难题。在这一背景下，本书阐释浙江深度融合中的体制机制创新，梳理城镇老旧小区改造的浙江经验，并选取具有特色的城镇老旧小区改造案例进行深度解读和剖析，以期为全国不同基础条件的城镇老旧小区改造提供经验参考。本书由泛城设计股份有限公司王贵美和章文杰担任主编，由浙江省住房和城乡建设厅郎利民和杭州市城乡建设管理服务中心何炜达担任主审，由浙江省住房和城乡建设厅潘辉和杭州市城乡建设管理服务中心的边志杰、吴俊华、娄劼担任副主编，参编人员由多个单位的专业人员组成，包括：

泛城设计股份有限公司的王光辉、姚元伟、王健、李笋、龚黎黎、沈婷婷、张洁丽、蔡玉婷、沈思慧、王俊琳、沈龙付、祝桂海、尚天阳、袁明璐、段静伟、张笑源、胡汉、朱珩、刘挺、斯磊、毛荣东，杭州市城乡建设管理服务中心的冯毅超、杨静漪、袁帆、黄媚、管震，绍兴市住房和城乡建设局孙保杰，杭州市拱墅区建筑工程质量监督站的杨遒，杭州市拱墅区物业服务管理中心的楼成钢，杭州市拱墅区建筑业管理服务站的陆珺、郎季洁、蓝悦，浙江协力建设有限公司的杨伦锋，浙江东南设计集团有限公司的裘骏军、李小兰、江冰兰，浙江东南建筑设计有限公司的洪慧心，杭州精博康复辅具有限公司的赵昊磊，杭州欧麟工程项目管理有限公司的王胡文，以及浙江农林大学的李佳媛等，得益于所有编写人员的精诚协作和审核人员的严谨细微，才有了本书的成果。

“十四五”规划实施已接近尾声，我们既要以优异的成绩打好老旧小区改造“收官战”，更要践行“人民城市人民建”的理念，精心研究谋划“十五五”老旧小区改造工作，把老旧小区改造作为建设宜居、韧性、创新、智慧、绿色、人文城市的重要内容，与好房子、好小区、好社区、好城区“四好”建设相结合，综合施策，协同推进。通过本系列丛书，我们希望能够为全国城市建设和城市发展助力，进一步激起社会各界的关注和行动热情，同时也希望能够加强和全国同行之间的交流。城市更新是城市可持续发展的重要主题，未来书写的笔墨也将越来越多，城市需要不断提质升级，而我们的相关研究也会继往开来。

期待与社会各界勇担使命、赓续前行、共铸华章。

2024年8月于杭州

目 录

第一章

共同富裕图景中的浙江城镇老旧小区改造

第一节 浙江：共同富裕省域范例的探路先锋

实现共同富裕是社会主义的本质要求，也是全国人民群众的殷殷期盼。改革开放以来，通过先富带动后富，先富扶持后富，我国不仅创造了快速增长的经济奇迹，也消除了绝对贫困问题，让人民群众既富“口袋”又富“脑袋”，实现了全面建成小康社会的奋斗目标。

当前，随着我国进入发展新阶段，共同富裕被赋予了更深刻、更丰富的时代内涵。党的十九届五中全会提到，“到2035年我国基本实现社会主义现代化时，全体人民共同富裕取得更为明显的实质性进展。”这一重大部署擘画了未来十余年我国现代化发展的宏伟蓝图，激励我国全体人民脚踏实地、奋力迈进。党的二十大报告也指出，“中国式现代化是全体人民共同富裕的现代化。共同富裕是中国特色社会主义的本质要求，也是一个长期的历史过程”。共同富裕政策沿革如图1-1所示。

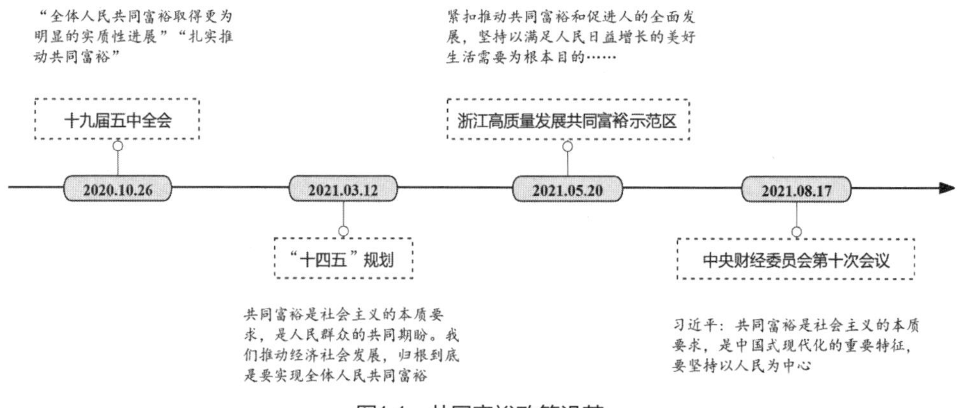

图1-1　共同富裕政策沿革

共同富裕中的“共同”指发展成果要惠及全体人民，一个也不掉队，也指目标实现需要全体人民的参与和共建；共同富裕中的“富裕”指人民物质生活和精神生活的全方位满足，也指我国经济、文化、生态、社会、政治多个维度的繁荣发展，我国需要逐步推动解决这一长期任务。

面对发展不平衡不充分这一主要矛盾和现实问题，我国从改革和发展经验出发，在顶层设计基础上推行示范建设。2021年，发布《中共中央 国务院关于支持浙江高质量发展建设共同富裕示范区的意见》，提出浙江省在缩小城乡差距、区域发展方面积累了一定的经验，在“八八战略”上继承发扬，通过先行先试为全国实现共同富裕探路，探索共同富裕的体制机制和制度体系，计划到2025年推动示范区建设取得明显实质性进展；到2035年，高质量发展取得更大成就，基本实现共同富裕，率先探索建设共同富裕美好社会。

实现共同富裕这一远景目标，高质量发展是基础和关键。具体而言，应普遍达到生活富裕富足、精神自信自强、环境宜居宜业、社会和谐和睦、公共服务普及普惠的水平，实现人的全面发展和社会全面进步，共享改革发展成果和幸福美好生活。从人民群众角度出发，描绘人民群众“看得见、摸得着”的幸福图景，实现幼有所育、学有所教、劳有所得、病有所医、老有所养、住有所居、弱有所扶，推动宏观理念向微观落地是实现共同富裕的有效路径，也是汇聚全体人民磅礴力量的有力推手。

“十四五”规划开局之年，浙江担负起高质量发展建设共同富裕示范区的重要历史使命，先行探索形成可借鉴可推广可复制的实践经验。2021年7月，《浙江高质量发展建设共同富裕示范区实施方案（2021—2025年）》发布，提出了一系列全面细化落实的目标。其中，在提升居民生活品质方面，提出按照未来社区理念实施城市更新行动，推进城镇老旧小区改造，建设共同富裕现代化基本单元。

2021年9月，浙江省住房和城乡建设厅发布的《关于打造住房城乡建设高质量发展省域样板推进共同富裕示范区建设行动方案（2021—2025年）》明确了推进共同富裕现代化基本单元建设的目标，“打造100个以上城镇未来社区、100个以上乡村新社区，改造城镇老旧小区3000个以上，共同富裕现代化基本单元建设标准、模式、政策体系全面形成，成为浙江普遍形态”，并从舒适宜居、优良人居环境、城乡基础设施、绿色建造、智慧治理等方面提出打造高质量发展样板。

2022年召开的浙江省第十五次党代会明确提出要“全省域推进共同富裕现代化基本单元建设”。共同富裕现代化基本单元建设是推进共同富裕先行和省域现代化先行从宏观谋划到微观落地的变革抓手、集成载体、民生工程、示范成果，是浙江加快实现共同富裕、打造中国式现代化和美城乡的重要载体。

2022年5月，浙江省召开共同富裕现代化基本单元建设工作推进会，提出浙江省共同富裕现代化基本单元建设包括打造未来社区、未来乡村、城乡风貌样板区三大基本单元，并包含共富味、未来味和浙江味，强调了共同富裕现代化基本单元建设的协同性、前瞻性和特色化。

会上提到要统筹现代社区建设与共同富裕现代化基本单元建设的关系，突出“空间重塑、品质生活、模式创新、智慧互联、共建共享”的内涵特征，加快推进城市和乡村有机更新，加快形成“一老一小”公共服务系统化解决方案，探索综合运营模式，积极发展新产业新业态，推动先进互联网技术为社区赋能，探索政府主导、多元参与的新路径[1]。

除此之外，会上正式公布了浙江省首批共同富裕现代化基本单元名单，其中有28个未来社区、36个未来乡村、17个城乡风貌样板区。不少改造后的老旧小区入选，如滨江区缤纷未来社区、萧山区振宁未来社区等。

2022年8月，浙江省共同富裕现代化基本单元建设工作现场会召开，提出要充分彰显共同富裕现代化基本单元建设的标志性特征，做到空间形态全域覆盖、功能面貌集成展示、精神文化传承彰显、社会治理具体落地。要加快提升以“一老一小”为重点的公共服务能力，围绕设施、服务和活动三方面，结合人口结构和现实需求，按照“标配+选配”进行配置，注重养老服务场景、托育服务场景和老幼融合服务场景的打造。

浙江省共同富裕政策沿革如图1-2所示。

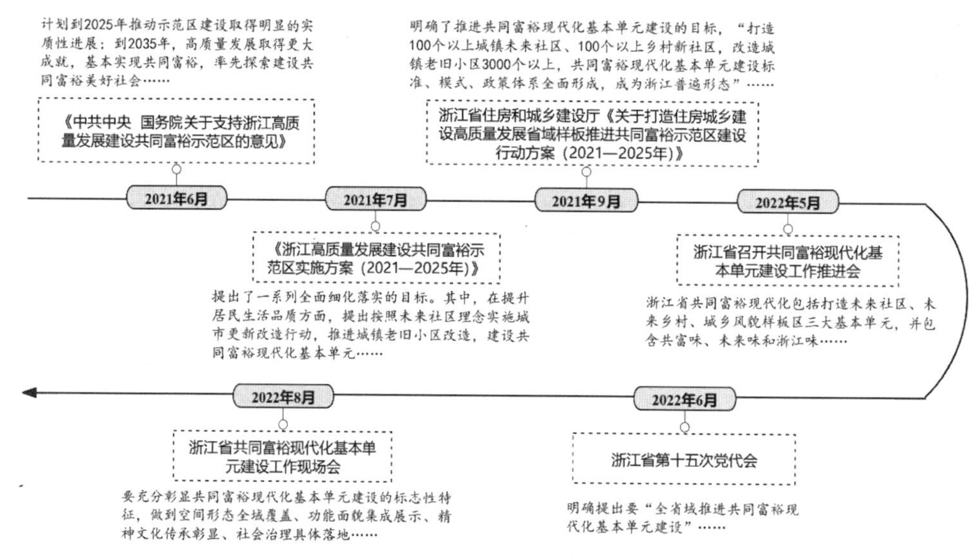

图1-2 浙江省共同富裕政策沿革

可以看到，响应“共同富裕”目标，浙江在提升居民住房领域已经提交了一份满意的答卷。目前，浙江省城镇老旧小区改造和共同富裕现代化基本单元建设相辅相成，前者的实施为后者打下了扎实的物质基础，而后者的深入部署对于推动城镇老旧小区改造提质升级具有重要意义。

第二节 浙江城镇老旧小区改造发展的历程回溯

一直以来，浙江省十分重视城镇化发展建设。2003年，浙江省提出城乡一体化发展战略和新型城市化战略，浙江城市发展迈入跨越转型、量质并举、稳健推进的新征程[2]。

城镇老旧小区作为城市中的薄弱点，其改造更新对提升城市风貌、改善民生至关重要。浙江省在该项工作上投入多、覆盖广、成效大。从理论支撑层面来看，浙江将城镇老旧小区改造与完整社区、未来社区、现代社区建设理念有机结合；从实践发展层面而言，因地制宜引入了综合整治、拆改结合、自主更新等改造模式，真真切切地让人民群众感受到“共同富裕看得见、摸得着”。

在高目标、高要求的引领下，浙江省主要经历了如图1-3所示三个阶段的老旧小区（住宅）改造更新。

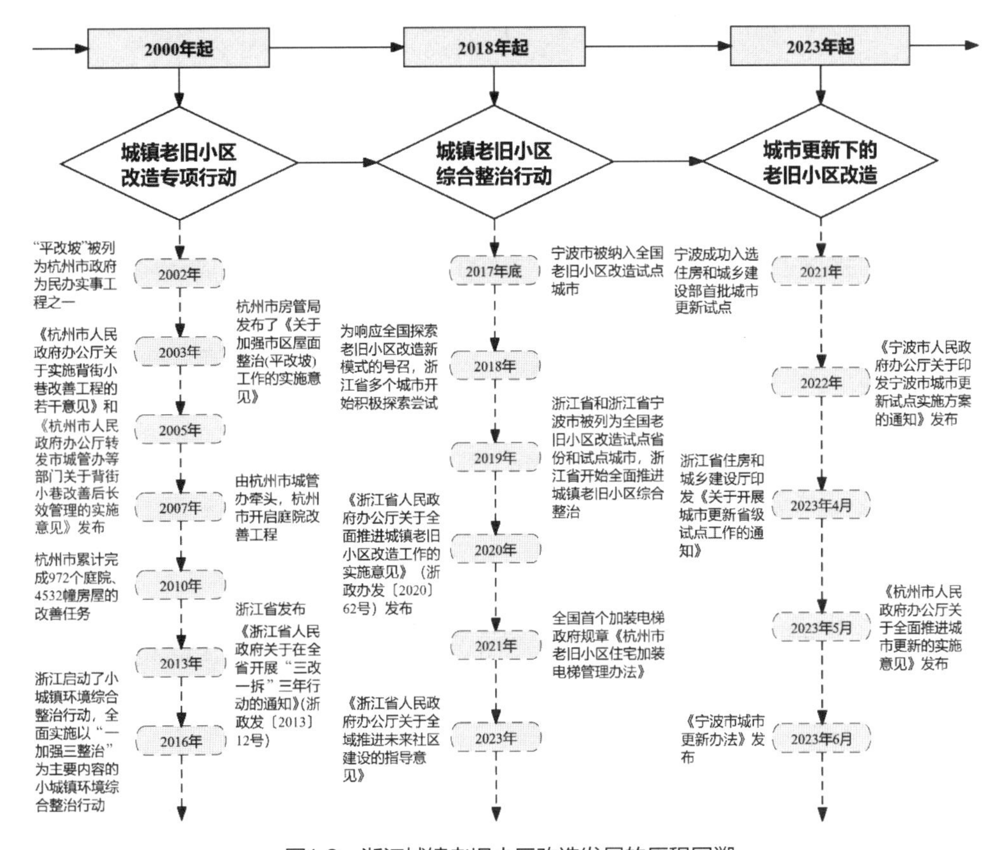

图1-3 浙江城镇老旧小区改造发展的历程回溯

从2000年以来，浙江省先后开启了背街小巷改造、“平改坡”、美丽家园建设等一系列专项改造。在这个阶段，浙江开启了真正具有地方特色的城市有机更新之路，在保护传统城市肌理下改善居民生活环境，并挖掘文化内核、丰富群众精神生活，同时浙江省开始逐步探索城建工程中的民主实践，创新形成了共建共享的城市治理方式，产生了对当时乃至现在都有重大影响的“三问四权”制度，即要做到“问需于民、问计于民、问情于民，落实群众的知情权、选择权、参与权、监督权”。

2019年全面推进城镇老旧小区改造以来，浙江省再次走在了创新实践的前列，被住房和城乡建设部列为全国试点省份，浙江省在实践中打破了“小区问题小区解决”的思维惯性，不仅提出了“相邻小区联动改造”“社区公共空间协同开发”等模式，还运用了“综合改一次”“老旧小区改造联动未来社区建设”等先进理念。在这过程中，全省老旧小区改造成绩斐然，杭州、宁波等城市的老旧小区改造都列入住房和城乡建设部城镇老旧小区改造可复制政策机制清单中，多个城市的老旧小区改造经验受到国务院督查激励，被《人民日报》、中央电视台等国家级媒体广泛报道，用一个个生动的改造案例完美书写了“浙江答案”。

随着城市更新行动成为我国长期发展战略，居民对美好生活诉求日益增长，新的发展形势对于浙江新一轮城镇老旧小区改造提出了更高要求。浙江坚持问题导向、效果导向，率先探索自主更新的老旧小区改造模式，通过推进城镇老旧小区改造自主更新试点工作，引导群众从“要我改”到“我要改”，营造业主主动参与、社会各界广泛支持的浓厚氛围，探索建立科学、简便、有效的管理流程与服务机制，为破解“资金难”“改不动”等关键性难题找到了突破口，为全国城镇老旧小区改造探索一条新路径。

一、城镇老旧小区改造专项行动

第一阶段是始于2000年的城镇老旧小区专项行动阶段。以杭州市为例，杭州是全国较早推行“平改坡”试点的城市之一。2002年，“平改坡”被列为杭州市政府为民办实事工程之一。2003年，杭州市房管局发布了《关于加强市区屋面整治(平改坡)工作的实施意见》，将“平改坡”作为一项长期工作，以美化城市以及解决老旧多层住宅屋面漏水、隔热等问题为重点的整治内容，该工作由市房管局牵头，整治经费由市、区两级政府各承担一半。2004年，针对旧城区基础设施落后、综合环境杂乱等问题，杭州市开启背街小巷改善工程，并被列为当年杭州十大民生实事之一，整治内容包括平整路面、增设路灯、增加绿化、把架空线“上改下”、截污纳管、整治立面、拆除违法建筑、改善交通和增设停车点、增设公厕和果壳箱、完善服务功能等。2005年，《杭州市人民政府办公厅关于实施背街小巷改善工程的若干意见》和《杭州市人民政府办公厅转发市城管办等部门关于背街小巷改善后长效管理的实施意见》发布，既对背街小巷改善工程进行了明确分类，同时制定了长效管理的要求和保障措施。该工程由市城管办牵头，资金费用由市专项资金拨付，截至2013年专项取消，全市共完成3090条背街小巷改善[3]。2007年起，由杭州市城管办牵头，杭州市开启庭院改善工程，从小区庭院环境、配套设施、房屋情况等方面综合考虑，并结合百姓多样化需求实施改善，至2010年，杭州市累计完成972个庭院、4532幢房屋的改善任务[4]。杭州的这一改造经验，被北京、上海、深圳、南京等30多个省外城市的政府考察团参观交流和学习取经，并受到全国乃至国际行业专家的美誉，被称为“历史文化名城保护的杭州模式”。

浙江省其他城市如宁波、绍兴、温州、丽水等市在吸取杭州市经验的基础上，相继实施了城区背街小巷的环境提升。2011年，《宁波市中心城区背街小巷综合整治实施方案》发布，要求做好“道路平整、积水治理、截污纳管、立面整治、公厕改造、违建拆除，规范店名招牌、户外广告和城市家具设置，提升园林绿化和灯光照明设施，缓解交通‘两难’、架空线‘上改下’、标志标牌多杆合一、文化挖掘、特色塑造等16项工作”[5]。2017年，丽水城区启动文明示范小巷建设工程。按照“一小巷一专家一业主”的模式，逐步对市区背街小巷进行整治提升，具体包括平整道路、规整管线、拆除违建、粉刷建筑立面、路面亮化等基础设施建设以及修建花坛、见缝插绿、墙画雕塑等美化工程[6]。

此外，2013年，浙江省发布《浙江省人民政府关于在全省开展“三改一拆”三年行动的通知》（浙政发〔2013〕12号），在全省深入开展住宅区、旧厂区、城中村改造和拆除违法建筑（简称“三改一拆”行动）三年行动。对于老旧小区而言，则要重点解决小区一楼或顶层违法搭建，以及小区公共闲置空间私自占用等问题，对拆后的空间则进行环境改善、设施提升和公共服务配套。

2016年，浙江启动了小城镇环境综合整治行动，全面实施以“一加强三整治”（即加强规划设计引领，整治环境卫生、整治城镇秩序、整治乡容镇貌）为主要内容的小城镇环境综合整治行动[7]，并提出加强老旧小区提档整治，优化住宅功能布局，改善居住环境。

二、城镇老旧小区综合整治行动

第二个阶段是始于2018年的城镇老旧小区综合整治行动阶段。2017年12月，宁波市被纳入全国老旧小区改造试点城市，以探索老旧小区改造的新模式。2018年，为响应全国探索老旧小区改造新模式的号召，浙江省多个城市开始积极探索尝试。如杭州市和睦新村就选择了十栋建筑及周边范围作为一期试点开启老旧小区改造工作，同时打造了“四街三园三中心”的养老服务综合体，改造成果也备受全国瞩目。2019年6月召开国务院常务会议部署推进城镇老旧小区改造时提出的“加强政府引导，尊重居民意愿，动员群众参与”“在小区改造基础上，引导发展社区养老、托幼、医疗、助餐等服务”等方面内容在和睦新村身上能找到印证。

2019年，浙江省和浙江省宁波市被列为全国老旧小区改造试点省份和试点城市，浙江省开始全面推进城镇老旧小区综合整治。在这个阶段，浙江省还结合地方实际，发展出以未来社区理念为指导推进城镇老旧小区改造。2020年12月，《浙江省人民政府办公厅关于全面推进城镇老旧小区改造工作的实施意见》（浙政办发〔2020〕62号）发布，鼓励城镇老旧小区分类开展未来社区试点，形成具有浙江特色的高级改造形态。2023年，《浙江省人民政府办公厅关于全域推进未来社区建设的指导意见》提出联动推进未来社区建设和城镇老旧小区改造。

浙江省还大力推进既有住宅小区加梯，早在2016年6月，就发布了《关于开展既有住宅加装电梯试点工作的指导意见》，对申请条件、签订协议、专项设计、资金筹集等组织实施层面做了明确规定。目前，杭州、宁波等7个城市以市政府名义出台了既有住宅加装电梯办法或者指导意见。如杭州市在2021年1月就出台全国首个加装电梯政府规章《杭州市老旧小区住宅加装电梯管理办法》。为进一步完善相关配套政策，杭州市还发布了《杭州市人民政府办公厅关于积极推进老旧小区住宅加装电梯工作的实施意见》，对于基层民主协商机制、项目质量安全监管等方面进行了细化，为推进加梯提供政策保障。截至2023年12月底，全省累计完成住宅加装电梯8946台，位居全国前列，其中，杭州市总量突破5000台、绍兴市总量突破900台、温州市总量突破700台[8]。

2022—2024年，老旧小区改造连续三年被列为浙江省民生实事任务，备受群众关注。截至2023年12月，浙江省已经累计开工改造老旧小区约5550个，惠及居民176.4万户，如图1-4所示。在此期间，浙江省杭州市、宁波市、温州市等多个城市老旧小区改造经验做法入选住房和城乡建设部城镇老旧小区改造可复制政策机制清单，并获全国推广。

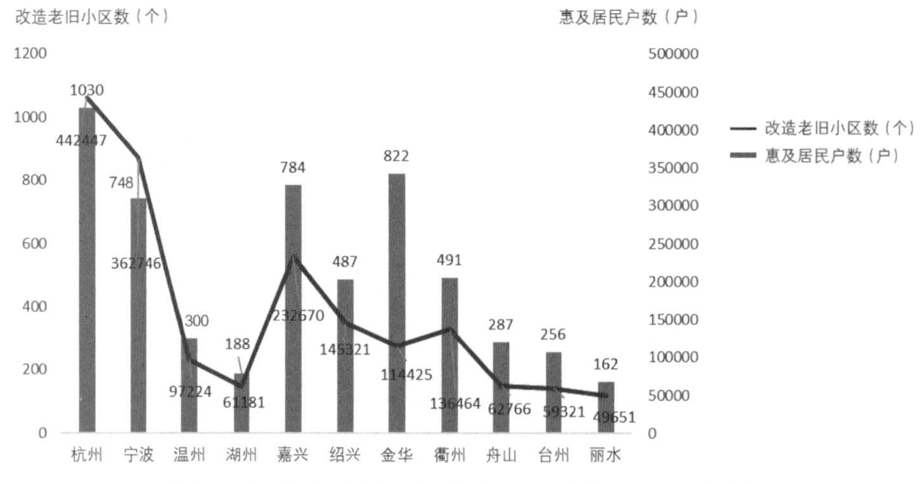

图1-4　浙江各地市累计开工老旧小区改造数和惠及居民户数

这一阶段，浙江省老旧小区改造注重增加社区公共服务配套场景，尤其是“一老一小”场景建设，加强社区特色文化营造，完善社区数字化建设，提升社区运营和治理水平。截至2023年底，浙江省老旧小区完成“一老一小”场景改造1910个，提升公共服务设施数量24000个。相比此前的专项改造行动，本阶段的改造覆盖范围更广，包含了从大城市到中小城市、县城、乡镇；改造更综合全面，硬件方面包括基础设施改造、小区环境优化、公共服务设施完善和公共空间拓展，软件方面包括服务功能改善、特色文化营造、长效运营和邻里关系提升；从改造模式看，基本以综合整治为主；从改造特色看，发挥数字技术优势在提升基层治理方面的作用，从而保障老旧小区改造的可持续运维；从配套政策看，在简化审批流程、物业管理、加装电梯、闲置用地开发等方面均提供了有力政策。

三、城市更新下的老旧小区改造

第三个阶段是自2023年启动的在城市更新范畴下实施的城镇老旧小区改造，即老旧小区改造工作已经从社区逐步扩展到城市全域范畴，老旧小区改造不再是一个阶段性的工作，而成为城市更新这一长期任务中的重点任务。

2023年4月，浙江省住房和城乡建设厅印发《关于开展城市更新省级试点工作的通知》，以探索建立城市设计管理制度，强化对城市、社区、小区、建筑等不同尺度更新的指导和管控，不少老旧小区改造项目、老城片区更新项目都被纳入试点中。全省地方城市也在积极探索。2023年5月，《杭州市人民政府办公厅关于全面推进城市更新的实施意见》发布，居住区包括危旧楼房、老旧小区和既有住宅片区的综合改善也被列为更新类型和重点任务。2021年11月，宁波成功入选住房和城乡建设部首批城市更新试点，2022年，《宁波市人民政府办公厅关于印发宁波市城市更新试点实施方案的通知》发布，提出城市更新下的重点片区更新。2023年6月，《宁波市城市更新办法》（下称《办法》）发布，《办法》对于居住类城市更新在规划指标、土地等方面提供了一些突破性政策支持。

2024年4月，浙江省住房和城乡建设厅等部门发布《关于稳步推进城镇老旧小区自主更新试点工作的指导意见（试行）》，明确相关流程和支持政策。作为全国首个出台的推进老旧小区自主更新的指导意见，最重要的特色亮点就是提出以居民为主导，由居民自愿提出更新申请，更新方案由居民协商提出，资金也由居民承担。这对于当下破解民生难题、增进民生福祉具有先行示范意义。

当前阶段相较上个阶段也有所变化和突破，从改造范围看，已经从单个小区、社区更新拓展到街区、片区乃至城市更新范畴；从改造内容看，更加注重人的需要，居民参与的程度更深；从改造出资看，已经从政府兜底模式逐渐开始探索政府引导、居民主体出资的模式。

第三节 美好生活期许和老旧小区改造未来通道

随着人民群众对美好生活有了更高的期待，对居住的标准也从“有没有”转向“好不好”，住房需求也越来越多样化。城镇老旧小区改造是顺应群众期盼、改善居住条件的民生工程和发展工程。2023年7月，住房和城乡建设部等部门印发《关于扎实推进2023年城镇老旧小区改造工作的通知》，以努力让人民群众住上更好房子为目标，从好房子到好小区，从好小区到好社区，从好社区到好城区，持续推进城镇老旧小区改造工作，让城市更宜居、更韧性、更智慧。

从“住有所居”到“住有宜居”，老旧小区改造承载了人民群众对未来美好生活的期许。如何让“住”的品质持续提升，“有”的形式更加丰富，“宜”的内涵不断深化，“居”的保障稳步发力，从而不断增强人民群众的获得感、幸福感、安全感，成为城市高质量发展这一新形势下持续推进城镇老旧小区改造的重要任务。

当前浙江省城镇老旧小区改造工作虽取得了积极成效，但在改造深度、改造模式、资金筹措、长效管理等方面仍存在诸多问题亟待解决。改造深度方面，部分城市当前的改造内容对墙面粉刷、路面平整、绿植补种等“面子问题”关注较多，对建筑抗震加固、防火性能、电线老化、无障碍设施缺失、数字治理薄弱等“里子问题”关注较少。改造模式方面，未来的老旧小区改造若延续单一改造与传统思维的改造模式和内容，则会造成城市千篇一律，也抹掉了城市发展的历史印记，导致城市更新不可持续。资金筹措方面，住房“老龄化”是一个持续性问题，需要长期、大量的资金投入，政府财政资金补助难以为如此体量的老旧小区改造工作进行兜底，如何拓宽资金筹措渠道是老旧小区改造的一大难点。长效管理方面，部分小区、社区缺乏完善化、专业化的物业服务体系，改造成效难以维持。

在存量更新的新时代背景下，现阶段的城镇老旧小区改造实践，已然无法满足人民群众日益增长的美好生活需要，难以从根本上解决现实困境，因此，老旧小区改造亟须迭代升级。如何从问题导向、需求导向、目标出发，解决人民群众急难愁盼问题，需要打破传统思维，创新老旧小区改造的“新通道”，以应对未来的诸多挑战。

第二章

深度融合中的体制机制创新

第一节　纵向到底的多级联动机制

浙江省城镇老旧小区改造，构建了“省级指导、市级统筹、区县主责、街镇实施、社区支撑”的多级联动机制，并理顺了各方权责关系，既保证城镇老旧小区改造工作常态化推进，又能发挥地方创新能力形成地方特色（图2-1）。

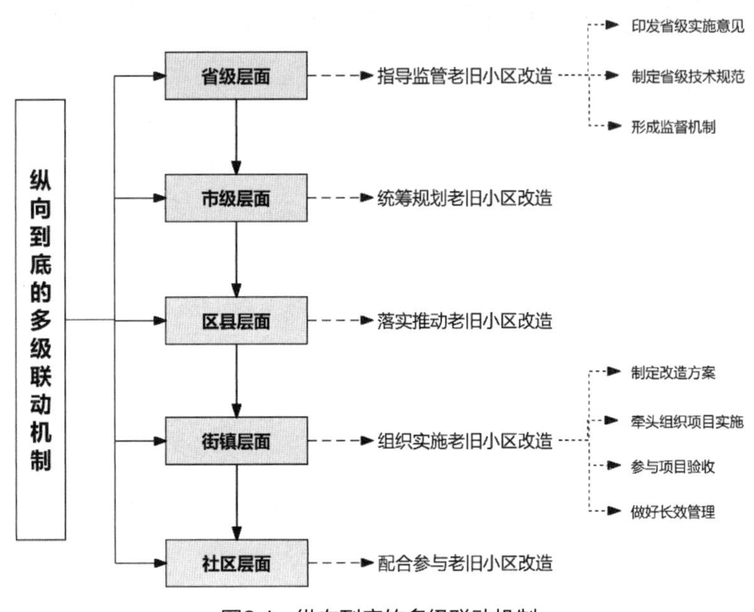

图2-1　纵向到底的多级联动机制

一、省级层面：指导监管老旧小区改造

一是印发省级实施意见。结合《国务院办公厅关于全面推进城镇老旧小区改造工作的指导意见》（国办发〔2020〕23号），基于浙江实际，浙江省人民政府办公厅出台《浙江省人民政府办公厅关于全面推进城镇老旧小区改造工作的实施意见》（浙政办发〔2020〕62号），重点在改造范围和类型、改造目标任务、组织实施机制、改造资金共担、后续运维管理、配套支持政策等方面作了进一步的细化和完善。该文件的出台，对各市、区县制定老旧小区实施意见起到了指导作用。如2023年10月，绍兴市上虞区结合浙江省上述文件，发布《绍兴市上虞区人民政府办公室关于高质量推进城镇老旧小区改造工作实施意见的通知》，提出在原有基础性改造的前提下升级为以精品提升型为主，拆改结合型为辅的两种模式[9]。

二是制定省级技术规范。2020年4月，浙江省住房和城乡建设厅编制出台了《浙江省城镇老旧小区改造技术导则（试行）》（简称《技术导则》），为实践工作提供规范引导和技术支持。《技术导则》根据改造需求的轻重缓急分为基础设施改造、小区环境优化、服务功能提升三大改造内容，并增加了施工和验收内容，提出老旧小区改造工程优先考虑设计、采购、施工一体化的EPC模式，并依据实行总体控制、阶段落实、长期维护的改造原则，在日常维护和改造前后建立全周期管理机制。2022年9月，该《技术导则》进行了部分修订，将现代社区建设理念融入其中，增加了现代社区的公共配套设施，特别关注老旧小区“一老一小”服务配置，完善无障碍设施和适老化设施。

同时，全省各地市结合地方实际情况出台老旧小区改造技术导则。2019年6月，杭州市城乡建设委员会编制《杭州市老旧小区综合改造提升技术导则（试行）》。2020年8月，《温州市城镇老旧小区改造工作指南（试行）》发布，对改造内容、建设程序、项目审批作出明确要求。2021年6月，宁波出台了《宁波市城镇老旧小区改造设计导则（2021）》《宁波市城镇老旧小区改造工程质量验收导则（试行）》等政策文件，以构建品质小区、文化小区、和谐小区、完整小区为目标，要求建立模块化、菜单式的项目选用体系，结合老旧小区改造设计要素，提出特色营造导引。除此之外，绍兴、台州、金华等多个城市均有相应的政策出台。

三是形成监督机制。浙江省委省政府曾多次就城镇老旧小区改造工作作出批示，城镇老旧小区改造也被列为省政府年度重点工作，并根据具体工作目标及任务，建立月度进展跟踪机制和监督机制。同时，浙江省搭建并完善了全省城镇老旧小区改造综合管理系统，对改造项目实施数字化管理，并对各地工作进度进行月排名和年度汇总，形成了省市县上下联动推进的工作机制[10]。

此外，浙江省政协就老旧小区改造主题进行建言献策。2020年10月，浙江省政协举办了城镇老旧小区改造民生论坛，围绕“城镇老旧小区改造与未来社区建设”协商议政，以实现老旧小区“最多改一次”“一次改到位”。

二、市级层面：统筹规划老旧小区改造

2019年，浙江省住房和城乡建设厅联合浙江省发展改革委、浙江省财政厅发布《关于加快推进全省城镇老旧小区改造工作的指导意见》，要求各市、区县科学制定改造计划，“在认真做好调查摸底工作的基础上，综合考虑群众意愿和地方财政承受能力，合理确定城镇老旧小区改造内容清单，并明确相应改造和验收

标准，区分轻重缓急，逐一明确、统筹安排城镇老旧小区的改造时序、类型，建立城镇老旧小区改造项目库，编制城镇老旧小区改造三年行动方案（2020—2022年）和年度实施计划”。

各市在省级政策文件指导下，搭建了较为完整的政策支撑和制度保障体系，精准衔接了上位规划，并探索适宜自身的老旧小区改造路径，通过整体规划设计先行，分批推动实施的思路，分年度、分片区编制城镇老旧小区专项改造计划，通过“示范先行，以点带面”的方式有序推进。

以杭州市为例，结合城市规划和城镇老旧小区现状及未来社区创建要求，通过科学编制全市城镇老旧小区改造专项规划，合理确定改造目标和改造计划，同时出台了相关的保障机制。2019年8月，出台了《杭州市人民政府办公厅关于印发杭州市老旧小区综合改造提升工作实施方案的通知》，明确了改造程序、资金保障和组织机制。同时，编制了《杭州市老旧小区综合改造提升四年行动计划（2019—2022年）》，提出2019年试点先行，2020年全面启动，2021年全面推进，2022年整体收尾，谋划下一轮改造计划。2022年2月，《杭州市人民政府办公厅关于全面推进城镇老旧小区改造工作的实施意见》，对审批流程、资金保障等政策进一步完善。2023年，《杭州市城镇老旧小区改造三年行动计划（2023—2025年）》发布，提出力争到2025年底前全面改造完成2000年以前建成的城镇老旧小区。

在其他配套政策方面，2019年，杭州出台了《杭州市老旧普通住宅小区物业服务补助资金管理办法》，明确物业服务提质提价奖补资金。2023年6月，杭州市城乡建设委员会还会同有关部门，研究制定旧改项目社区配套用房办证的相关政策，印发《杭州市城镇老旧小区改造项目社区配套用房产权办理办法（试行）》，为进一步规范杭州市老旧小区新增配套设施建设提供了政策依据。

三、区县层面：落实推动老旧小区改造

各区县市作为责任主体，在城镇老旧小区改造中也发挥了重要作用。以杭州市西湖区为例，在组织领导层面，成立西湖区老旧小区综合改造提升工作领导小组，负责全区老旧小区统筹、协调、督查、考核等工作。在具体实施层面，2019年发布《西湖区老旧小区综合改造提升工作实施方案》，提出落实区级责任，住建牵头、部门配合，强化设计引领，“在杭州市导则的基础上，出台有西湖区自身特色的老旧小区综合改造提升实施细则，并坚持‘一小区一方案’，确保居住区的基础功能，努力拓展小区公共空间和配套服务功能”“2000年前建成的老旧小区，市、区财政资金按照1∶1分担”[11]。2023年，西湖区对《西湖区老旧小区

综合改造提升工作实施方案》进行了完善更新，提出“开展城镇老旧小区的数据调查工作，收集辖区范围内老旧小区的土地、房屋、人口、基础设施、公共服务设施、城市绿地、文化遗产等现状数据，结合国土空间规划，启动编制城镇老旧小区改造专项计划”[12]。

由此，区县层面在推动老旧小区改造工作中主要分为以下几点：一是要对本辖区老旧小区进行摸底调查，制定本区老旧小区改造计划，并向上一级申报；二是要向上申请城镇老旧小区改造财政补助资金，提供区县级资金保障，统筹涉及住宅小区的各类资金用于城镇老旧小区改造，并对相关资金开展全过程预算绩效管理；三是协调区县级相关部门和单位，解决街镇老旧小区改造推进中的难点问题，并对辖区老旧小区改造工作进行督查和考核。

四、街镇层面：组织实施老旧小区改造

街镇作为老旧小区改造实施主体，需要组织实施辖区内所有老旧小区改造项目。

一是要制定改造方案。在收到居民改造意愿清单后，了解改造需求和重点，在此基础上结合属地镇街财政承受能力，形成项目清单，并根据项目清单，制定初步改造方案和长效管理方案。对符合条件的项目，再上报区县级住房和城乡建设部门审核，列入改造计划的项目，街镇需要委托专业单位编制改造方案并进行初审，再向上申报进行审核。

二是要牵头组织项目实施。属地街镇需要依法组织招标投标，确定施工单位，签订施工合同，实行工程监理，督促施工单位按照合同约定进行施工；街镇要和社区一起做好动员工作，协调处理各类矛盾纠纷，推动项目如期完工；街镇应协调内部各类存量资源利用，完善老旧小区公共服务配套功能。

三是参与项目验收。属地街镇需要组织建设单位、参建单位、社区、居民代表及相关部门等进行工程竣工验收，同时完成项目审计，并做好竣工项目的资料整理、归档和移交工作。

四是做好长效管理。属地街镇有责任做好老旧小区的长效监管工作，包括引入物业服务、补建续筹物业维修资金、制定物业管理规约和居民公约，协商确定合理的物业服务收费标准，引入大物业及社区运营商等参与老旧小区后续运营。

例如，浙江省杭州市拱墅区和睦新村改造涉及改造片区多、面积大，属地街道和睦街道在改造中充分发挥带动作用，带头成立和睦议事港听取居民意见；成立旧改督导团进行项目监督；成立现场办公室、咨询室，及时倾听居民诉求。

五、社区层面：配合参与老旧小区改造

老旧小区改造改什么、怎么改，最有发言权的就是老旧小区居民，而社区作为老旧小区居民的凝聚地，社区管理者对本辖区内的居民情况、居民诉求较为了解，因此，社区应和居民一起共同参与老旧小区的改造过程，推动老旧小区居住条件与社区服务的提升。

社区的工作主要有以下几个方面：一是配合街道了解居民改造意愿并上报，对初步改造方案进行公示，依法依规开展民意表决，并完成意见收集；二是社区要发挥动员组织能力，向居民宣讲改造政策，协调处理各类矛盾纠纷；三是参与项目联合竣工验收；四是参与老旧小区长效管理；五是发挥基层党组织作用，推动形成居民自治组织机制。

例如，浙江省金华市下城区汇景苑老旧小区在老旧小区改造项目中积极引入社区参与模式[13]，社区在改造前组织居民开展居民议事会、听证会；改造时对居民展开技能培训；改造后积极鼓励居民参与管理和服务工作，让老旧小区改造效率提升、成效加倍。

第二节　横向到边的部门协同机制

近年来，浙江省围绕高质量推进全省城镇老旧小区改造工作这一目标，持续落实各职能部门权责分工、搭建良好的沟通渠道和信息共享机制，强化政府统筹协调能力，简化改造审批事项，并通过基层党组织的引领，发动群众、凝聚群众、引导群众，共同建设自己的美好生活。

一、成立工作领导小组

2020年6月，浙江省城镇老旧小区改造工作领导小组正式成立，成员单位包含浙江省住房和城乡建设厅、省发展改革委、省财政厅等多个政府部门，以及省电力公司等专营单位，同时明确了各成员单位职责分工[14]。

领导小组作为新设立的专门机构，负责全省城镇老旧小区改造工作组织领导和统筹协调，同时承担全省城镇老旧小区改造综合考评工作。其中，浙江省住房和城乡建设厅负责牵头指导，其他部门各司其职，高效协同，参与和指导老旧小区改造并提供相应的政策支持（表2-1）。

浙江省城镇老旧小区改造工作领导小组成员单位及职责分工　　表2-1

成员单位	职责分工
省住房和城乡建设厅	牵头指导和协调实施全省城镇老旧小区改造工作，会同其他相关单位做好政策制定、计划安排、要素保障、督查指导、考核验收、交流学习、教育培训等工作；负责组织和指导各地编制城镇老旧小区改造计划；牵头指导各地抓好城镇老旧小区改造中基础设施完善、环境服务功能提升等具体工作的落实；组织各级建设部门做好项目预算绩效管理，提高资金的使用效益
省发展改革委	简化优化城镇老旧小区改造项目的审批流程，指导各地规范立项审批程序；负责争取国家老旧小区改造等保障性安居工程专项配套基础设施建设中央预算内资金，会同相关部门做好中央预算内资金分配
省财政厅	负责制定和落实城镇老旧小区改造工作省级财政支持政策；加强对中央和各级财政资金使用的指导、监督和管理；争取中央补助资金，对符合条件的老旧小区改造项目发行专项债券
省教育厅	负责制定和督促各地落实城镇老旧小区改造中配套幼儿园建设支持政策；指导各地抓好城镇老旧小区改造工作中配套幼儿园建设，并将配套幼儿园建设纳入相关专项资金补助范围
省公安厅	指导各地抓好城镇老旧小区改造工作中涉及的智慧安防设施建设
省民政厅	指导各地做好老旧小区改造中的社区治理相关政策的落实、养老服务和社区配套用房使用等工作。发挥基层群众自治组织的基础作用，协调做好老旧小区改造过程中社区协商、民意征求、居民参与等工作；指导各地民政部门参与小区改造的规划、设计、验收等工作
省司法厅	根据部门职责参与指导各地老旧小区改造涉及的相关专项工作，指导各地建立部门联合执法机制
省自然资源厅	负责制定和落实适合城镇老旧小区改造规划等相关政策措施；指导各地办理老旧小区内及周边新建、改扩建公共服务和社会服务设施等的规划、土地、不动产登记手续
省生态环境厅	根据部门职责参与指导各地老旧小区改造涉及的相关专项工作，参与建立部门联合执法机制
省商务厅	指导各地完善老旧小区商业、便民市场、家政服务等设施
省卫生健康委	指导各地抓好城镇老旧小区改造工作中社区卫生服务机构的标准化建设与规范化管理，会同有关部门将符合条件的社区卫生服务机构建设项目纳入建设改造规划
省应急管理厅	负责制定和落实老旧小区消防设施增配改造以及社区微型消防站建设升级政策；将消防设施增配改造以及社区微型消防站建设升级纳入相关专项资金补助范围；根据自身职责参与指导各地老旧小区改造涉及的相关专项工作，参与建立部门联合执法机制。具体由省消防救援总队负责实施
省审计厅	负责加强对城镇老旧小区改造跟踪审计工作
省市场监管局	指导各地做好城镇老旧小区改造中加装电梯质量管理以及后续安全监管
省广电局	会同有关部门做好规范和治理老旧小区广播电视线路架设，建立适应城镇老旧小区改造要求的广播电视设施建设和管理机制；指导广电企业做好老旧小区线路整治工作，加大老旧小区广播电视线路改造投资；指导老旧小区广播电视设施改造工程验收和接收管理

续表

成员单位	职责分工
省体育局	指导各地加强城镇老旧小区改造中体育健身场地及设施建设和管理，将体育健身场地及设施建设纳入相关专项资金补助范围
中国人民银行杭州中心支行	研究制定和落实城镇老旧小区改造金融支持政策，引导金融机构创新金融产品，优化信贷服务
浙江银保监局	落实支持老旧小区改造的金融政策措施，引导金融机构加大金融支持力度
省电力公司	负责配合有关部门建立老旧小区公用供电设施改造和管理机制，抓好电力线路整治工作，加大老旧小区公用供电设施改造投资，指导老旧小区供配电设施改造工程验收和接收管理
省通信管理局	指导、协调电信运营企业加大老旧小区通信设施改造投资，配合有关部门做好老旧小区通信设施整治和改造工程
省邮政管理局	负责牵头制定全省城镇老旧小区改造中邮政、快递设施改进的相关政策，联合各相关部门指导各地出台城镇老旧小区改造中邮政、快递设施改进具体方案并抓好落实；指导各地邮政、快递企业积极参与城镇老旧小区改造中邮递、快递设施改进工作；指导老旧小区邮政、快递服务设施改造工程验收并配合有关部门参与后期管理
浙江能源监管办	负责牵头协调电力企业配合有关部门做好老旧小区供电设施治理工作；指导电力企业加大老旧小区供电设施建设投资

二、优化改造审批流程

为解决老旧小区改造土地权属不清、手续办理主体不明的现实困难，同时遵循工程建设项目审批制度改革全流程、全覆盖要求，对于不改变土地权属、用地性质和房屋使用性质，不新增建筑面积，建筑主体和承重结构不发生重大改变的改造项目，在确保工程质量安全的基础上，浙江省不断探索优化城镇老旧小区改造项目的审批流程，创新审批模式，提高审批效能，推动改造项目快速决策和实施，切实增强人民群众获得感和满意度。

一是重视实施方案编制。改造前充分征求居民意见，加强规划引导，合理划分改造区域，优化资源配置，综合安排改造内容，因地制宜编制改造项目实施方案。方案形成后，由改造牵头部门组织相关部门和街道办事处（乡镇政府）、居民委员会、居民代表，以及电力、供水、燃气、通信、广播电视等公用设施管理单位对方案进行联合会商，形成会商意见。会商意见中可以明确优化简化审批程序、材料的具体要求，作为改造项目审批及事中事后监管的依据。

二是优化立项规划审批。根据国家及浙江省政府投资项目管理有关规定，总投资在2000万元以下的政府投资改造项目，可以合并编报和审批项目建议书、可行性研究报告；总投资在1000万元以下的政府投资改造项目，可以合并编报和审批项目建议书、可行性研究报告、初步设计。对不涉及规划条件调整、重要街道两侧外立面改造的项目，无须办理建设用地规划许可证和建设工程规划许可证，由自然资源部门在会商意见中明确；自然资源部门还可以在会商意见中明确简化规划许可的其他措施。

三是免于施工图审查。由项目建设单位委托的勘察、设计单位将全部施工图上传至施工图联审系统后，即可作为办理建筑工程施工许可证所需的施工图纸，建设单位可以用承诺书替代施工图审查合格书、依法办理用地批准手续的证明文件，作为申请办理施工许可证的材料，并采用事后抽查制度，住房城乡建设部门一旦发现工程设计违反法律、法规、规章和工程建设强制性标准的，依法责令改正、作出行政处罚，处理结果向社会公开。

四是采用联审联验模式。改造项目完工后，项目建设单位召集住建、消防等相关部门、参建单位、居民代表等多方进行项目联合验收。对会商意见中明确无须办理建设工程规划许可证的改造项目，无须办理建设工程竣工规划核实。简化竣工验收备案材料，建设单位只需提交工程竣工验收报告、施工单位签署的工程质量保修书即可办理竣工验收备案，消防验收备案文件通过系统共享。城建档案管理机构可以按照改造项目实际形成的文件归档。同时，对完善小区环境及配套设施，缓解停车困难，提升社区养老、托育、医疗等公共服务水平的其他改造项目，鼓励通过相关部门提前服务、联合审查等方式简化报建手续[15]。

五是推行全流程在线审批。老旧小区改造工程建设项目均在浙江政务服务网工程建设项目审批管理系统2.0（投资项目在线审批监管平台3.0）申请项目赋码，做到材料明确、流程清晰，实现全流程在线办理和追踪，相关审批材料在平台中实现共享、简化，减少资料重复递交，做到一次性立项、一次性审批，大大提高审批效率，使得审批时效更为可控。

六是强化底线管控。老旧小区改造项目涉及文物保护单位、不可移动文物、历史文化街区、历史建筑等，需要严格按照文物管理、历史文化名城名镇名村保护相关法律法规和保护规划要求实施审批管理；涉及消防、结构、抗震等安全内容的，应严格执行有关标准，依法办理相关手续，建设单位在组织竣工验收时，按照要求组织各方主体开展竣工验收消防查验，查验合格后方可编制工程竣工验收报告。考虑老旧小区建设年代久远的特殊性，对确实无法满足现有标准的，经组织专家论证通过，可以在不低于改造项目竣工验收合格标准的前提下进行建设[16]。

第三节　多领域公众监督参与机制

一、发挥居民主体

在城镇老旧小区改造的过程中，居民通常是以个体或者业主委员会为单位，由街道或者社区负责动员居民参与改造工作，做到“改造前问需于民，改造中问计于民，改造后问效于民”。2023年，杭州强势开展了城镇老旧小区改造监管不到位问题专项治理，对旧改中出现的漠视群众利益等有关问题立行立改，浙江全省上下形成了老旧小区改造群众监督的良好氛围。

例如，浙江省温州市鹿城区作为温州老旧小区改造的主阵地和先行地，建立全市首个城镇老旧小区改造群众监督员机制，聘请居民代表担任“监督员”，鼓励具有技术特长、有号召力的居民参与监督，畅通居民与街道（社区）、设计及施工等单位的沟通渠道，及时协调化解矛盾纠纷[17]，着力搭建群众发声平台，推动老旧小区共建共享共治。再如，宁波市海曙区开辟老旧小区改造“民情接待室”，安排区人大代表、党员志愿者等参加“坐诊”，记录群众来访意见，并成立改造项目监督队，定期对施工现场进行巡逻检查，将检查结果向业主公开，全方位接受社会各界监督[18]。

二、组建专家智库

自2021年起，浙江省在省级层面建立了城镇老旧小区改造专家库，选录69名规划设计、工程管理、基层治理、金融投资等各领域的专家，充分发挥专家思想库和智囊团的作用，全过程参与老旧小区改造，提升改造实施的科学性和规范性。专家主要职责包括：参与城镇老旧小区改造战略、发展规划以及老旧小区改造方案研究和制订，相关政策、标准的制修订、咨询、论证等工作；参与业务指导、政策咨询；参与城镇老旧小区改造课题研究、决策评估和成果审查；参与教育培训、政策宣传及相关工作交流活动等，为老旧小区改造和社区建设提供智力支持和学理支撑，全面提高老旧小区改造工作水平[19]。

市级层面，台州市在已建立的老旧小区专家库中加入建筑、景观、市政、金融、规划、通信等相关行业的专家学者，参与老旧小区改造的前期规划、居民调研、方案编制等环节，加强方案的科学性，同时体现台州元素、台州特色。宁波市、温州市组建海绵城市专家组，加强对本市海绵城市建设技术指导。

三、吸引社会力量

2020年10月，浙江省政协举办了城镇老旧小区改造民生论坛，专家、群众代表等围绕“城镇老旧小区改造与未来社区建设”协商议政，重点强调要在政府引导下充分调动市场主体的积极性，壮大产业联盟，引入专业力量。

近年来，浙江省各地市大力推动引入社会力量以市场化方式参与老旧小区改造，对养老、托育、停车、便民市场、家政保洁、充电桩等有盈利空间的改造内容，鼓励社会资本专业承包单项或多项。

例如，杭州市大关街道东一社区吸引社会资本参与服务配套改造，按“谁投资、谁受益”的原则，引入专业机构对社区阳光老人家、百姓戏园等进行改造和运营，居民通过购买服务的形式，享受专业机构提供的配套服务。杭州市和睦街道颐乐和睦养老服务综合街区引入浙江公羊会、智伴等社会组织，作为“阳光老人家”的“好管家”负责街区各站点的运营，为辖区老年人提供文化、娱乐、教育培训等公益性活动。湖州市吴兴区依托“社会力量+”，引入专业社会组织，立足“居家养老服务中心”“儿童之家”“幸福邻里”等小窗口，做好关爱老人儿童大文章，推动全区12.88万老年人、515名在册困境儿童实现“老有所养、幼有所育”[20]。丽水市区海潮河老旧小区积极探索“银政企”合作模式，将政府部门的组织协调优势，企业的市场化管理和经营优势，以及开发性金融融资、融智优势相结合，市文旅公司以市场为导向、以资本为纽带，积极发挥国企担当精神，推动老旧小区和历史街区改造。

第三章

城镇老旧小区改造的浙江经验

第一节　面向需求，推进“惠民生”三个革命

2023年3月7日十四届全国人大二次会议上，住房和城乡建设部部长倪虹提出，持续推进城镇老旧小区改造要抓“三个革命”：一是实行楼道革命，消除安全隐患，有条件的加装电梯；二是实行环境革命，完善配套设施，加装充电桩和进行适老化改造；三是实行管理革命，党建引领，物业服务。

浙江省在推动城镇老旧小区改造中，聚焦人民群众的急难愁盼问题，以需求为导向，持续推进城镇老旧小区改造“惠民生”三个革命，落实“六个有”改造目标，切实增强老百姓的获得感、安全感和幸福感。

一、聚焦“三大革命”重点改造

2023年，温州市紧紧围绕《浙江省人民政府办公厅关于全面推进城镇老旧小区改造工作的实施意见》要求，以楼道、环境、管理“三个革命”为抓手，实施老旧小区改造项目138个，完成投资额6.2亿元，向上争取补助资金1.4亿元，完善“一老一小”服务设施、积极发行地方政府专项债券、动员居民出资等做法被住房和城乡建设部列入可复制经验清单，推动“温暖安居”幸福感持续升级。同时，该项工作入选2023年浙江省住房和城乡建设工作亮点，是充分展示浙江省新时代住房和城乡建设新作为的一个切面。

扎实推进“楼道革命”，改善居住体验。一是推进消防整治。温州市住房和城乡建设局出台《关于进一步推进城镇老旧小区消防提升改造工作的指导意见》，持续开展楼道清整行动，重点对楼道内的管线、消火栓、灭火器进行改造，组织街道、社区、物业、居民，对楼道内堆物、易燃的安全隐患物品进行清理，切实消除消防安全隐患。如鹿城区双屿街道月泉及凌云小区开展“破窗行动”，集中整治小区外立面防盗窗乱象，拆除防盗窗1100余个，完成疏散通道、安全出口整改158个。二是消除“蜘蛛网线”。全面推进以“线缆入道、多网联合、释放城市空间”方式整治“蜘蛛网线”突出问题。把楼道内线缆整治纳入老旧小区改造项目，同步施工，同步竣工，实施弱电线缆入缆道。小区内光缆、弱电线槽、集中分纤箱等通信设施由建设单位和通信企业共同出资、共同建设、共同维护，全年改造强弱电管网713公里，有效解决了楼道线缆垂落、凌乱等突出问题，释放了小区公共空间。三是统筹加装电梯。大力推进无障碍设施建设，完成既有住宅加装电梯190台。在有条件的小区，按照“统一征求意见、统一设

计、统一施工、统一监理、统一验收、统一后续接收管理”的原则，试点推进全小区加装电梯。如鹿城区新村大楼，由业主委员会召开全体业主代表大会统一征求意见，有效降低小区居民意见统一难度，全小区加装6台电梯；瓯海区霞鸿锦园通过“五议两公开”程序征求业主意见，182户均出资并签署同意加装电梯的承诺书，全小区16个单元全部加装电梯。

深入推进“环境革命”，完善便民设施。一是激活存量空间。结合未来社区创建，在高密度老旧小区中，用插件织补方式活化利用现有原非机动车停车库、机关企事业单位空置房屋等在内的存量用房、闲置空间、荒废绿化地等，配建完善“一老一小”等公共服务配套设施。全市通过老旧小区改造完成无障碍设施改造479个，“一老一小”场景改造45个，其他服务设施改造65个。如乐清市银河花园依托小区架空层打造“邻里、健康、治理、服务、教育”等五大标配场景和星海休闲公园等十大功能区，实现“一栋一主题”。二是整治提升绿化。以“坚持绿化面积不减、绿化景观提升；坚持保护优先、多元增绿”为原则，切实提升老旧小区绿化水平，营造优美舒适的居住生活环境，不断满足小区居民“推窗见绿”的美好生活愿景。如鹿城区双乐东小区，开展2000平方米的绿化提升改造，包括200平方米的健身广场、300平方米的儿童乐园、1500平方米的绿化提升补植、60棵树木修剪等，切实改善了小区人居环境。三是推进加装充电桩。以老旧小区改造为载体，通过财政资金投入和引进社会资本相结合，加快解决小区基础设施配套短板，持续推进加装机动车充电桩设施。科学制定老旧小区改造方案，借国家将城镇老旧小区纳入专项债券重点投资领域的契机，将充电桩作为小区改造重点收益项目，实现成规模加装充电桩。2023年，温州市共结合老旧小区改造新增机动车充电桩289个，非机动车充电桩1700余个。

有效实施“管理革命”，健全治理体系。一是居民当家作主。创新实施“竞争性申报”共同缔造机制，把群众认同、群众参与、群众满意作为基本要求，把小区基本情况、改造成熟程度、长效管理机制作为指标评价，将基础设施缺失严重、改造意愿强烈、资金缺口小的老旧小区优先纳入改造计划。实施“竞争性申报”以来，老旧小区改造项目平均居民出资比例近10%，部分项目居民出资比例超20%，居民出资率位列全省第一（图3-1）。其中，鹿城区大南街道鑫盛小区居民出资比例高达38%，同意改造意愿率及改造方案意愿率均达100%。二是健全管理机制。打造“党建引领、多元共治、邻里和睦”的基层治理新体系，成立温州市物业行业党委，创建瓯江红“共享社·幸福里”党建品牌，包括老旧小区在内的全市2272个小区建设党组织，实现小区党组织全覆盖。实施“大物业”管理，对零星分散或不具备引入市场化物业服务条件的老旧小区，通过“业主自治”“周边代管”“政府托底”等方式提供公共服务与设施资源，实现无物业管理小区清零。三是强化数字赋能。以入选国家“新城建”试点城市为契机，推进老旧小区改造数字化系统建设，如城市更新业务管理系统实现线上审核、部门协同、数据共享、考核预警等功能；城市更新动态可视化监管平台对老旧小区基础信息、改造计划、项目进度等各要素信息开展可视化分析演示；“阳光改造”公示系统推出意愿申报、受理申请等在线模块，转变“上门入户调查”的传统方式，最大限度地让“数据多跑路”，让“群众少跑路”[21]。

图3-1　温州市鹿城区月泉及凌云小区党员带头出资参与旧改

（来源：温州市住房和城乡建设局）

二、打造“六个有”品质小区

《浙江省城镇老旧小区改造技术导则（试行）》的总则指出，老旧小区改造应实现“六个有”目标，即有完善的基础设施、有整洁的居住环境、有配套的公共服务、有长效的管理机制、有特色的社区文化、有和谐的邻里关系。老旧小区的改造重点和方向从原先的拆建、修补、整治，转变为以“综合改造”和“服务提升”并重的有机更新，打造“六个有”品质小区（图3-2）。

有完善的基础设施。包括水、电、路、气、热、信等市政配套基础设施，以及环卫设施、人防设施、无障碍设施、邮政设施等老旧小区改造托底项目。

有整洁的居住环境。优化社区空间布局，提升景观绿化，为居民提供多样化的活动场地；运用新材料新技术，促进海绵城市建设和社区整体风貌提升。

有配套的公共服务。以居民需求为导向，整合闲置资源、挖掘公共空间和服务载体，为居民构建15分钟生活圈，有机叠加托育、养老、医疗、便民服务等多元业态。

有长效的管理机制。浙江也在探索可持续的大物业运营模式，搭建老百姓当家作主的社区自治体系，畅通政府公共服务职能落地，形成“政府导治—居民自治—企业善治”多元互动。

有特色的社区文化。挖掘凝练地域特色文化，通过文化标签、文化场所塑造“家园的记忆”，培育社区共同体意识，形成一社区一特色。

有和谐的邻里关系。通过邻里精神家园、邻里开放共享、邻里友好生活、邻里幸福公约，搭建邻里交流沟通平台，打造邻里和睦共处空间，组织群众喜闻乐见的邻里活动。

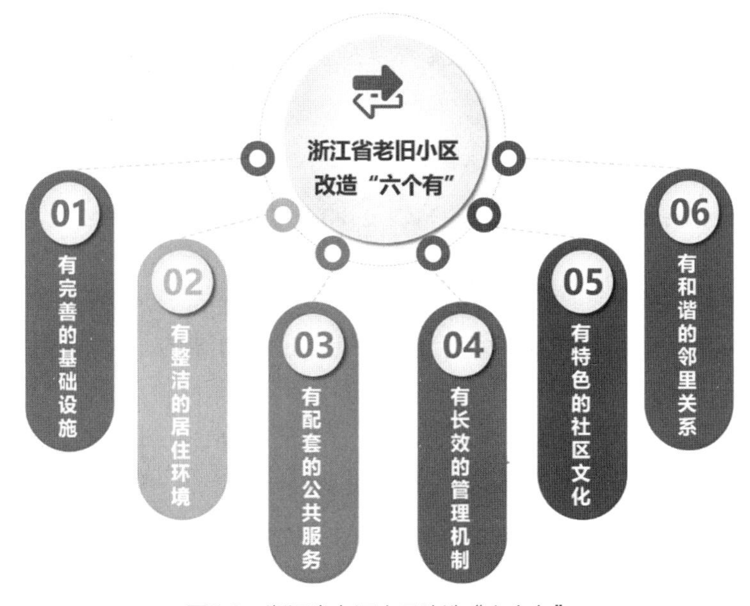

图3-2 浙江省老旧小区改造“六个有”

除此之外，在省相关政策指导下，各地在城镇老旧小区改造中也十分重视硬件和软件方面的改善提升。2019年6月，杭州发布《老旧小区综合改造提升技术导则（试行）》，内容包括完善基础设施、优化居住环境、提升服务功能、打造小区特色和强化长效管理。在长效管理方面，将小区智慧管理作为改造重点内容。除此之外，2019年，杭州市房管局和财政局联合发布了《杭州市老旧普通住宅小区物业服务补助资金管理办法》，对主城区范围内的老旧普通住宅小区物业服务提供提质提价奖补资金。2021年，杭州市发布《关于进一步加强城镇老旧小区物业管理工作的意见》，提到物业管理工作一方面要实现软件提升与硬件提升相同步，另一方面要推动专业化物业管理服务覆盖，推动无物业、准物业老旧小区向专业化物业的方向发展。

2021年，舟山市出台《舟山市中心城区老旧小区“内外兼修”改造行动方案》，通过进一步实施建筑主体改造、基础设施改造、小区环境整治、物业管理全覆盖等综合措施，提升“面子”、修复“里子”、强化“底子”，如将建筑本体改造和污水零直排建设、管线改造、智慧社区建设结合起来，全方位改善老旧小区人居环境和功能品质，实现老旧小区“内外兼修”。

2023年11月，发布《浙江省住房和城乡建设厅关于深入推进城乡风貌整治提升 加快推动和美城乡建设的指导意见》，既强调要推动市政污水管网建设和管网更新改造，也着重强调要提升老旧小区“一老一小”服务场景建设，提出“到2027年底，全省基本完成2000年底前建成需改造的老旧小区的综合提升改造，累计建成2000个以上城镇社区‘一老一小’服务场景”[22]。

总体而言，浙江省城镇老旧小区改造在三大类改造内容基础上，以“一次改到位”为工作原则，在长效管理、多项目联动改造上提出了更多的激励政策。

第二节 体检先行，锚定“四个好”的安居目标

2023年3月，在十四届全国人大一次会议第二场“部长通道”采访活动上，住房和城乡建设部部长倪虹指出：“要牢牢抓住让人民群众‘安居’这个基点，以让人民群众住上更好的房子为目标，从好房子到好小区，从好小区到好社区，从好社区到好城区，进而把城市规划好、建设好、管理好，打造宜居、韧性、智慧的城市，努力为人民群众创造高品质生活空间。”

一、城市更新下的城镇社区常态化体检机制

2023年全国实施各类城市更新项目有6.6万个，这当中新开工改造城镇老旧小区就有5.3万个，如此庞大的城镇老旧小区改造项目，更需要从上到下的协调，来寻找哪些老旧小区要改造，如何更快、更好地改造，以提高改造更新效率、成本节约率、资源利用率。近年来，城市体检工作在全国范围内如火如荼地开展，要将城市体检机制有针对性地利用在城镇老旧小区的更新中，并将体检形成的“报告”录入可视的数据库中，助力“综合改一次”目标的实现。

城镇老旧小区改造是提升老百姓获得感的重要举措，也是实施城市更新行动的重要内容。以城市体检为抓手能够助推城镇老旧小区改造工作、破解城镇老旧小区的更新难题。

自2018年以来，住房和城乡建设部就开始组织开展城市体检工作。根据住房和城乡建设部2022年7月4日发布的《住房和城乡建设部关于开展2022年城市体检工作的通知》要求："建立城市体检机制，将城市体检作为城市更新的前提"，城市体检是通过综合评价城市发展建设状况、有针对性地制定对策措施，优化城市发展目标、补齐城市建设短板、解决"城市病"问题的一项基础性工作，是实施城市更新行动、统筹城市规划建设管理、推动城市人居环境高质量发展的重要抓手[23]。2024年3月28日，住房和城乡建设部在天津市召开2024年城市体检工作现场会，要求各地要准确把握新阶段、新形势、新要求，聚焦好房子、好小区、好社区、好城区"四好"建设，进一步夯实工作基础；加强组织实施，切实提高城市体检工作水平，做实、做细城市体检工作，有序实施城市更新行动。

城市体检内容包括生态宜居、健康舒适、安全韧性、交通便捷、风貌特色、整洁有序、多元包容、创新活力8个方面（图3-3）。按照突出重点、群众关切、数据可得的原则，分类细化提出具体指标内容。在城市体检过程中，第三方将根据各城市的不同特点，选取特征性指标进行评估，反映差异化的特性。2022年城市体检指标体系包含8个一级指标、69个二级指标。二级指标比2021年城市体检指标体系多了3个、比2020年城市体检指标体系多了19个，城市体检的内容得到了进一步丰富。城镇老旧小区的体检评估也应参照全国城市体检样本城市的体检指标、相关标准规范，以问题为导向，查找老百姓身边急难愁盼的短板问题。

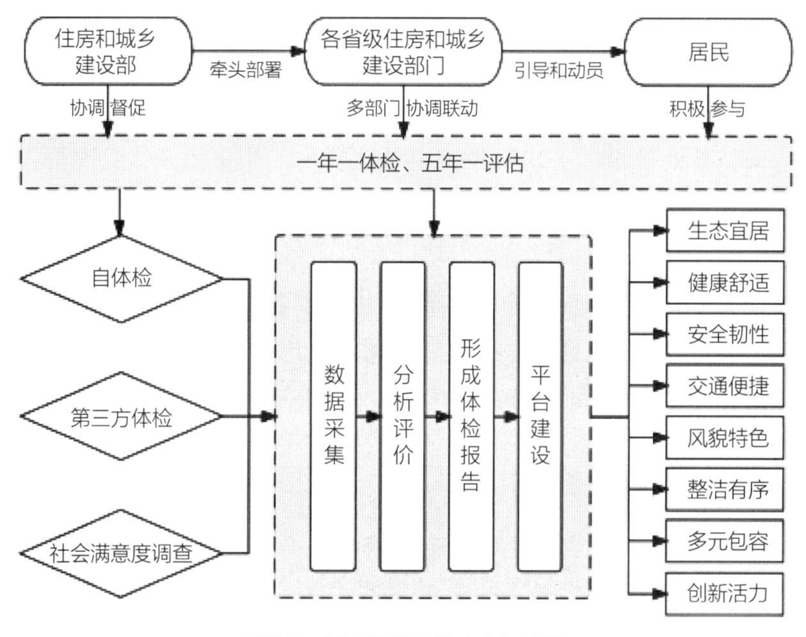

图3-3 城市体检工作内容与流程

近两年，越来越多的城市开始重视以城镇老旧小区为对象的体检工作。例如：北京市2023年对老旧小区进行集中体检，体检对象包括已经在实施的和尚未开工的项目，对明后两年的改造任务进行评估的同时，也针对管线改造、核心区混合产权老旧小区改造难点进行探索，并为后续的改造工作提出可行性措施；芜湖市镜湖区对2024年拟实施老旧小区改造计划的小区开展城市体检工作，涉及该区9个街道28个小区，形成“一单一表一台账”工作成果，助力老旧小区改造方案制定，推动旧改工作的顺利进行[24]。

此外，依照住房和城乡建设部的要求，各地区对当地的城市体检机制与指标也做了相应调整，以适应本地区的城市发展情况，浙江省在这方面也进行了较多探索。

一是于2023年发布《浙江省城镇社区专项体检导则》(以下简称《体检导则》)。《体检导则》将体检内容分为社区基本信息和服务设施信息，前者包括：社区统一社会信用代码、社区行政区划代码、社区面积、四至范围、社区边界、小区边界、户数、户籍人口、常住人口、人群年龄结构分布等信息。后者形成了“8+20”两级评价指标体系，8大一类指标包括：治理服务设施、教育服务设施、养老服务设施、卫生服务设施、文化服务设施、商业服务设施、体育服务设施、便民服务设施。

二是开展城镇社区专项体检。自2023年开始，浙江省体检结果形成城镇社区专项体检评价指数，以指导各地制定年度社区公共服务补短板行动计划，形成“调查—评估—提升”的动态闭环。截至2023年底，全省共有4798个城镇社区参与体检，涉及治理、教育、养老、卫生、文化、商业、体育、便民8大类20项共9.43万个公共服务设施，并最终确定了2600余个补短板项目(图3-4)。此外，全省社区专项体检评价指数平均分为68.65分，其中，未来社区体检评价指数平均分为80.75分。由此可见，未来社区理念指导对老旧小区改造补齐短板起到了重要的推动作用。

三是打造城镇社区专项体检管理系统(图3-5)。通过部署建设了“浙里未来社区在线”重大应用，已建成省级系统平台并向下贯通，初步实现未来社区“创建全过程监管、运营全过程监测”，并形成全省统一的“人、房、设施”空间数据库。

图3-4　2023年浙江省城镇社区专项体检情况

图3-5　浙江省城镇社区专项体检管理系统

此外，浙江省各市县基于省级指导也开展了多个城市体检和社区体检行动。如安吉县住房和城乡建设局围绕城市有机更新行动，不断创新工作模式，全方位查找“城市病”，做好体检成果的转化运用。依照自身情况，删除了原有指标体系中有关“轨道交通”的内容，增加了“绿水青山”为特色的5项指标，测定内容包含自行车道密度、河岸慢行未贯通长度、消除地下市政基础设施隐患点数量、林荫路覆盖率、公厕配置密度、再生水利用率等，形成“60＋6”的安吉城市体检指标体系[25]。此外，安吉县充分利用城镇社区公共服务设施普查工作、社区公共服务设施数据库等95项既有工作基础数据，做好数据分析整合；通过先行组织技术团队、街道工作人员、楼道长等80余人开展三里亭社区和桃园社区的指标采集测试，提高体检效率[26]。

指标的可行性与可操作性往往要落到基层实践才能验证，群众和基层工作人员的意见最为重要。在指标设置过程中，基层人员要设计问卷、四处走访，发现需求与问题，思考解决问题的办法，并由社区、街道、市城乡建设委员会一层层落实。如：浙江省宁波市设置了22项具有当地特色的指标，构建起“61＋22”宁波体检指标体系。其中，“微型消防站”相关指标就是基层工作人员走遍宁波试点小区调研出的“城市病”。经过两年实践，宁波市城市体检工作已基本建立起“体系构建—数据采集—计算评价—诊断建议—行动落实”的年度工作完整闭环，以客观指标为基础、社会满意度调查为补充、全国第三方体检为校核，综合评估城市人居环境的特色亮点、优势成效与问题短板，制定对策建议[27]。

做好城镇老旧小区体检工作，要以“一年一体检、五年一评估”为原则，采取城市自体检、第三方体检和社会满意度调查相结合的方式，包含数据采集、分析评价、形成体检报告、平台建设四项工作步骤。在城镇老旧小区体检中，各级各部门要做好组织实施工作，推动形成多部门多层级联动的体检工作机制，加快技术队伍建设，引导和动员居民广泛参与，形成工作合力。

二、互联互通下的老旧小区改造项目数据库

传统的城镇老旧小区改造项目的信息大多以纸质形式进行采集管理，缺乏信息化的处理方式，对各个改造项目的进展也无法统一进行展示。浙江省在数字城市管理方面积累了较多经验，早在2015年就率先实现了“数字城管”平台建设县级全覆盖，并逐步向智慧化升级。目前，浙江省智慧城建老旧小区改造综合管理系统（现并入“浙江省城市运行安全数字化管理系统”中）已经搭建完成，以基础地理信息数据为底图，结合规划图、管线图、施工图等信息，形成城市老旧小区改造项目“一张图”。在此基础上，融入项目的审批信息、改造小区信息、房屋信息、施工信息等数据，并通过对城市老旧小区的小区数据、房屋数据、人口数据、设施数据、审批数据等进行数据录入、多层校验审核，将属性数据进行空间化，建立图与项目、图与小区、图与图之间的联系，形成城市老旧小区全周期数据库，从而进行实时动态、精准和高效管理。浙江全省城镇老旧小区改造项目的申报、复查和管理，都以该平台作为主要依据。

地方在该方面的探索也较早。宁波市于2019年入选全国城镇老旧小区改造试点城市，并于同年同步搭建老旧小区管理平台，建立了长效信息管理与应用机制。宁波市老旧小区管理平台是一个集数据报送、地图展示、数字大屏于一体的智慧管理平台，其通过简化数据上报流程、清晰展示改造情况、实时更新改造进

度等一系列设置，为宁波市老旧小区业务系统建设和管理提供支撑（图3-6）。平台具备以下三个方面的主要功能：

一是“一键录入”助力数据报送。平台管理员每月将各区老旧小区改造进度等数据文件录入数据库，系统后台自动将数据同步到浙江省智慧城建老旧小区改造综合管理系统，两系统之间实现无缝对接，解决数据信息“二次录入”难题，极大地提高了平台管理者的工作效率。

二是“地图展示”助力科学管理。平台基于空间数据库综合管理应用，针对老旧小区改造三年行动方案涉及的小区数据，实现图文互访、双向查询，方便、快速、准确检索其各类属性。平台支持根据小区名、位置等多条件查询，支持分区域、分类型的统计图表显示。

三是“数字大屏”助力精准决策。平台采用B/S框架，对老旧小区进度、指标相关的数据进行定制展示，实现可视分析专题大屏，将数据信息根据各种图表艺术化、形象化进行展示，从多维度整体展示当前老旧小区改造进度的信息，助力决策科学化、精准化和高效化。平台上线以来，已取得初步成效，为主管部门、投资单位、施工单位等各类主体提供便利，实现了改造过程中的业务协同和信息共享[28]。

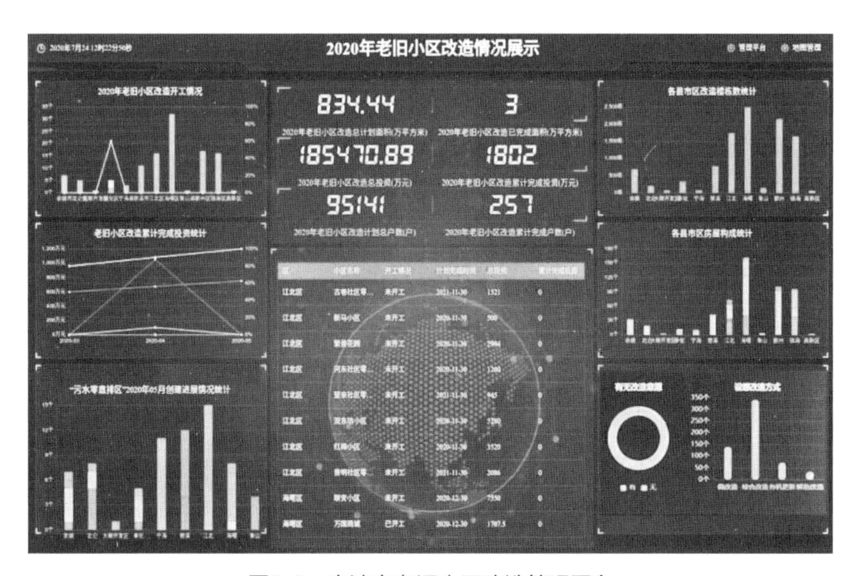

图3-6 宁波市老旧小区改造管理平台

温州市鹿城区建设了老旧小区改造智慧系统（图3-7），该系统的优势是对公众开放，能够收集更多意见，对各部门开放能够实现信息共享，重塑城镇老旧小区改造流程。该系统通过直接构建贯穿“区级—街道—社区—业委会”的四级网格体系，建立了从改造意愿申报、改造竣工的全流程资源共用、改造共商、协同共处机制，实现跨层级、跨部门、条块联动的数据系统化归集和改造情况“一屏总览”。运用该系统，群众在任意时间、地点均可进行自主申报，并参与旧改施工全过程监督，如通过“随手拍、随手记”记录上传改造过程、存在问题等，由系统自动分级交办，辅助老旧小区改造工作的精准施策[29]。

图3-7　温州鹿城区老旧小区改造智慧系统

三、多项统筹下的老旧小区“综合改一次”

城市更新背景下，旧城区更新项目较多，尤其是老旧小区改造项目杂、时间紧、任务重，项目统筹的好坏直接影响居民对老旧小区改造的评价。浙江省以居民需求为导向，不断提升统筹联动机制，落实统一执行方案，实现“综合改一次”，最大限度降低改造对居民日常生活的消极影响。

一是浙江推动多项目联动建设，如鼓励城镇老旧小区分类开展未来社区建设，推动老旧小区与无违建创建、智慧社区建设、加装电梯、管线改造、零直排项目、历史文化街区保护等专项工作开展同步实施，使得老旧小区改造具备完整性和未来性，通过高标准实施改造，避免出现改造滞后于居民期待的情况，如留有新能源充电桩接口、推动三网融合、管线“上改下”等措施可以避免出现再次施工的情况。二是在改造前期通过整合各方资源，推动多元主体参与，因地制宜选择综合整治、拆改结合改造等模式，做到“能改尽改，愿改则改”。三是从宏观层面推动区域城市更新规划统筹，在微观层面摸排老旧小区及周围现状，形成改造任务清单，科学研判施工时序，精细调度各项改造施工进场时间，最大限度地避免工期拖延、重复施工等情况的发生。

例如，杭州市坚持“综合改一次、一次改彻底”的原则，逐步探索城镇老旧小区改造和未来社区建设一体化实施，尤其在2022年3月《省风貌办关于建立城镇老旧小区改造与未来社区创建联动机制的通知》出台，以及2022年12月的《杭州市城镇社区建设专项规划汇总》发布后，对各区、县市以及街镇统一社区建设工作的认识起到了积极推动作用，从2022年底计划制定开始，各区县开始联动推进城镇老旧小区改造和未来社区创建工作。

杭州市临平区坚持“综合改一次”，秉持“综合改一次、一次改彻底”的原则，建立“区级统筹、街道实施、居民自治”的推进机制，全力打造老旧小区改造精品工程、样板工程。同时，系统集成无违建创建、污水零直排等专项工作，梳理整合“必选＋可选”的改造内容指引，全面实施立面整治、管网更新、消防提升、文化植入、飞线整治、物业改善等必选内容，按需推动电梯加装、充电桩设置、无障碍设施和适老化改造等选改内容，全面、系统地实施老旧小区改造工程[30]。

宁波市推进雨污分流、养老、垃圾分类、智慧安防设施等使用财政资金、涉及小区的各专项工程与城镇老旧小区改造同步实施，将相关专项工程纳入城镇老旧小区改造项目的建设管理体系，建立项目立项、招标投标、开工、完工等关键环节分阶段考核机制，实行城镇老旧小区改造和专项工程建设规划、审批、设计、施工、交付“五同步”[31]。例如，宁波市鄞州区丹凤紫鹃小区项目谋划阶段就通盘考虑区块品质同步提升，在设计方案阶段综合考虑老旧小区改造、小区外道路综合整治、小区旁塘河整治、小区内小学“最美放学路”改造等专项工程实施需求，统筹开展规划设计，形成系统、全面的工程实施蓝图。

湖州市制定出台对标“综合改一次”要求，健全部门会商评审机制，不仅将城镇危房改造、点状危房解危、社区服务提升、节点风貌改善等各项工作纳入旧改范围，还将旧改项目与电梯加装、垃圾分类、数字化智能化改造、污水零直排、充电桩增设等综合服务设施综合考虑、整体设计、整体推进，按照“建造年代先后、轻重缓急程度、改造意愿强弱”的原则，坚持统筹谋划，强化功能改善，“一区一策”差别化推进老旧小区改造，做精做细设计方案，为项目早开工早竣工、居民早受益奠定基础[32]。如2023年，湖州全市启动老旧小区改造项目44个，新增实施既有住宅加装电梯不少于100台。

第三节 留改拆增，坚持“守底线”模式创新

在浩荡的城市化进程中，城市发展进入了全面实施城市更新行动的重要时

期，由大规模增量建设转为存量提质改造和增量结构并重。城镇老旧小区改造工作在不同阶段也有新的探索，以前是拆迁为主，把房子推倒重建，居民换了地方、换了环境，在如今“不搞大拆大建”的前提下，城镇老旧小区改造工作的重点任务，即因地制宜开展综合整治、探索拆改结合、解决居民急难愁盼问题，如美化环境、优化停车、养老等各方面的配套服务。

浙江省在推进城镇老旧小区改造过程中，通过腾挪置换、优化布局增加小区公共服务供给，改造成效得到社会各界和市民的普遍认可。但客观来看，一般建筑的寿命指标是50～70年。许多老旧小区已经达到这个年限，仅仅做外围翻新难以满足居住的安全性要求，亟须本质上的更新。由此，《浙江省人民政府办公厅关于全面推进城镇老旧小区改造工作的实施意见》（浙政办发〔2020〕62号）文件中提出，要结合实际和群众需求，合理确定改造方式，将城镇老旧小区改造分为综合整治和拆改结合两种模式。

一、综合整治模式

综合整治是一种多元化的治理模式，旨在通过整合各类资源和手段达成整体的治理效果。城镇老旧小区综合整治，具体是指在政府要求和政策规定下，对老旧小区的物质环境、社会经济环境和制度环境三个方面进行统筹整治，包含基础类改造、完善类改造、提升类改造等多个层次和多个范围。

1. 综合整治适用范围

《浙江省人民政府办公厅关于全面推进城镇老旧小区改造工作的实施意见》（浙政办发〔2020〕62号）文件中提到，全面推进浙江省城镇老旧小区改造工作，以改造带动全面提升，改造对象包括建成年代较早、失养失修失管、市政配套设施不完善、社区服务设施不健全的住宅小区（含单栋住宅楼），重点改造2000年底前建成的城镇老旧小区。随着老旧小区改造工作的推进，部分2000年（不含）以后建成的，但基础设施和功能明显不足、物业管理不完善、居民改造意愿强烈的保障性安居工程小区，也逐步纳入改造计划中。

2. 综合整治改造内容

综合整治适用于房屋结构性能满足安全使用要求的城镇老旧小区，改造内容分为基础类、完善类、提升类。对影响老旧小区居住安全、居住功能等群众反映迫切的问题，必须列入改造内容，确保实现小区基础功能；结合小区实际和居民意愿，实施加装电梯、提升绿化、增设停车设施、打造小区文化和特色风貌等改造，落实长效管理，提升小区服务功能；加大对老旧小区周边碎片化土地的整合利用，可对既有设施实施改建、扩建，有条件的老旧小区，可通过插花式征迁或收购等方式，努力挖潜空间，增加养老幼托等配套服务设施。

通过综合改造提升，打造有完善的基础设施、有整洁的居住环境、有配套的公共服务、有长效的管理机制、有特色的小区文化、有和谐的邻里关系的“六个有”宜居小区，让居民群众的获得感、幸福感、安全感明显增强。

3. 综合整治改造原则

坚持以人为本，把握改造重点。从人民群众最关心、最直接、最现实的利益问题出发，征求居民意见并合理确定改造内容，重点改造完善小区配套和市政基础设施，提升社区养老、托育、医疗等公共服务水平，推动建设安全健康、设施完善、管理有序的完整居住社区。

坚持因地制宜，做到精准施策。科学确定改造目标，既尽力而为又量力而行，不搞“一刀切”、不层层下指标；合理制定改造方案，体现小区特点，杜绝政绩工程、形象工程。

坚持居民自愿，调动各方参与。广泛开展“美好环境与幸福生活共同缔造”活动，激发居民参与改造的主动性、积极性，充分调动小区关联单位和社会力量支持、参与改造，实现决策共谋、发展共建、建设共管、效果共评、成果共享。

坚持保护优先，注重历史传承。兼顾完善功能和传承历史，落实历史建筑保护修缮要求，保护历史文化街区，在改善居住条件、提高环境品质的同时，植入文化基因，彰显城市情怀，传承城镇老旧小区时代变迁的记忆。

坚持建管并重，加强长效管理。以加强基层党建为统领，将社区治理能力建设融入改造过程，促进小区治理模式创新，推动社会治理和服务重心向基层下移，完善小区的长效管理机制。

二、拆改结合模式

2023年，发布的《住房城乡建设部关于扎实有序推进城市更新工作的通知》中提到，坚持“留改拆”并举、以保留利用提升为主，鼓励小规模、渐进式有机更新和微改造，防止大拆大建。“十四五”期间，浙江省以全面实施城市更新行动为契机，继续推进老旧小区改造，尝试探索“拆改结合”模式，即通过拆掉一部分、改建一部分，推动实现小区内、外环境双提升。

1. 拆改结合适用范围

拆改结合适用于房屋结构存在较大安全隐患、使用功能不齐全、适修性较差的城镇老旧小区，主要包括以下三种：房屋质量总体较差，且部分依法被鉴定为C级、D级危险房屋的；以无独立厨房、卫生间等的非成套住宅（含筒子楼）为主的；存在地质灾害等其他安全隐患的。实施拆改结合改造，可对部分或全部房屋依法进行拆除重建，并配套建设面向社区（片区）的养老、托育、停车等方面的公共服务设施，提升小区环境和品质。

综合考虑地块条件、居民意愿和公共服务等因素确定改造形式。一是零星拆改，主要拆除小区违章建筑、围墙、独幢或少数危房，新增空间可用于提升公共服务水平。二是成片改造，适用于区域范围内有较多危房，可将危房及周边受改造影响的房屋进行连片式拆除重建。

2. 拆改结合的改造原则

实施拆改结合，当前主要存在居民主体意识薄弱，出资参与改造的意愿不强；政府习惯主导推进，鼓励居民发挥主体作用的认识不够；政策标准有待完善，缺乏制度设计等问题。推进拆改结合，应当厘清以下三种关系：

一是政府与居民的关系。拆改结合的本质是居民为改善居住环境而实施的自主改造，应坚持居民的主体性，变“要我拆”为“我要改”。政府要从“实施者”转变为“组织者”，并给予一定的资金、规划支持。

二是规划与现实的关系。应秉承“尊重历史、面对现实”的理念，即坚持规划空间布局和管控刚性底线要求，在确保公共利益和安全的前提下，适度放松用地性质、建筑高度和建筑容量等管控，灵活划定用地边界，按照不恶化原则有条件突破日照、间距、退让等技术规范要求。

三是普惠化与市场化的关系。居民主体性首先体现在居民出资上，原则上房屋本体改造费用由居民自行承担，有条件的居民可通过市场化手段适当改善居住品质。政府应在基础设施及公共服务设施方面承担相应责任，并针对困难群众在租房、搬家等方面予以适当补助。

相对其他改造模式，拆改结合的重点不仅仅是字面意义的“拆一部分，改一部分”，而是由居民作为改造主体的一种全新模式，作为后续既有住宅改造，特别是危房改造的补充，应从理念、操作、出资等方面进行创新。

三、自主更新模式

随着新一轮城镇老旧小区改造的深入实施，浙江省在实践中也发现，2000年以前建成的住宅普遍采用多孔板、预制板房，建筑施工质量参差不齐，抗震设防等级不高。在经历了背街小巷改造、平改坡、美好家园创建，以及城镇老旧小区综合改造提升等一系列行动后，虽然大大改善了城市空间环境，但安全隐患仍然没有彻底消除，尤其针对部分存在危旧房的老旧小区，通过落架大修或者根据“三不原则”（不改变原房屋用途、不突破原建筑占地范围和建筑高度原则）拆除重建，无法彻底改变小区设计规划上的诸多不足，导致居民支持率不高。而地方政府此前采用的统一征迁模式也受限于当前征迁成本和政府财力状况，难以为继。

因此，延续传统思维的城镇老旧小区改造模式，已然无法契合老旧小区改造既是“民生工程”，又是“发展工程”，更是“社会工程”“治理工程”的定位，也与“以人为本”“人民城市人民建”的宗旨有距离。为满足人民日益增长的美好生活需要，亟须探索顺应民意的老旧小区改造新模式，建设人民城市。

在此背景下，2023年11月，杭州市浙工新村先行示范，开创全省首个采取自主更新模式拆除重建的先河。采用自主更新模式推进老旧小区改造，是基于政府政策的指导，以居民作为更新主体，在自有土地上自行承担建设成本、采取拆除重建的方式完成家园自主改造的新模式。

2024年1月，浙江省提出在总结浙工新村等老旧小区改造案例经验做法的基础上，开展城镇老旧小区自主更新试点。2024年2月，浙江省城镇老旧小区自主更新试点工作座谈会在杭州召开，提出按照“省里给政策、各市为主导、部门强协同”的原则，确保自主更新各项工作的顺利开展。

2024年4月，浙江省住房和城乡建设厅、浙江省发展和改革委员会、浙江省自然资源厅联合发布《关于稳步推进城镇老旧小区自主更新试点工作的指导意见（试行）》（以下简称《指导意见》），标志着浙江省在城市更新方面迈出了重要一步。《指导意见》提出，在试点阶段鼓励各地结合地方实际开展多种形式和不同规模的自主更新项目，并明确提出了项目申请、制定更新方案、组织审查审批、开展施工建设、组织联合验收等项目组织实施全流程，在容积率奖励、税费优惠、规划优化、长效管理等方面提出了政策支撑。

同时，杭州等城市也在全市范围内梳理类似项目情况，适时制定出台老旧小区自主更新试点指导意见，在群众自主更新意愿强烈、属地政府推动有力的老旧小区中选取项目，逐步扩大试点范围，并坚持发挥居民主体作用，按照自愿有偿、成熟一个实施一个的原则，在符合城市总体规划和相关规范的前提下，允许改造区块采取适当调整容积率，控制建筑高度、日照间距、绿地率及公建配比等措施。

第四节　片区统筹，开展“圈层化”系统更新

城镇老旧小区受限于历史条件，普遍存在空间不足、服务缺失等问题，居民们对养老、托育等服务以及健身休闲等公共活动空间的要求一直很高。因此，在推进城镇老旧小区改造的过程中，应充分关注“一老一小”等公共服务需求，因地制宜地结合完整社区、未来社区、现代社区等先进理念，实施片区统筹，开展“圈层化”系统更新，破解城镇老旧小区改造所面临的空间难题。

浙江省就城镇低效用地开发利用曾出台一系列政策文件。早在2014年，曾发布《浙江省人民政府关于全面推进城镇低效用地再开发工作的意见》（浙政发〔2014〕20号）就提出“全面推进城镇低效用地再开发，统筹城乡发展，优化城镇用地布局，改善人居环境。”2018年，浙江省国土资源厅发布《浙江省国土资源厅关于进一步做好城乡低效用地再开发有关工作的通知》，明确城镇低效用地再开发应与地方城市更新等工作有效衔接，统筹安排基础设施、公共服务设施、居住、产业、城市绿地等，实现区域、城乡协调发展。

一、老旧小区改造与完整生活圈层联动

中国工程院和中国科学院两院院士吴良镛认为，社区规划与建设的出发点是基层居民的切身利益，不仅包括住房问题，还涵盖服务、治安、卫生、教育、对内对外交通、娱乐、文化公园等多方面因素，既有硬件又有软件，内涵十分丰富，应是一个“完整社区（Integrated Community）”的概念。在2019年全国住房和城乡建设工作会议上，住房和城乡建设部提出“完整社区”建设，围绕改善城乡人居环境，深入开展“共同缔造”活动，完善社区基础设施和公共服务，创造宜居社区空间环境，营造体现地方特色社区文化，推动建立共建共治共享的社区治理体系，并开始试点打造一批“完整社区”。

2016年，上海市发布全国首个《上海市15分钟社区生活圈规划导则（试行）》，在市民15分钟步行的范围内，配备生活所需的基本服务功能与公共活动空间，建设“宜居、宜业、宜游、宜学、宜养”的社区生活圈，实现幼有善育、学有优教、劳有厚得、病有良医、老有颐养、住有宜居、弱有众扶[33、34]。

2020年8月，住房和城乡建设部、教育部、工业和信息化部等13部门联合印发《关于开展城市居住社区建设补短板行动的意见》（以下简称《意见》）。《意见》针对当前居住社区存在规模不合理、设施不完善、公共活动空间不足、物业管理覆盖面不够、管理机制不健全等突出问题和短板，要求以建设安全健康、设施完

善、管理有序的完整居住社区为目标，以完善居住社区配套设施为着力点，大力开展居住社区建设补短板行动。

2021年，发布《商务部等12部门关于推进城市一刻钟便民生活圈建设的意见》，旨在扩大内需战略，畅通国民经济循环，满足人民日益增长的美好生活需要。一刻钟便民生活圈，即以社区居民为服务对象，在服务半径为步行15分钟左右的范围内，以满足居民日常生活基本消费和品质消费等为目标，多业态集聚打造社区商圈[35]。

2021年12月17日，《住房和城乡建设部办公厅关于印发完整居住社区建设指南的通知》强调，居住社区是城市居民生活和城市治理的基本单元，是党和政府联系、服务人民群众的“最后一公里”。住房和城乡建设部在总结地方实践经验基础上，组织编制并印发了《完整居住社区建设指南》(以下简称《指南》)，号召全国各地结合自身实际情况参照《指南》执行完整居住社区建设。

《指南》对“完整居住社区”做了概念界定：完整居住社区是指在居民适宜步行范围内有完善的基本公共服务设施、健全的便民商业服务设施、完备的市政配套基础设施、充足的公共活动空间、全覆盖的物业管理和健全的社区管理机制，且居民归属感、认同感较强的居住社区。

基于上述地方实践，将以打造完整社区为目标，能够在步行15分钟范围内满足居民生活需要的称为完整生活圈层，其被视为提升居民生活品质的基本空间载体，其功能变得更加复合、多元，涵盖了生活、工作、学习、交往等方面，它是推动城市生活服务便利化、标准化、品质化水平的重要举措，并作为社区满足居民全生命周期工作与生活的单元结构，在场景创建中发挥了指引作用，有利于推动共同富裕现代化基本单元建设[36、37]。

浙江省在“补齐社区短板、提升社区公共服务、打造完整生活圈层”等方面也出台了一系列举措。在“十三五”时期，浙江省已经构建涵盖基本公共教育、基本就业创业等领域的基本公共服务体系，且全省财政新增财力三分之二以上用于民生事业支出。但是老旧小区公共服务设施和服务处于薄弱状态，与群众期待有一定差距，这也是浙江省推动公共服务提升面临的重要挑战。

2021年6月，《浙江省人民政府办公厅关于印发浙江省公共服务“十四五”规划的通知》提出，缩小基本公共服务区域差距和基本公共服务人群差距，加快城镇老旧小区改造，提升老旧小区环境品质、设施功能和配套服务水平。浙江省也为公共服务提升提出了具体的目标，到2027年底，全省基本完成2000年底前建成的老旧小区的综合提升改造，累计建成2000个以上城镇社区“一老一小”服务场景。

2021年9月，《关于高质量建设公共文化服务现代化先行省的实施意见》(浙委办发〔2021〕64号) 发布，提出城乡一体“15分钟品质文化生活圈”覆盖率达到100%，旨在提升服务的可触性，同时，“15分钟品质文化生活圈”建设在2022—2023年连续被纳入浙江省政府民生实事项目。

杭州市彩霞岭社区改造项目“15分钟生活圈”如图3-8所示。

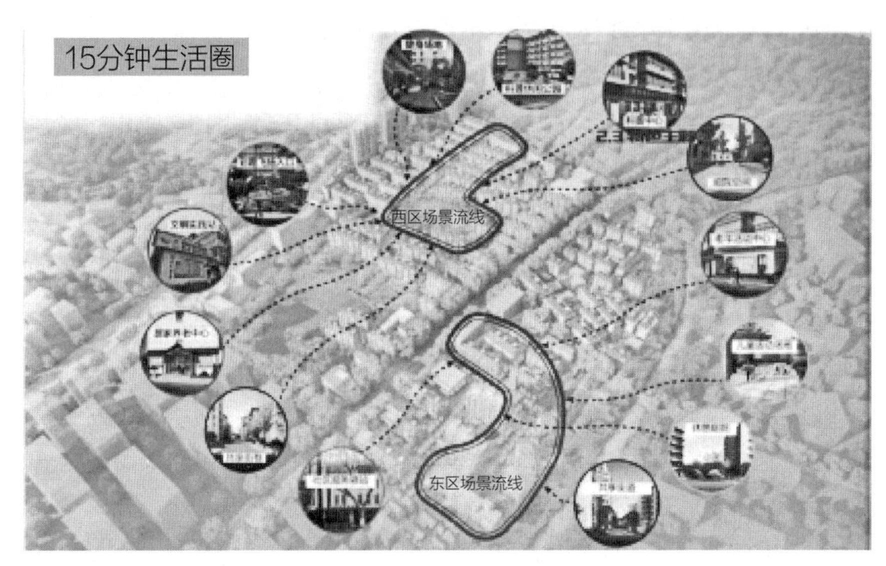

图3-8　杭州市彩霞岭社区改造项目“15分钟生活圈”

2023年2月，浙江省住房和城乡建设厅牵头召开全省公共服务“七优享”工程住有宜居工作部署会，并提出2023—2027年目标任务，“着力提升居住环境，完善配套设施，提升居住水平和幸福指数”成为一大重点工作。2023年11月，浙江省住房和城乡建设厅印发《浙江省住房和城乡建设厅关于深入推进城乡风貌整治提升　加快推动和美城乡建设的指导意见》，提出一大主要任务是推进公共服务优化提升专项行动，尤其强调对“一老一小”群体的服务供给和社区“一老一小”服务场景建设。结合全域未来社区建设要求，联动城镇老旧小区改造，根据城镇社区建设专项体检结果，加快开展城镇社区公共服务补短板行动[38]。

从地方实践看，杭州市在新一轮城镇老旧小区改造三年行动计划（2023—2025年）中，提出此轮改造将聚焦老旧小区功能完善、空间挖潜和服务提升，注重连片谋划公共服务设施布局[39]。《宁波市城乡现代社区服务体系建设“十四五”规划》提出：“探索以‘一老一小’为重点的全生命周期公共服务普惠共享，实现全龄友好的公共服务优质均衡。”

具体而言，浙江省老旧小区改造融入完整生活圈层（图3-9），建设多元、协同、品质等特征，主要包含以下几个方面：

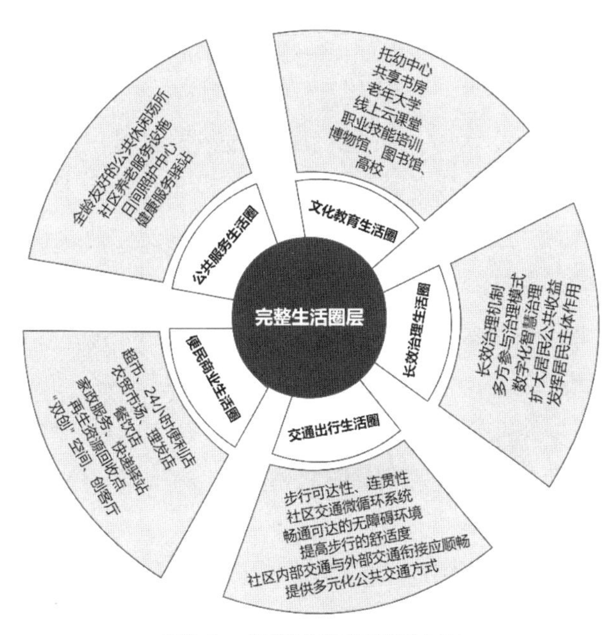

图3-9 完整生活圈层建设内容

文化教育生活圈。社区开展专业知识、文化知识的普及和教育，打造托幼中心、四点半课堂、共享书房、老年大学等公共学习空间，提供线上云课堂、职业技能培训等服务，让居民在家门口享受终身教育，建设学习型社会。同时，也可以通过整合周围博物馆、图书馆、高校等文化教育资源引入社区，拓宽学习地图。此外，挖掘社区历史文化遗产和“非遗”技艺，从而凝练成社区特色文化，也能够增强居民的凝聚力和归属感。

公共服务生活圈。完善社区公共服务设施，重点保障儿童、老人、残障人士等群体的休闲需求，配建类型多样、环境舒适、全龄友好的公共休闲场所。同时，要推动和优化社区养老服务设施建设和布局，让居民享受便捷的居家养老服务，建设日间照护中心、健康服务驿站等养老设施，提供健康档案管理、健康监测、代配药、康复服务、心理咨询、认知训练等医疗健康方面服务，满足老年人零距离、一站式的助老养老需求[40]。

便民商业生活圈。丰富的社区商业既包括满足居民日常生活所需，也包括为居民提供创新创业空间。除了提供超市、24小时便利店、农贸市场、理发店、餐饮店、药店等业态，还应该包括一些商业服务，如维修、家政服务、快递驿站、再生资源回收点等，农贸市场、生鲜超市应提供送货上门服务。除此以外，社区应提供“双创”空间、创客厅等平台满足居民创业就业需求，构建业态齐全、优质有序、活力创新的便民商业氛围。

交通出行生活圈。居住生活圈层建设是以人的步行作为衡量尺度，社区配套设施建设应考虑步行可达性、连贯性，打造社区交通微循环系统，建设畅通可达的无障碍环境，满足老年人、残障人士等特殊群体生活需求，体现人本化关怀；步道两侧环境绿化应避免单调，提高步行的舒适度；社区内部交通与外部交通衔接应顺畅，提供多元化的公共交通方式，便捷居民出行。

长效治理生活圈。社区应建立长效治理机制，构建党建统领下的三方协同、专业物业管理的多方参与治理模式，通过数字化赋能实现智慧治理，提高治理效率。此外，应该通过打造经营活动场所、公共宣传空间等形式扩大居民公共收益，在治理中充分发挥居民主体作用，实现共建共治共享。

二、老旧小区改造与未来社区建设联动

2019年1月，浙江省政府报告中正式提出未来社区理念，并于同年4月发布了《浙江省未来社区建设试点工作方案》，提出未来社区建设试点将聚焦人本化、生态化和数字化三维价值坐标，以和睦共治、绿色集约、智慧共享为内涵特征，突出高品质生活主轴，构建以未来邻里、教育、健康、创业、建筑、交通、低碳、服务和治理等九大场景创新为重点的集成系统，打造有归属感、舒适感和未来感的新型城市功能单元[41]。《浙江省城镇未来社区验收办法（试行）》将未来社区分为旧改类和新建类未来社区，相较于新建类未来社区，旧改类未来社区量大面广，同时存在建筑老化、基础设施落后、物业服务缺失、空间突破难等短板，成为提高未来社区覆盖面、改善社区基层治理的主战场。

随着城镇老旧小区改造工作的持续推进，浙江省不断探索将未来社区理念融入其中，实现高标准、高质量改造的目标。由于城镇老旧小区改造是关乎城市居民生活质量的民生问题，未来社区建设着眼于人民群众日益提升的美好生活需要，两者目标共同，即以人本化为核心，为人民打造实现美好生活向往的居住社区，切实提升居民的获得感、幸福感、安全感。因此，两者在实践中能够形成合力，实现项目共创、建设共推。

从实施内容上看，在城镇老旧小区改造中融入未来社区理念，提出更高标准、更加精细的改造要求，助推老旧小区改造在形态、品质、服务、技术等方面的全面升级。从实施路径上看，未来社区理念鼓励老旧小区在改造时突破边界统筹片区资源，通过服务配套共建共享、空间集约利用、数字化建设、大物业运维等方式加快社区范围内公共服务均等普及，为居民构建完整的生活圈层，最终达到“综合改一次”的效果[42]。

未来社区建设与老旧小区改造联动如图3-10所示。

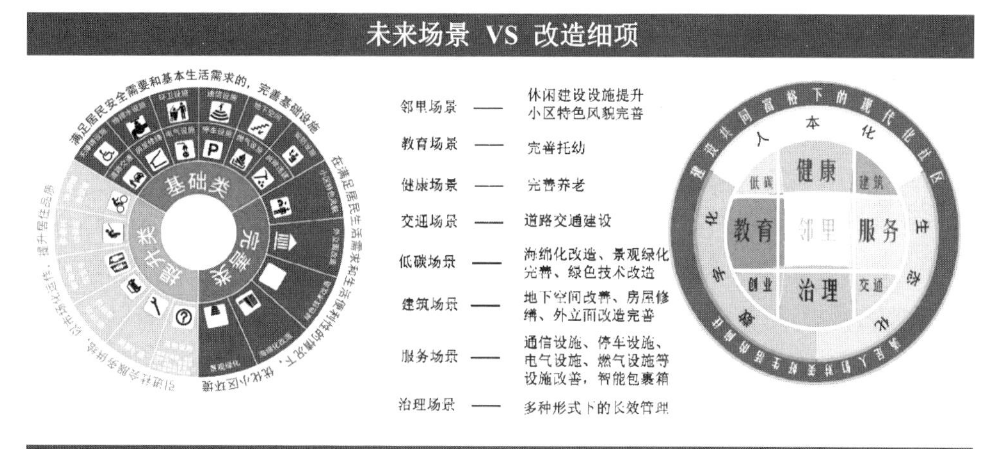

图3-10 未来社区建设与老旧小区改造联动

与此同时，旧城区、老旧小区存在着大量的存量低效用地，并未被有效利用起来。2023年1月，《浙江省人民政府办公厅关于全域推进未来社区建设的指导意见》发布，提出“联动推进未来社区建设和城镇老旧小区改造”“鼓励城镇老旧小区与未来社区一体化改造建设，鼓励相邻的城镇老旧小区成片联动创建未来社区”。加快补齐城镇老旧小区公共服务短板，通过盘活存量建设用地增建公共服务设施。可统筹利用的“存量资源”包括但不限于老旧小区及周边存量土地（空地、荒地、绿地、拆除违法建设腾空土地及小区周边存量土地等）和存量房屋资源（公有住房、社区居民委员会办公用房、社区综合服务设施、底层杂物房、首层架空层、小区门房、小区闲置楼宇、闲置自行车棚或自行车房等）。

在不违反规划且征得居民同意等前提下，通过“整合、提供、共享、复合”多种途径盘活存量资源，即一方面通过拆违新建、整合改建、既有空间复合利用等方式，唤醒沉睡空间；另一方面，出台文件鼓励行政事业单位、国有企业通过租用等方式提供闲置用房，用于补充社区综合服务、养老、文化、教育、卫生、托育、体育、助餐、家政保洁、便民市场、便利店、邮政快递等为本地居民服务的公共服务及其他配套设施，补齐公共服务及其他配套设施短板，不断拓展老旧小区的公共服务和公共活动空间，实现空间集约化利用，更好地满足人民群众对美好生活的需要。

城镇老旧小区改造是城市发展到一定阶段提出的新命题，其实现质量如何、效果如何，将直接影响经济、政治、文化、社会、生态文明建设等方方面面[42]。因此，城镇老旧小区改造与未来社区建设的联动，是紧跟时代的有益探索，是实现社区高质量发展、高水平均衡、高品质生活、高效能治理的创新实践。

三、老旧小区改造与现代社区建设联动

2021年，现代社区的概念首次出现在“十四五”规划纲要中，提出“推动资源、管理、服务向街道社区下沉，加快建设现代社区”。2022年5月，浙江在全省城乡社区工作会议上，提出着力建设现代社区，打造人民幸福美好家园的工作目标。会上对现代社区进行了明确定义，是以人的现代化为核心要义，以数字赋能为动力，以共建共治共享为导向，以未来社区和未来乡村建设为突破口，以党建为统领，全面强化社区“为民、便民、安民”功能，着力建设现代社区，构建“舒心、省心、暖心、安心、放心”的幸福共同体，打造高质量发展、高标准服务、高品质生活、高效能治理、高水平安全的人民幸福美好家园。

2022年6月，现代社区建设“六大改革”“十大行动”专项工作方案提出，“六大改革”是指“上统下分、强街优社”改革，强村富民乡村集成改革，“强社惠民”集成改革，社会组织发展体系改革，社区应急体系改革，城镇社区公共服务集成落地改革；“十大行动”是指党建统领网格智治攻坚行动，无物业管理住宅小区清零攻坚行动，“一老一小”优质服务提升行动，融合型大社区大单元智治破难行动，全域党建联盟聚力共富共治行动，除险安民行动，“五社联动”提质增效行动，电梯质量安全提升和老旧小区加装电梯惠民行动，社区药事服务便民行动，全省“1+4”社区助残服务暖心行动。

2022年8月，浙江省出台《浙江省城乡现代社区服务体系建设“十四五”规划》(下称《规划》)，明确了现代社区服务体系建设的总体要求、重点任务、保障措施。《规划》提到，“按照未来社区理念实施城市更新改造行动，联动推进城镇老旧小区改造、无障碍社区建设，打造多功能、复合型、亲民化社区生活场景。”

2023年6月，浙江省公布了首批现代社区200个。其中有不少老旧小区所在的社区入选，这些社区既是旧改型未来社区，也是现代社区。例如，杭州市青年路社区、和睦社区、翠苑一区社区、政苑社区、振宁社区、新民里社区，宁波市红梅社区、湖滨社区等，温州市桂柑社区、龙腾社区等，嘉兴市桂苑社区等。

浙江省在推进未来社区和现代社区建设之路上始终坚持“联动推进”的理念。

从目标来看，两者都是聚焦当下社区短板，尤其是老旧社区，通过各类创建举措，推动实现“社区更宜居、生活更美好、居民更满意”的目标。

从覆盖范围看，现代社区覆盖范围更广，涉及城乡所有社区（村）。同时其涉及社区发展的方方面面，框架更宏大、政策更集成。

从建设内容看，现代社区不仅仅在于“硬件”的提升，更侧重于党建、治理、服务等“软件”的完备。

未来社区主要是围绕公共服务普惠共享，侧重做好社区环境硬件建设和公共服务功能提升，注重空间形态打造和风貌整治提升；而现代社区中的重点任务，如城乡现代社区公共服务优质共享工程、城乡现代社区服务手段智慧协同工程等，都与未来社区的九大场景打造深度关联，未来社区也成为现代社区具体落地的切入点。

如入选首批现代社区的杭州市上羊市街社区，总面积0.21平方公里，常住居民3000余户，人口8934人，辖区拥有优质的党建文化宣传资源，包括胡雪岩故居、朱智故居两处市级文物保护建筑及光学专家蒋筑英纪念馆、中国社区建设展示中心两处展览馆等。该社区是新中国第一个居民委员会的诞生地，也是基层民主自治首次登上历史舞台的地方。

2020年10月，上羊市街启动老旧小区提升改造工程，共涉及四个老旧小区，总施工面积25万平方米。社区改造主要有六方面内容，即保障基础民生、破解管理难题、提升配套设施、挖掘历史文化、完善社区功能、擦亮邻里品牌。

社区探索“党建+治理”新路径，深化“邻里值班室”“民意小圆桌”等自治品牌；围绕“一老一小”等重点人群需求，增设智能食堂、婴幼儿驿站等便民空间；社区积极打造了清廉主题公园和“街边古井”“建兰书香古街”“袁井小巷”等，增强了社区文化底蕴；在上城区民政局的牵头下，上羊市街结合实践经验编写了《上羊市街社区居民议事协商手册》（图3-11）。

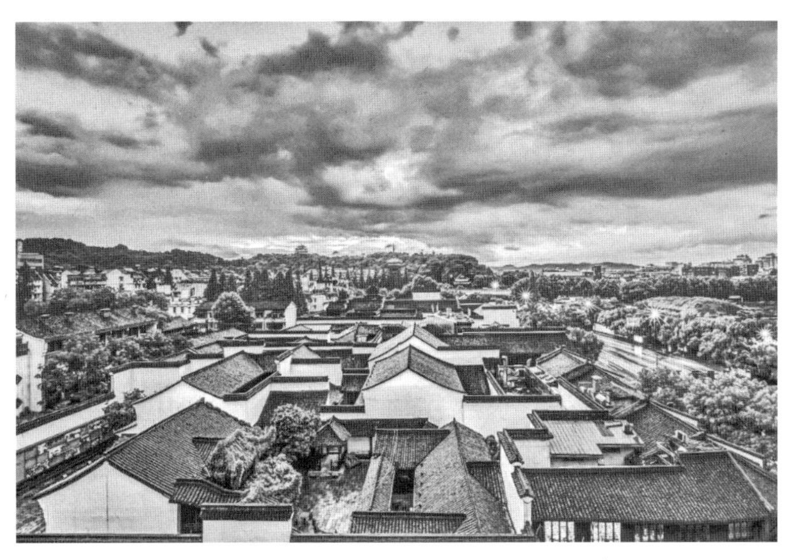

图3-11 杭州市上羊市街社区

浙江省各地市也在逐步探索低效用地再开发与城市更新相关政策体系和工作机制。2023年9月，自然资源部公布全国低效用地再开发试点城市名单，浙江省杭州市、宁波市、温州市、绍兴市、金华市、湖州市列入其中。

例如，温州市瓯海区新桥街道在部分老旧小区适儿化改造中，通过低效空间开发补齐功能短板，将闲置地、废弃地改建为儿童游憩场地，还原被挤占的儿童游玩空间，探索儿童友好空间打造与老旧小区整体提升相结合。三洪社区八组团通过置换闲置空间，还原儿童游乐空间，放置艺术小品、骰子座椅、蛋壳小屋等营造趣味玩乐的氛围。金蟾社区六虹锦苑则利用小区入口荒废的三角地块，在不破坏此处的绿化空间的基础上，放置沙坑及游乐装置，为儿童提供一处休闲娱乐的玩乐场所（图3-12）。

图3-12 温州市六虹锦苑老旧小区儿童玩乐区改造前后

（来源：温州妇联）

金华市于2020年12月发布《金华市深化低效用地再开发工作实施意见》，明确“对低效用地实施再开发用于道路、公园与绿地等公共基础设施或公益事业项目建设的，给予办理土地使用手续等支持”[43]。

又如2023年3月《绍兴市人民政府关于高质量推进土地综合整治工作的实施意见（试行）》提出：“加强城镇低效用地再开发、城中村和老旧小区改造、‘三改一拆’、未来社区建设、美丽城镇建设、储备土地前期开发等有机结合，推动土地的复合利用。”

2020年12月杭州市城乡建设委员会、财政局等部门联合印发《关于进一步规范市级存量房屋提供用于老旧小区配套服务的指导意见》，提出房屋产权或管理权属于行政事业单位或国有企业的房屋或建筑物，当前用途非本单位职能工作必须保留的，可提供给所在街道、社区用于老旧小区配套公共服务。2024年2月，杭州市召开“推进城市更新行动暨低效用地再开发工作动员部署会”，提到加快居住片区改善，补齐基础设施短板，推动公共空间优化，加强土地复合利用。杭州目前存量空间可开发潜力巨大，有旧区空间1303处，建筑规模共4217.83万平方米，其中老旧小区共1125处，占比86%，建筑规模4000万平方米，占比95%，有建筑类和场地类存量空间1096处。因此，杭州全域众多老旧小区借改造之机加速蝶变，演绎空间高效利用的“变形记”，将“闲置空间”变成全民健身、休憩赏景的“金角银边”的案例比比皆是。截至2023年底，全市实施改造的老旧小区已累计盘活行政事业单位、国有企业存量用房324处，面积9.6万平方米，新增养老托幼、文化活动等公共服务场地13.51万平方米[44]。

第五节　资金共担，探索“多元化”融资模式

统计数据显示，我国2000年以前建成的居住小区总面积为65亿平方米左右，所需改造资金在3万亿元以上。城镇老旧小区改造作为一项多领域、跨行业的工作，所需资金规模巨大，但周期长、利润低。目前，各地都在积极探索改造资金筹措渠道，但仍然存在资金总体不足、财政资金投不起、居民和社会资金不愿投、后期管护资金缺失等问题。在后续推进过程中，亟待加强投融资规划，拓宽投融资渠道，在城市物质环境改善基础上，注重引导政府、社会资源和公众参与，统筹多方力量解决目前的投融资困境。

一、提高财政资金使用效益

目前，城镇老旧小区改造项目的资金来源主要依靠财政资金投入，包括中央补助资金、各级财政补助资金、地方政府专项债券等。财政资金优先用于城镇老旧小区基础类改造项目，包括水电路气等配套基础设施和公共服务设施建设改造，小区内房屋公共区域修缮、建筑节能改造，支持有条件的老旧小区加装电梯等支出。

一是积极争取中央财政和省财政老旧小区改造专项资金支持。

2019年，浙江省争取中央补助资金9.3亿元，2020年争取中央补助资金25亿元，2021年争取中央补助资金25.66亿元，支持城镇老旧小区改造及其配套基础设施建设，支持有条件的项目加装电梯。

2021年11月，浙江省财政厅联合浙江省住房和城乡建设厅发布《浙江省财政厅 浙江省住房和城乡建设厅关于印发浙江省城镇老旧小区改造资金管理办法的通知》（浙财建〔2021〕118号），浙江每年落实省级资金2亿元，引导各地加快推进城镇老旧小区改造，明确改造资金对城镇老旧小区改造工作突出市县予以支持。改造资金采取因素法分配，主要结合各市县城镇老旧小区改造工作综合考评情况、财力状况等因素进行分配，同时充分考虑向财力困难地区倾斜，并适时调

整优化分配因素和权重，从而提高专项资金使用效率和分配透明度。

市级财政补助方面，以杭州市为例，对2000年底前建成的城镇老旧小区实施改造的，市级财政给予补助。其中，上城区、拱墅区、西湖区、杭州西湖风景名胜区补助50%，滨江区、钱塘区、富阳区、临安区补助20%，其他区、县（市）补助10%。补助资金基数以核定的竣工财务决算数为准（不包括加装电梯和二次供水等投入），高于400元/平方米的按400元/平方米核定，低于400元/平方米的按实核定。2000年后建成的保障性安居工程小区实施综合整治改造的，由原建设单位承担改造费用。围绕“六有”工作目标，市级财政对改造成效明显的区、县（市）政府给予一定绩效考核奖励。

二是发行地方政府专项债券。

2020年4月3日，国务院联防联控机制举行的新闻发布会上，财政部副部长许宏才表示，地方政府专项债券不用于土地收储和房地产相关项目，同时根据中央经济工作会议“加强城市更新和存量房改造提升、做好城镇老旧小区改造”的要求，把城镇老旧小区改造纳入专项债券的支持范围。鼓励各地在做好老旧小区改造项目方案的规划设计和成本测算等工作的基础上，选择符合地方政府债券发行条件的项目，纷纷开始发行老旧小区改造专项债券。

以杭州市富阳区为例，2020—2022年5月，富阳区争取到老旧小区改造专项债券13.95亿元，其中到位资金11.75亿元，实际支出10.67亿元，支持虎山社区北堤路、戴家墩社区兴达路等15个区块的道路、污水、弱电等设施改建，新增停车位1262个，惠及居民5677户[45]。

属地政府要及时落实本级城镇老旧小区改造财政补助资金，统筹涉及住宅小区的各类财政资金用于城镇老旧小区改造，对相关资金开展全过程预算绩效管理，提高资金使用效率。

二、吸引多方资金参与改造

住房的“老龄化”是一个持续性的问题，随着时间的推移，所有已建成的房子和小区都会慢慢变老，如此体量的老旧小区改造工作，仅靠财政资金难以实现高质量、可持续的更新目标。因此，住房和城乡建设部、财政部等相关部门需进一步加强探索实践，充分发挥财政资金“四两拨千斤”的引导作用，吸引多方力量参与老旧小区改造，进一步强化资金保障。

一是落实专业经营单位责任。引导水务、燃气、电力、通信等专营单位出资参与相关管线设施设备的改造提升，明确相关设施设备的产权关系，整合利用各种存量资源，结合改造同步建立长效管护机制。部分老旧小区红线内涉及的给水、供气、供热、供电、市政管线改造执行市固定资产投资支持政策，改造资金由市、区、专业公司、产权单位共同分担。目前，排水管线没有支持政策，改造资金由产权单位负担，产权单位无力改造的由当地政府负担。

在老旧小区综合改造提升管线项目上，杭州市区两级电力、水务、燃气等国有企业给予了大力支持。据不完全统计，2020年杭州市水务集团对129个小区、120余公里的灰口铸铁管、劣质塑料管等老旧管线进行更换，总投资达8800万元；杭州市燃气集团对30余个小区的燃气管网进行整体翻建或局部引入登高管改造，提高管网安全及用气保障能力[46]。

二是吸引社会资本参与改造。政府应完善相关政策法规，优化社会资本参与老旧小区改造的环境，通过发挥财政资金的杠杆作用、实行税收优惠、提供合理补贴、统筹片区资源、灵活运用容积率奖励、采取符合规律的金融支持等多种办法，合理保障社会资本投资回报和长期运营权益。鼓励专业化公司参与养老、抚幼、助餐服务设施建设和后续运营；对配建停车设施、快递服务站点等，明确投资建设者的产权，实现投资、建设、收益及运营责任相统一，形成投资盈利模式，吸引更多社会资本参与老旧小区改造和运营。

例如，杭州市拱墅区在城镇老旧小区改造前期规划中就考虑改造完成后的运营问题，引入浙江慈继医院管理有限公司、华媒维翰幼托等机构，投资950万元建设社区康复医疗中心、婴幼儿照护托管中心，解决了养老托幼需求。

三是引导居民合理共担。作为老旧小区改造的主体和房屋产权人，居民最了解自己长期居住生活的环境，他们为自身生活空间的改造与维护投入必要的资金，可以增加改造工作的可持续性，并使改造成效维持在较高的水准上，这对老旧小区的长远发展非常重要。政府应当加强宣传引导和政策解释，充分激发社区居民参与和自愿出资的热情。在具体实践中，综合整治项目，居民可以通过直接出资、使用住宅专项维修基金、让渡小区公共收益、使用住房公积金等方式落实，同时鼓励通过捐资捐物、投工投劳等支持改造，鼓励有需要的结合小区改造进行户内改造或装饰装修、家电更新；拆改结合项目，居民承担的改造费用可申请提取住房公积金，符合条件的可申请住房公积金贷款或商业按揭贷款。

例如，宁波市深入推行专项维修资金“即交即用即补”机制，通过将小区居民出资比例与市级“以奖代补”资金补助挂钩，逐步扩大城镇老旧小区专项维修资金覆盖面。金华市浦江县金狮湖周边中山路区块老旧小区环境综合整治工程，政府出资1622万元、居民自筹540万元，居民出资比例达到25%[47]。

三、创新金融产品服务模式

在不增加地方政府隐性债务的前提下，加强与金融机构合作，探索金融机构以市场化方式加大对城镇老旧小区改造的资金支持。通过项目整合、设计施工一体化、老旧小区与周边区域协同改造等方式，扩大项目规模，设计城市更新及老旧小区改造基金、专项债配套融资、老旧小区改造资产证券化等金融支持产品。具体实践中，许多城市先试先行，在搭建投融资金融体系方面进行了有益探索。

2020年7月17日上午，在住房和城乡建设部大力推动下，国家开发银行与吉林、浙江、山东、湖北、陕西5省，中国建设银行与重庆、沈阳、南京、合肥、福州、郑州、长沙、广州、苏州9个城市，分别签署支持市场力量参与城镇老旧小区改造战略合作协议。根据签约内容，在未来5年内，国家开发银行、中国建设银行预计将向5省9市共提供4360亿元贷款，重点支持市场力量参与的城镇老旧小区改造项目。此次国家开发银行、中国建设银行与5省9市开展战略合作希望通过金融机构与地方政府的共同努力，加快各项支持政策创新和落地，营造良好环境，激发市场主体参与的内生动力，加快建立市场化运作、可持续发展的城镇老旧小区改造模式，为全国提供可复制可推广的经验做法[48]。

国家开发银行与浙江省签署800亿元城镇老旧小区改造战略合作协议。2021年2月，浙江省住房和城乡建设厅、国家开发银行浙江省分行联合印发《关于建立开发性金融支持城镇老旧小区改造战略合作协议推进机制的通知》(以下简称《通知》)，充分发挥建设部门项目前期谋划、统筹协调和开发性金融“长期、大额、低成本”等综合优势，支持全省城镇老旧小区改造项目建设。

《通知》明确，要聚焦综合整治或拆改结合的城镇老旧小区改造项目，以及与城镇老旧小区周边高度关联的城市更新、存量住房改造提升、历史文化街区保护等统筹实施片区联动改造的项目，充分发挥开发性金融的全方位服务优势，积极探索推动融资模式创新，确保一批重大项目加快实施。

《通知》要求，各地建设部门要加强与国家开发银行浙江省分行的政策沟通、项目对接、信息共享，共同确定开发性金融支持需求，积极推介符合要求的项目清单，加快完善项目建设必要条件，增强项目的可融资性。国家开发银行浙江省分行明确13个项目对接联络人，提前介入项目谋划储备，做好银政合作、政策宣介、项目对接、贷后管理等工作，进一步简化贷款审批流程，积极争取贷款规模和政策倾斜，加快资金投放[49]。

浙江省积极落实开发性金融支持城镇老旧小区改造战略合作协议推进机

制，先行推动一批重点项目实施，深化示范引领。目前宁波、嘉兴、绍兴、台州、丽水等地市9个项目已与国家开发银行达成初步意向。舟山市定海区向中国工商银行定海支行成功申请了3.5亿元为期15年的银行贷款，用城镇老旧小区改造[50]。

传统银行贷款方面，也有创新手段支持城市更新。以中国建设银行为例，其深度参与北京市的城市更新工作，进行金融产品创新，形成14个产品的工具箱，包括同业首创的"城市升级贷款"，支持超长期限的项目实施，最长可达40年；创新应用"城镇老旧小区改造贷款"，支持老旧小区改造项目的微利可持续实施；创新"保障性租赁住房经营权贷款"，支持保障性租赁住房建设等，针对性地解决城市更新各细分领域融资需求[51]。

2023年7月，住房和城乡建设部发布《住房城乡建设部关于扎实有序推进城市更新工作的通知》（建科〔2023〕30号），鼓励金融机构在风险可控、商业可持续前提下，提供合理信贷支持，创新市场化投融资模式[52]。鼓励金融机构依法合规加大创新力度，开发适合城镇老旧小区改造的金融产品和服务。同时，近两年来，各大银行提供贷款利率优惠政策，即给予一定幅度的贷款利率减免或补贴，降低融资企业的融资成本，通过贷款利率优惠、抵押贷款额度提升、担保支持和资金扶持等政策，项目融资企业可以获得更多的融资机会，推动老旧小区改造工作的顺利进行。

针对解决投融资困境问题，德勤中国提出了四项建议：一是优化项目边界条件。从融资角度优化城市更新项目边界条件，提升其投资回报与可融资性，确保资金顺利到位、项目落地实施。二是匹配投融资模式。从多方合作共赢的角度，综合运用政府投资、专项债、政府与社会资本合作（PPP）、投资人＋EPC（EPC是指承包方受业主委托，按照合同约定对工程建设项目的设计、采购、施工等实行全过程或若干阶段的总承包）、绿色金融、项目基金等合规路径，打出投融资模式"组合拳"。三是构建回报机制。从基础设施"外部性"内化的角度，结合碳达峰、碳中和、新基建等热点，创新商业模式、开拓收益来源、确保法律合规，实现项目外部溢价的回收。四是充分发挥绿色金融的作用。绿色金融以市场化原则引导资金流向城市更新的各个环节，引入绿色金融，充分发挥社会资本的积极性，拓宽投融资渠道，实现资金的良性循环[53]。

第六节 党建统领，构建"1＋*N*"共建机制

当前，我国在城市建设实践中大力创新基层治理模式，将社区治理能力建设

融入改造过程，积极推动社会治理和服务重心向基层下移。2021年，中共中央、国务院印发《中共中央 国务院关于加强基层治理体系和治理能力现代化建设的意见》提出，基层治理是国家治理的基石，统筹推进乡镇（街道）和城市社区治理，是实现国家治理体系和治理能力现代化的基础工程。《国务院办公厅关于全面推进城镇老旧小区改造工作的指导意见》（国办发〔2020〕23号）明确提出，要建立和完善党建统领城市基层治理机制，充分发挥社区党组织的领导作用，统筹协调社区居民委员会、业主委员会、产权单位、物业服务企业等共同推进改造。党的二十大报告再次聚焦基层治理，提出要加强城市社区党建工作，推进以党建统领基层治理，把基层党组织建设成为有效实现党的领导的坚强战斗堡垒。

一、基层党组织建设和引导

坚持党的领导，是当代“中国之治”的核心要素。在推进基层治理重心下移、资源下沉的新形势下，发挥党组织在城镇老旧小区治理过程中的作用，是落实以人民为中心的发展思想、推进基层治理现代化建设的必然要求。随着人民群众对美好生活的期待和追求越来越高，城镇老旧小区改造更应充分关注人情烟火和民生需求规律，以党建为统领，把党的组织优势转化为治理效能，建立党建统领下的居民自治和社区共治模式，共同维护改造成果，将社区建设成为共建共治共享的幸福家园。

一是搭建党建治理平台。通过整合数据资源，实施“互联网+基层治理”行动，加快一体化政务服务平台建设，推动各地政务服务平台向乡镇（街道）延伸，打破信息孤岛和数据壁垒，强化大数据的互联共享。针对网格信息数据多头采集、互联互通受阻等问题，依托一体化数据平台，有利于实现“一次采集、多网融合、多方利用”，也有利于加强居民、居民委员会和主管部门之间的信息沟通和相互监督，提高居民参与度和管理透明度。此外，建设开发智慧社区信息系统和简便应用软件，提高基层治理数字化智能化水平，提升政策宣传、民情沟通、便民服务效能，让数据多跑路、群众少跑腿。充分考虑老年人习惯，推行适老化和无障碍信息服务，保留必要的线下办事服务渠道[54]。

例如，浙江省杭州市拱墅区针对基层治理中暴露出的人员底数不清、组织运转不畅、力量支撑不足、资源统合不够等问题短板，把居民小区（网格）作为最小作战单元，以“三方协同小区微治理”为抓手，坚持系统性重塑，形成党委领导、支部支撑、小区（网格）落实、党员参与的治理格局，探索打造“党建统领融合型大社区大单元治理”新模式。其中，拱墅区贯通杭州市智慧物业平台，连接规划和自然资源、公安数据，将产权业主、户籍、流动人口数据精准匹配到户，为社区开展基础调查，大幅度节省时间，目前产权业主只需授权即可精准到户脱敏查看。同时，逐步接纳新业态新就业群体、出租户等人员身份类别细化信息，实现以房管人，信息底数“一屏清”[55]。

二是实施党建网格管理。加强党建统领网格智治，对建设现代社区、高质量发展建设共同富裕示范区具有重要意义。老旧小区改造基层治理中，应科学划分网格，以社区网格为最小单元，统合基层网格的职责，推动形成上下衔接、左右联动的工作格局，形成“民需有人问、民事有人管、民忧有人解”的工作机制，推动网格服务的精细化。

例如，浙江省湖州市吴兴区创新一系列举措大力实施党建统领网格智治行动：将全区82个城市社区科学划分为324个网格，按照每个网格“1＋3＋N”模式（1即1名网格长，3即1名专职网格员、1名兼职网格员、1名网格指导员，N即网格内志愿者、物业管理人员、在职党员等）选优配强治理力量；投入1.3亿元将7000平方米5层的闲置大楼改造成全国首家网格员实训中心，并开设73门线下专业课程，打造55个实景教学场景，上线线上“网格员能力素质系统提升应用”，开发170门网格业务课程，举办专职网格员职业技能大赛，为优胜者颁发全国首批职业技能等级证书等，锻造最强网格治理队伍。

三是打造智慧党建新阵地。将线上线下党建业务场景打通，建立集社区综合治理、公共服务、商业服务、学习培训、慈善志愿服务、后台管理等于一体的综合数智系统，打造集“活动—学习—宣传”于一体的专属活动场所。打造数字化党建展厅，通过智慧云屏、VR等数字化手段，生动、立体地呈现展示内容，提升阵地的利用性。立足党建信息化平台，发挥党建在智慧社区建设中的统领作用，围绕基层党建工作重点，提供线上活动、学习资源、数据运营等运营增值服务，提升党建文化软实力。

例如，浙江省桐乡市复兴社区联合广东ITC保伦股份，对党群服务中心进行智能化升级改造。改造后的党建新阵地集居民议事、便民服务、文化活动为一体，涵盖居民会客厅、联勤工作站、居家养老照料中心、休闲书吧等，并设计了一套由扩声系统、无线会议系统、舞台灯光及会议周边设备等组成的音视频系统解决方案，助力服务中心营造智慧化、现代化的便民服务环境。数字智慧党建阵地的升级改造，有效满足了辖区党员群众活动需求，带动社区各项工作提质增效。

二、居民主体自治机制建设

从群众中来，到群众中去，社区治理也要深入社区，充分发挥群众力量。老旧小区改造，改变的不仅仅是居民的生活环境，还有居民的意识。在老旧小区改造中提升居民参与水平，应充分关注居民的知情权、选择权、参与权、监督权，激发居民主动参与基层治理的积极性，将社区建成共建共治共享的幸福家园。

一是建立健全居民监督委员会。采用联席会议、民情恳谈、议事协商等形式听取民意，汇集民智，引导居民依法参与社区公共事务，形成发现问题、快速流转、分类解决的闭环，在各个环节及时公开各类信息，全程接受居民监督，进一步推进居务公开和民主监督；加强监督调度，落实“周调度、月通报、季评比、年考核”制度，保质、保量地完成年度改造任务，改造后组织开展居民满意度测评，真正做到改造效果满意不满意，居民说了算。

例如，浙江省杭州市拱墅区推广“红茶议事会”“百姓圆桌会”等党组织领导下的有序协商议事机制，发动群众参与小区治理事务，建立党组织牵头，周边商户楼宇、驻区单位等共同参与的党建微盟，发挥各自资源优势助力社区基层治理。

二是探索居民参与激励机制。如设置积分奖励体系，结合积分体系，在征求居民意见的基础上，形成《社区邻里公约》，明确奖惩机制；明确积分换服务模式，为积分排名靠前的居民提供合理的改造补贴和生活用品奖励，并将物业收费、公共资源经营性收入等与活动积分挂钩。例如，杭州市西湖区西溪街道求智社区与文三数字街区周边商家联动共建，创新设计了“共享积分商城”模块，即商家通过积分参与到社区服务中，居民通过参与活动获得积分，积分用于兑换服务、优惠券或实物，社区居民的体验感和幸福感大幅提升。

三是发挥社区能人作用。以党组织为圆心，积极发挥党员及社区干部带头作用，带头响应、配合老旧小区改造决策部署，带头化解改造过程中可能会产生的矛盾纠纷，引导居民全方位参与、依法支持和配合基层治理。在充分了解居民需求的基础上，针对专项改造项目，建立居民带头人机制，如加梯带头人、违建拆除带头人等，积极参与老旧小区改造，形成“自我管理、自我服务、自我监督”的良好氛围。

例如，杭州市大关街道成立“老马加梯帮帮团”，是杭州首个由“最美加梯人”马建生牵头组建的帮帮团。该同志退休后主动投入社区，牵头推进小区加装电梯的工作。用时6个月，小区一致同意加装电梯。此外，该同志还买下了全国第一个“15＋2”加梯全生命周期综合养老保险，解决了未来17年电梯后续维修保养和意外事故理赔等难题。

三、多方力量参与改造维护

城镇老旧小区改造是一项长期的、系统的、综合的工程，需要各部门单位的协调统筹，也离不开社会各界的支持配合。老旧小区改造要构建各方共建机制，做好牵头部门、社区居民委员会、业主委员会、居民、专营单位、物业服务企业等之间的协商协调工作，确保改造工作的顺利进行。

一是完善职能部门协同机制。各部门职能不同，在改造工作中承担的具体任务也不同。对于因权责不清或多头管理产生的问题，需要针对具体问题事项，建立“会议商定”和“清单管理”制度，坚持合理分工、应纳尽纳、主管部门兜底的原则，破解职责交叉难题，确保各部门职能职责范围同管理标准统一、管理边界清晰，提高各部门行政工作效能。

例如，杭州市在2019年启动新一轮老旧小区改造之初，成立了由分管副市长担任组长的“全市老旧小区综合改造提升工作协调小组”。以老旧小区改造为统领，构建“市级统筹、区级负责、街道实施、社区沟通”的工作机制。通过计划衔接、方案联审等方式，统筹协调多个部门，将停车泊位、线路管网、加装电梯、二次供水、养老托幼、安防消防、长效管理等内容通盘纳入提升计划，把多项改造内容一次性实施到位，努力实现“综合改一次”，有效破解组织方式简单化、改造内容碎片化问题[56]。2023年5月，杭州市发布《杭州市人民政府办公厅关于全面推进城市更新的实施意见》，明确要试点先行，有序推进，加快组建全面推进城市更新行动领导小组，出台指导性文件和行动方案，编制城市更新专项规划，制定城市更新技术标准，基本形成具有杭州特色的城市更新工作体系，打造一批可复制、可推广的城市更新试点项目，积极争创国家级更新试点城市和省级更新试点城区、片区、项目[57]。

二是优化专营单位配合机制。老旧小区改造要做好与供水、供电、燃气、通信、广电等专营单位的衔接，同步将专营设施设备改造有关内容融入老旧小区改造方案，改造方案应征求专营单位意见，同时专营单位参与改造方案联审，与老旧小区改造同步设计、同步施工、同步验收。各专营单位主管部门要加强对相关专营单位的监督，进一步明确分工，压实责任，指导各项目落实工程质量终身责任制和保修制度，将老旧小区改造工程打造成民生工程、放心工程，实现老旧小区改造和专项工程政策协调、施工协作、规范执行等方面协同有序管理。改造后的专营设施设备的产权可依照法定程序移交给专营单位。改造后如入户端口外的通信、广播电视设备等，原则上全部由专营单位管理、运营和维护；已实施“一户一表”且设备移交至专营单位的，电力、供水设施设备全部由专营单位管理到户；依照法定程序完成产权移交的专营设施设备，应由有关专营单位负责后续的维护管理工作。

三是强化专业城市设计引导。住房和城乡建设部部长倪虹在2022/2023中国城市规划年会中指出，进入城市更新时期，推动城市高质量发展需要把真功夫放到城市设计、建筑设计上，要完善城市设计管理制度，明确对建筑、小区、社区、街区、城市不同尺度的设计要求，规范和引导城市更新项目实施；要探索优化适用于存量更新改造的建设工程许可制度和技术措施，构建建设工程设计、施工、验收、运维全生命周期管理制度。因此，城镇老旧小区改造，应推进规划师、建筑师、设计师进社区，积极发挥专业技术优势和设计引领作用，在老旧小区改造、社区治理等方面建言献策，通过实地调研、专业咨询、设计把控、现场指导等方式，为社区范围内的规划、建设、治理提供专业引导和技术服务。

例如，宁波市鄞州区于2020年制定《宁波市自然资源和规划局鄞州分局关于开展社区规划师制度的实施方案》，探索建立社区规划师制度体系，选送社区规划师结对街道社区，以城市更新、15分钟社区生活圈建设、社区微更新为主要服务方向，为街道社区更新工作提供跟踪指导和咨询，全过程参与社区规划的编制与实施，承担行政沟通、技术咨询、公众协调等职责。

第七节　建管同步，实现“全周期”长效管理

2020年7月，《浙江省住房和城乡建设厅关于加强和改进城镇老旧小区物业管理工作的指导意见》（浙建房〔2020〕54号）发布，强调要完善物业服务标准规范，明确服务最低要求，统筹推进管理服务提升。浙江省各地市较早地把老旧小区物业管理放在重要位置。

面对城市高质量发展这一新形势，当前的城市更新规划，亟须转变传统空间规划思维，建立全周期运营逻辑，在整合各方利益诉求的基础上，提供从全过程咨询、规划设计、改造建设到运营服务等一体化模式。这一模式有利于建设和运营的衔接，以减少老旧小区改造完工后“质保期内维修难”等问题，进一步提升城市更新项目的可持续性。

一、运营前置，建管同步提升

老旧小区改造主要分为规划、改造和运营三个阶段。传统的城市更新项目，运营主体往往在项目实施后介入，运营后置可能导致项目实施难以有效承接最初定位与发展愿景。运营前置是指在城市更新过程中，实施主体需做好整个周期的统筹规划工作，从策划、规划、设计阶段开始，根据小区运营成本测算和居民意见确定运营模式，支持运营主体提前介入。建立运营前置的创建机制，提前对接后续运维，进行统一化管理，能够充分发挥运营主体的主观能动性，明确改造空间的功能和业态组成，引导后续设计、管理等过程，有利于提高空间资源配置，实现综合品质提升和长效运行维护的总体目标，实现建管同步提升。

一是通过方案设计实现运营统筹。运营主体在项目改造前提前介入规划设计工作，对空间定位、场景落地、文化挖潜、业态布局等进行指导。

二是以运营思路回应人本需求。通过提前调研感知、预测社区全周期性人群需求和动态变化，并从资金平衡度、需求适配度、服务完善度和特色挖掘度等多个方面统筹考虑。

三是算好运营期的资金平衡账。在项目建设前期应明确建设主体和运营主体在后期运营阶段的权责和标准，测算运营期间的成本、收益，在保障公益性正常运行的前提下根据社区特色开展增值服务。

二、构建特色化民生品牌运营

1. 拱墅“阳光老人家”——街区式居家智慧养老新模式

拱墅区作为杭州市的老城区，老旧小区分布密集，老龄化程度稳居杭州前列，随着人口老龄化、高龄化趋势日益凸显，半失能、失能群体的比重也将进一步提高，如何建立起适用于当地实际情况的“定制化”养老服务体系成为拱墅区迫在眉睫的问题。

为此，以数字赋能“一老一小”改革为契机，拱墅区聚焦原居安养，创新性开展“互联网＋康养”深度融合模式，于2018年着手启动“阳光老人家”的建设，构建以居家养老为基础、社区养老为依托、机构养老为补充、医养相结合的大社会养老服务体系（图3-13）。

为了让老人在家门口就能享受到阳光照护服务，拱墅区通过改造闲置物业、整合废旧资源，按照“1234＋*X*”（1即“阳光大管家”综合信息平台，2即“阳光食堂、阳光客厅”两厅堂，3即“阳光休养中心、阳光乐养中心、阳光健养中心”三中心，4即“阳光‘好管家’、阳光‘好小二’、阳光‘好帮手’、阳光‘好大夫’”四队伍，*X*即全托、介护器具租赁等特色服务）的建设要求，实施街道级“重综合、强辐射”、社区级“重特色、强覆盖”，分层分类建设“阳光老人家”。

图3-13　大关西苑片区阳光老人家

打造阳光相伴“活动圈”——擦亮美好生活底色

在庆隆社区的阳光老人家，既有面向婴幼儿的短托服务，也有面向老年群体的文娱活动。在这里，老人和小孩可以相伴一整天。这是拱墅区联动推进“阳光老人家”“阳光小伢儿”一体化建设的阵地之一。

“一老一小”一头是“夕阳”，一头是“朝阳”。拱墅区聚焦居民群众迫切需求，深入推进“上统下分、强街优社”改革，全面迭代升级28.97万平方米的社区配套服务设施，大力推进“集成式、街区化、片区化”场地建设，一半以上的场地用于服务老年群体和婴幼儿群体，共投用158个阳光老人家工作站、53个阳光小伢儿驿站、108个社区阳光食堂和超过12万平方米嵌入式体育场地，初步形成以“一老一小”为重点的大运河幸福家园15分钟便民服务保障圈。

优化阳光社团“伙伴圈”——展现老有所为本色

在大运河书法公园里，三五个老人围在一起，看老朋友用毛笔蘸着水在地上写字。刚完成改造提升的大运河书法公园已正式向市民开放，吸引了不少书法社团和爱好书法的老人前来参观交流。进入公园，一条蜿蜒的环路串联书法展示区、书法感知区、书法品鉴区、书法体验区、书法交流区五大功能区，很快成为爱好书法的老年人聚集地。

拱墅区坚持以兴趣爱好为纽带，组建500余个、5.2万余名低龄老年人的阳光社团，涵盖文体娱乐、书法绘画、旅游摄影等文化活动方面，以及三方协同、文明创建、矛盾调解等基层治理领域，老人在阳光社团既可以结识好友，还能够发挥余热，实现老有所为、老有所乐。

迭代阳光照护“服务圈”——提升专业助老成色

早上把老人送到嵌入式养老机构，晚上接回家里，既能解决子女们白天上班无法专职照护的难题，又能为老人提供专业照护服务。

拱墅区聚焦失能老人专业照护服务需求，创新养老服务“爱心卡”机制，在养老服务财政补贴的基础上，设立“爱心卡”慈善基金，持续汇聚集体、社会和家庭等资金资源，每月为高龄和失能老人发放“爱心分”，由30余家专业机构为老人提供助洁、助餐、助浴、助行、助医、助急、助聊七项优质服务，并引导养老服务企业以优惠折扣形式向老年人发放家政、维修、护理等“爱心券”，实现“政府搭台、企业让利、老人受益”，累计服务老人91万人次[58]。

从实施居家养老服务“三年行动”计划，到打造“没有围墙的养老院”，再到构建“大社区照护服务体系”，作为拥有24万老年人口的主城区，拱墅区持续优化家门口的“老有康养”场景，加速绘就“一老一小”阳光相伴的幸福图景。

2. 西湖“幸福荟”民生综合体——创新基层社会治理体系

西湖“幸福荟”民生综合体是汇聚了20余个民生服务部门的力量及11个镇街的资源，统一规划助老、健康、活力、教育、治理、生活和至善七大空间，开拓挖掘20余项个性化、特色化服务，打造公共服务“15分钟幸福圈”升级版。西湖区财政局大力支持部门通过政府购买服务模式，引导社会组织积极参与民生服务供给，激发了基层社会治理动力，提升了镇街民生实事管理的能力，促进了社会组织民生服务的发展。相关经验做法被央视《新闻联播》等栏目报道，入选2021年度全国基层治理创新典型案例。

2021年以来，西湖区累计建设58个“幸福荟”民生综合体，两年累计获评浙江省星级社区服务综合体15家，开展活动5350余场，服务覆盖290万余人次，让优质公共服务“触手可及”[59]。

政府部门搭台——“有形之手”助发展

注重功能延伸，打造“集成”平台。“民有所呼，我有所应；民有所呼，我有所为”。2021年以来，西湖区以助力推进共同富裕示范区的首善之区建设为主线，根据整体智治原则，借助数字化手段，打造“幸福荟”西湖民生综合体，把医疗、文化、慈善、幼儿、便民、教育等居民需求综合集成，提供全周期、全链条的优质综合服务，获得辖区居民一致好评。古荡街道以“幸福荟”民生综合体为载体，搭建了“益之家”社会组织综合性服务平台，聚焦“公益性、社会性、专业性”目标，为社会组织提供培育指导、驻点办公、信息交流、资源共享等“一条龙”服务，为辖区居民、社工等提供专业化的公共服务，同时提供失智照护、老年人日间照料、0～3岁幼托、外来务工人员学龄子女暑托、心理健康咨询等服务。

推行共享融合，构建“智治”体系。近年来，西湖区先后印发《关于推进政府购买社会组织服务的指导意见》《西湖区幸福西湖民生综合体建设专项补助资金管理办法（试行）》等文件，逐年公布区本级社会组织承接政府转移职能和购买服务推荐性目录。目前，共投入资金9700余万元，已建成投用18个民生综合体，实现11个镇街全覆盖。推进政府购买社会组织服务，积极发挥财政资金引导作用，打造普惠托育、社区食堂等典型模式，不断促进提升家庭单元发展能力，推动全生命周期优质服务共享。古荡街道出台了培育和发展社区社会组织工作方案、培育扶持社区社会组织发展专项经费使用暂行办法等，建立了三大保障机制：一是资金保障机制，设立社会组织建设专项资金；二是设施保障机制，为社会组织活动、办公提供免费场地等；三是人员保障机制，安排专职人员管理社会组织建设，开展社会组织、社会工作专业培训。

强化以人为本，精准“三悦”服务。古荡街道通过购买社会组织社会管理服务，建设以“悦享——便利和贴心”为主题的社区党群服务大厅、嘉味道社区食堂、社区卫生服务站、西湖书房、粮食银行等服务设施；购买社会组织公共服务，建设以“悦动——关爱和健康”为主题的心理咨询、0～3岁幼托、四点半课堂、成长驿站、红色驿站、排练厅、书画室、集艺堂等多功能活动室；购买社会组织医疗养老服务，建设以“悦养——幸福和智慧”为主题的省级示范性养老服务中心，设置老年日托、智慧健康小屋、老年大学、康复场所等养老服务设施。

社会组织唱戏——“百花齐放”推创新

突出“文化育人”，文体活动“一键式响应”。2021年以来，古荡街道71家文体类社会组织开展了喜闻乐见、有益老年人身心健康的歌舞、戏曲等文体培训和相关健身娱乐比赛活动，极大地丰富了辖区居民群众的精神文化生活。在古荡街道各个社区，赌博、邻里纠纷等不良现象明显减少了，社区文化进一步繁荣，居民的精神生活丰富多彩，精神文明水平也随之提高。古荡街道金秋家园居家养老服务中心共入驻了18家社区社会组织，成立了民间教师队伍，为居民提供剪纸、瑜伽、油画、书法等11门课程，培育学员超过300人，全年服务超过350课时。

推动"活动聚人"，空间场地"一站式服务"。围绕"居民自己的会客厅"这一定位，"幸福荟"综合体内设有公益性、便利性、商业性等空间。按照"政府购买服务、社会力量参与、志愿者协同"三方合作的方式，积极鼓励各社会团队和志愿者负责管理排练厅、老年大学、便民服务站、会客厅等纯便利性服务空间；由各专业力量自行负责老年食堂、西湖书房、日间照料中心等带有商业性的空间；通过政府购买服务，引进专业社会组织负责管理"善粮公社""人间四月天"等公益性空间。古荡街道"幸福荟"综合体自2021年7月启动以来，常态化开展便民服务、文体培训、节日特殊人群关爱等特色活动，共计703场次，其中9月份服务5.3万人次，平均每天1700余人次。截至目前，累计服务458444人次，单日最大人流量达到2446人。

优化"基层治理"，服务力量"一体化运行"。社会组织的服务源自社区、服务居民，具有很强的群众基础，在促进社区和谐稳定方面有着独特优势。街道利用各社区和事佬协会、平安巡防队、律师工作室、垃圾分类志愿队和文华龙哥在线综治工作室、嘉荷心语小法庭等组织，同时会同人间四月天等组织，积极参与文明创建、五水共治、垃圾分类、民主协商、联防联控、矛盾调解、亚运进社区等社区公共事务。"幸福荟"综合体内的"善粮公社"更是激发了居民群众的公益心，群众自愿参与公益性活动，如理发、修补、缝纫、磨刀等便民服务，认领困难群众微心愿、幸福清单，获得的公益积分可以在"善粮公社"领取柴米油盐、特色纪念品等。"善粮公社"的公益物品均由各个社会组织、企业、个体自发捐赠支持。古荡街道将社会组织与一社一品建设有效融合，搭建起了居民参与社区治理服务的枢纽平台。

基层治理改善——"无形之手"显成效

助推政府职能转变，提升高效服务水平。"幸福荟"综合体运行注重"物理空间串联、服务功能衔接、参与动力激活"三原则，为居民提供便民生活、休闲娱乐、文化体育、婴幼儿教育、养生保健等全人群、全周期、全链条服务平台，不同群体来到综合体可以享受到动、静、医、养、活、乐等各类服务体验。在古荡街道南部和西部编印了一幅受辖区群众欢迎的民生地图，街道的民生服务阵地建设实现了"跨越式"的提升，形成了"15分钟便民服务圈"。无论是从地理、空间、维度，还是居民、社会、市场的参与度，都支撑着政府职能向现代化高效服务型转变。

引导社会组织参与，提升公共服务水平。推行公益创投、政府购买公共服务机制，培育扶持社会组织为辖区居民、社工等提供专业化的公共服务，如失智照护、老年人日间照料、0～3岁幼托、外来务工人员学龄子女暑托、心理健康咨询等，弥补了政府开展民生服务专业性的短板。同时，“幸福荟”民生综合体作为居民获得公共服务的重要载体，为快递小哥提供暖峰驿站，为老年人开展“暖巢行动”服务，为幼儿开设暖心课堂，为疫情防控和抗击台风暴雨提供治疗护理、收容暂住、物资保障功能空间等，形成了以社区为主的1+N多元服务维度，促进政府公共服务更加精准、更加专业。

构建数智数治生态，确保项目提质增效。以“幸福荟”数智民生综合体平台为抓手，实现民生服务数字赋能。月初制定常规服务项目并预告，居民线上预约报名；分析各服务项目参与度，调整和完善服务事项，充分节约公共服务资源。在提供居民需求的公共服务基础上，引入一些与周边既有业态错位的社区商业业态，通过社区商业反哺社会组织公共服务。全方位整合信息化平台，提升政府服务绩效，促进社会组织健康可持续发展，共同致力于建设基层社会治理现代化体系[60]。

3. 温州“共享社·幸福里”——破解社区治理难题

“共享社·幸福里”是2022年温州市委推进的一项重点改革项目。该项目命名，是以“社”和“里”为坐标，将城乡社区、住宅小区作为基本单元；以“共享”为手段，回应人民美好“幸福”生活的价值诉求，激发人民当家作主的主人翁意识，构建社会共治、事务共办、阵地共用、资源共享的居民生活共同体。它也作为党领导现代社区建设的工作载体，旨在解决一直困扰基层干部群众的住宅小区治理难、在职党员管理难、各方资源共享难、资金资产规范难、基层阵地整合难等问题，以打造基层治理品牌的方式，聚焦居民需求，全力打造共享空间，积极探索共治模式，充分活跃邻里队伍，逐步构建有宜居感、安全感、归属感的品质社区生活，构建“1+N”多方配合的治理新体系，形成社区与居民有效互动的良性循环，成为温州基层治理的金名片。

一是孵化“邻里”空间精品优品。以党群服务中心服务矩阵为依托，深化“邻里·伙伴树”品牌创建，形成“邻里食堂”+全新孵化“邻里学堂、邻里社群、邻里医疗”等系列品牌，以此精准推进党群空间、阵地服务提档升级。

二是建立“组织联建、资源联享、点位联创、治理联抓、活动联办”机制。以“群众点单、社区派单、联建单位接单”方式，引导发动17家联建单位和社会组织，参与为老服务、儿童关爱、社会救助、社区治理，打造集政务服务、教育培训、养老托育、文化体育、卫生保健等功能于一体的高质量“生活服务圈”。

三是打造“共享社·幸福里”数字服务平台。以小区信息、通知公告、党建宣传、事务公开、信息共享、社区服务、在线评价等社区服务为依托，打造特色应用场景，破解服务资源供给、共建共治共享等当前基层治理变革中的新情况新问题。

“共享社·幸福里”的创建在温州各区县引发强烈反响（图3-14）。如温州市鹿城区结合“共享社·幸福里”创建，推行“1+3+N”引领小区治理工作机制，引导离退休干部党员关系迁到社区，成立“银龄3顾问团”助力小区基层治理。2023年，共有1000余名离退休干部到所在小区报到，121名老干部在小区党组织和业委会中担任重要职务，牵头领办老旧小区问题共计3570件，所在小区“旧貌换新颜”[61]。

例如，温州市鹿城区蒲鞋市街道青园社区天盛西子小区始建于20世纪末，有871户、2622人，小区硬件设施建设老旧，可用于居民活动的空间较少。2023年，该小区借助社区创建“共享社·幸福里”的机会，发动居民共同参与改造小区公共空间，以共建共享实现居民的幸福生活。目前，该小区在原有空间的基础上进行扩充，新建一处占地面积达1500平方米的“共享空间”，打破了曾经老旧小区空间有限、邻里间沟通少的窘境[62]。

图3-14 温州“共享社·幸福里”品牌场景建设

三、数字化赋能社区智慧管理

当今社会的数字化变革正以万钧之势来袭，数字时代呼唤物理空间和数字空间的打通，形成线上线下服务体系的闭环，这不仅需要“城市大脑”思考决策，也需要“社区小脑”调度连接手和脚。

浙江积极响应“数字赋能、整体智治、高效协同”的要求，高水平打造“数智杭州·宜居天堂”，进行老旧小区改造的数字化，实现长效治理。目前，城市大脑已拥有人才码、亲清在线、数字驾驶舱等数字化应用场景，需通过智慧服务平台构建“社区小脑”运行能力，把小区服务和城市服务中涉及人、设备、调度指挥中心连接成一个网络，链接家庭小脑、社区中脑和城市大脑，实现“社区＋城区”一体化的全域多跨场景互动。

例如，杭州市西湖区翠苑一区老旧小区改造项目运用BIM、5G、物联网、大数据、云计算、人工智能等技术，搭建翠苑一区“数字驾驶舱”（图3-15）。以杭州市西湖区完备的公共数据资源体系作为数字底座，与西湖区政务中台、公共数据平台实现数据联通，有效节约了数据采集成本。社区“数字驾驶舱”和物业24小时监控值班室合为一体，形成从主动发现到快速响应的高效服务能力，真正做到了“数据全链路打通、服务全方位赋能”，保证了社区基础数据的鲜活准确。

图3-15　翠苑一区“数字驾驶舱”

基于社区“数字驾驶舱”，翠苑一区开发AI智护、孝心车位等与居民生活息息相关的26个“一件事”数字化应用，真正实现场景化建设。以数字健康场景应用为例，包含智慧医疗问诊、电子健身地图、健身场地预定等全龄段智慧健康和医疗服务。社区老人配有养老监测手环，能够实现健康监测、一键报警、语音通话、实时定位等核心功能，重点保障老年群体的居家康养。“翠食坊”作为翠苑一区的社区食堂，利用数字化手段为老年人用餐提供健康指导，通过人脸识别对老年人碳水、蛋白质、脂肪的摄入量进行建议，并在数智平台上显示菜品的营养成分，方便老年人的选择。同时，数智平台也可以实时记录、统计、分析每日进入老年食堂的客流量、消费量、热销菜等信息，助力社区老年食堂的管理与经营，真正实现“老有所养、老有所乐”（图3-16）。

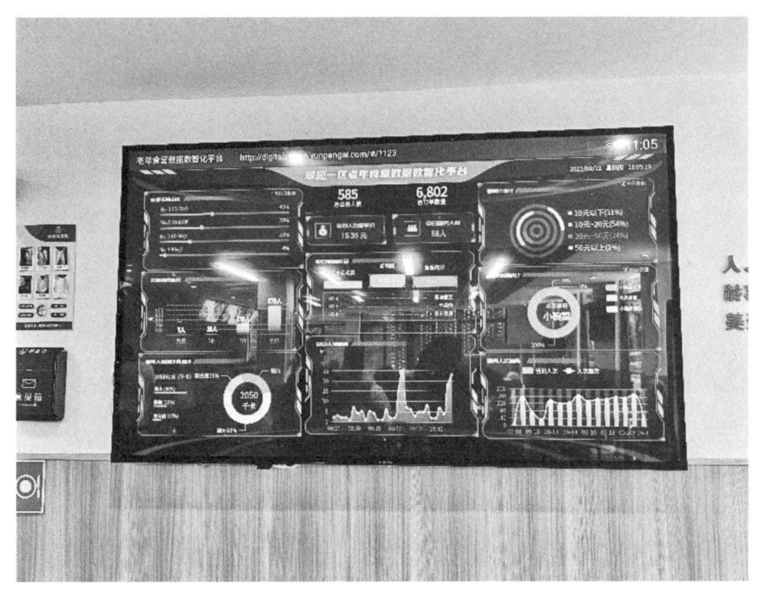

图3-16 翠苑一区老年食堂数智化平台

此外，宁波市镇海区招宝山街道紧扣“数字化赋能和精细化管理”这一主题，从“数字赋能”破题，通过以数化治、以数聚力、以数增效，进一步激发居民共建共享的活力，推动公共服务优质共享。同时，打造共建共享品质生活的“服务场景”、以线上“云协商”落地全覆盖，线下“共智治”全员齐参与为抓手，以“数字招宝”微信小程序为基础，搭建未来社区数字应用平台，运用数字化手段打破居民与社区之间的沟通壁垒。加大数字基础设施投入，利用大数据可视化手段，加快搭建智慧管理系统，提升小区智慧型便民服务、物业管理功能，已贯通公共设施服务网络约11万平方米，运动路线9200米，有效激发了社区整体活力。宁波市镇海区还实施“地下空间开发＋小区内部车位挖潜”，新增车位约1500个，引入“甬城泊车”智慧停车系统，数据对接“交通场景”，激活片区内交通组织，有效缓解了行车堵、停车难问题。

第四章

浙江城镇老旧小区改造案例分析

第一节　综合整治型城镇老旧小区改造案例

一、杭州市

1. 拱墅区德胜新村老旧小区改造项目

德胜新村小区位于杭州市拱墅区大关街道，东临上塘河、南沿德胜路、西邻上塘路、北靠胜利河，总用地面积16.34万平方米，总建筑面积22.46万平方米，共105栋建筑，其中居民住宅85栋，公共配套用房20栋。小区住户3558户，人口9945人，其中肢残51人，视障25人，老年人2055人，老年人占比20.6%。该小区建成于1988年，因建成时间较久，基础设施陈旧，消防安全隐患较大（图4-1），无障碍设施建设、安防建设、社区综合管理系统建设、停车管理建设等缺失，社区基层治理薄弱等问题凸显，居民的获得感、幸福感、安全感不高，改造愿望十分强烈。

图4-1　德胜新村小区改造前原貌

此次老旧小区改造按照基础设施改造、服务配套完善、社区环境与服务提升的要求，有效破解了资金筹措、停车出行、养老托幼、基层治理等居民急难愁盼问题，切实提升了老旧小区居民幸福感。

（1）破解资金及用房难题

在资金筹措上，德胜新村小区共引进1000余万元社会资本参与改造项目，其中浙江宏爱助老为老养老服务有限公司投资750万元，打造乐龄养老生态圈；德胜幼儿园出资建设稚园托育园，实现0～3周岁以下6个班80人左右的社区级托育场所；街道引进企业赞助100万元，用于无障碍设施提升。在配套用房上，街道腾出1000余平方米国资房产用于养老场所建设；通过党建共建，杭州市水务集团将德胜公园内的300平方米水泵房无偿提供给社区建设“百姓大管家”和“百姓学堂”（图4-2）；拱墅区市场监管局及拱墅投资发展公司提供了4间80平方米的存量用房给社区，用于党群服务阵地建设；在空间资源挖潜上，社区通过拆改结合，腾挪出200平方米建设“旧改红联荟”阵地。

图4-2 德胜新村小区百姓学堂改造前后对比

（2）破解停车出行难题

德胜新村小区通过布局优化、空间整合、路面拓宽等方式，实现了人车分流的交通动线改造。街道、社区积极听取居民意见建议，通过拆除临建、违建，增加车位147个；同时对小区内行车线路进行重新规划，在打通生命通道的基础上，对每条行车道都进行了划线指引，实现了小区内交通“微循环”，有效缓解了小区停车难、行车难等问题（图4-3）。

图4-3 德胜新村小区改造后的消防通道

（3）破解养老托幼难题

拱墅区大关街道利用德胜新村小区48幢、50幢、66幢连片打造2000平方米

“省级示范五星级居家养老服务中心”，作为全杭州市首个社区级护理中心，按照医养结合、智慧养老的要求，提供“全托养老、日托养老、居家养老、专业护理康复养老”四种不同模式的养老服务。同时，在小区东、西两个片区分别布点了德胜幼儿园和稚园托育园，可实现3周岁以上12个班370人、3周岁以下6个班80人的规模。在无障碍设施建设方面，德胜新村通过专业采集无障碍环境数据的先进手段，构建了社区无障碍地图，手机、手环等终端可提供室内外定位，实现语音指引、实时导航等功能，实现了“社区信息无障碍”应用全覆盖，此外，小区内建设无障碍坡道22处、无障碍公共卫生间6处、室内室外视障辅助提示器等共计50余处，打造了浙江省无障碍建设的示范社区（图4-4）。

图4-4　德胜新村小区改造后的乐龄养老托幼生态圈

（4）破解基层治理难题

改造后的德胜新村小区，实现了小区专员、自管会（业委会）、专业化物业的“三个全覆盖”。一是小区专员全覆盖。小区建立“1+5”的专员包干机制，即一个首席小区专员统筹5个片区专员协同管理小区事务。二是自管会全覆盖。小区组建了18人的自管会作为民间智囊团，其中党员占三分之二，坚持“四问四权、三上三下”，全程跟进监督，统筹解决垃圾分类点位设置、立面整改需求等工程整体建设问题12个，处治电梯加装协调等公共矛盾128件，居民满意率达

98%。三是专业化物业全覆盖；德胜社区引进新南北专业物业，发挥其在回迁安置房管理上的规模效应，并与兄弟社区翠玉社区试行“以大带小”组团联营，运营成本下降30%。

“小区改造完环境好了，停车不用抢位置了，家里老人下来走走也方便了，老人小孩有地方管我们也放心了，这下我们再也不用羡慕新小区了！”居民朴实的语言里，是对德胜新村老旧小区改造成果最大的认可，也是杭州市扎实推进城镇老旧小区改造、不断提升居民生活品质的缩影。

2. 西湖区翠苑一区老旧小区改造项目

翠苑一区地处杭州市西湖区核心区块，背靠西湖群山，面向西溪湿地，总面积约18.5公顷，共1个小区，69幢房屋、3146户居民，实有人口近10000人，总建筑面积21万平方米，建于20世纪80年代初，老年人口占常住人口的比例达20.8%，是杭州典型的老旧小区。小区基础设施陈旧，安全隐患多，环境卫生较差，配套功能不全，居民改造愿望十分强烈，项目投入资金约1.4亿元。改造后航拍实景见图4-5。

图4-5 翠苑一区改造后航拍实景

翠苑一区社区积极实施基础类改造，主要包括：全面修缮房屋，建筑外立面渗漏修复，并整体修复翻新，共完成外立面改造72447平方米，修缮单元楼道139

个；针对房屋渗漏水情况对房屋进行屋顶修缮，完成屋顶改造24390平方米；对违规管线进行整改，维护居民生活安全。有效序化公共区域，积极推动小区楼道强弱电扩容规整；全力规范消防设施，按照道路拓宽、停车位优化、消防标识规整三步走实施，提升小区道路6.083公里，整治消防通道1.895公里，增设消防器材箱13个，路灯提升改造点85个，清理私搭乱建、杂物乱堆等问题。改造前后对比如图4-6、图4-7所示。

图4-6　翠苑一区建筑外立面改造前后对比

图4-7　翠苑一区东大门改造前后对比

翠苑一区社区完善类改造包括：整合绿化空间，实现合理布局，点面结合整体改造提升绿化27796平方米，其中改造提升口袋公园6个，打造红色主题公园2个，即红色之路、初心广场；美化片区环境，落实提档升级，高标准建设垃圾分类设施12处，新建改造出入口门头3个，实现统一协调，有效整合利用好边角空地，在阳光充足处建成集中晾晒场所4处；优化布局，补齐功能短板，改造新增休闲活动场所2处，增设道路停车位150个，缓解居民停车难问题，重新规划行车路线，打造交通“微循环”，缓解行车难问题；智慧技术赋能，配强安防体系，对小区内5个出入口的人行、车辆道闸等新增各项智慧安防设备5套，增设小区监控103个，保证小区安全无死角、全覆盖；引导居民自主出资加装电梯8台，产生连片效应，推动解决老旧小区居民上楼难问题。

翠苑一区的提升类改造包括：新建或提升改造了中心公园、初心广场、老年食堂、翠心汇（残疾人之家）、党群服务中心、翠邻里（文化家园、居民活动中心）、翠乐园（托育园）、翠印迹、卫生服务中心、2个非机动车库、6个口袋公园等配套设施；挖掘停车空间，增加停车位150个；以红色之路为核心，串联苑中院、老年食堂等场景，打造杭州市首个红色主题公园。

（1）聚焦“两老”，小区环境蝶变换新

立足翠苑一区小区年代久、面貌旧、环境乱等实际，在“民呼我为”指引下，早谋划、早部署，通过老旧小区改造，有效解决了“房老”“人老”带来的突出问题。

一是环境“美化”，共建舒心人居。西湖区以高品质为先导，将“民呼我为”思想贯穿于翠苑一区改造项目建设整个过程，向社会和百姓征求意见，真正做到百姓社区百姓“造”。通过69幢房屋立面整治和线路改造，屋顶漏水、墙面渗水、线路乱拉等现象得到有效根治，人居环境明显改善；统一美化防盗窗、晾衣架、雨棚、花架四小件，与整体环境相协调，更加美观实用；完成了共富路、幸福路2条主干道及27条支路的有机更新，重新铺设燃气、自来水、雨污水、强弱电等管线，彻底解决了小区时常停水停电停气等困扰居民正常生活的堵点问题；拓展休闲空间，增加3个休闲小公园、设置10多处休憩长椅，打造“一带一环两心多点”，即滨水景观带、健身环道、苑中院公园、初心广场、口袋公园及配套节点，努力实现“内实外美”的品质小区，群众满意度100%。

二是康养“智化”，共享智慧养老。持续迭代老年食堂，成功完成由委托经营、承包服务向多种经营、配送服务转变，面积从最早的50多平方米扩展到现在的300多平方米，食堂每天供应早、中、晚三餐，利用数字化手段为老年人用餐提供健康指导，并对特殊老人提供免费送餐服务，社区内60岁以上的老人用餐可享受政府补贴政策，90岁以上老人可免费用餐，截至目前，翠苑一区老年食堂累计服务老人80余万人次；同步对托老所实施提升改造，面积增加到260平方米，老年人可在家门口享受到各类“智能化”优质服务，真正实现“老有所养、老有所乐”。

三是配套“优化”，共筑幸福社区。深入推进老房加装新“梯”事宜，在小区每个单元预留电梯加装位置，通过前期宣传引导，现已完成4幢单元楼电梯安装，另有3幢单元楼正在安装中，1幢单元楼等待安装，剩余正按计划稳步推进中；依托“一键养老”平台，为1400多户孤寡独居老人安装智慧安防三件套1000余件，充分发挥“智能信息化平台”和“智能物联设备”作用，24小时向老人提供应急救助服务和健康监测服务，基本实现数字化居家养老服务；同时物业推出了接种疫苗上门接送、提携重物护送等12项配套暖心措施，惠及辖区2049名老人。

（2）破解“两难”，社区治理提质增效

通过探索“党建+数字化”机制、试点“大物业”改革和创新“三循环”停车模式，破解了基层治理中“管理难”“停车难”两大难题，将“问题清单”变成了“满意答卷”。

一是探索“党建+数字化”机制。社区党委重新划分7个网格，建强“红色微网格”，制定党群力量动员工作指引。按照“1＋3＋N”配置网格治理团队，集网格长、楼道长、党员、志愿者、物业、业委会、企业单位等多方力量于一体凝聚合力，充分利用红色议事厅阵地，以议事的方式发现、收集、分析、解决本小区的环境、安全、教育、出行、养老、互助等民生诉求，逐步形成“自建、共建、联建”的网格管理模式。依托“民呼我为·西湖码”平台，居民通过西湖码内“我要报”“我要帮”上报事件后，对特急事件，做到1分钟响应，1小时内办结反馈；紧急事件，做到1分钟响应，3小时内办结反馈；一般事件，做到1分钟响应，24小时内办结反馈；提高了效能，让群众呼声有着落、有回应。今年来，共处理各类矛盾纠纷78件。

二是试点“大物业”改革模式。针对小区管理难问题，积极开展老旧小区大物业管理改革，探索物业基础运营、民生综合体运营、数字化生态运营三位一体模式，通过党建联盟、数字赋能、规模提质与标准规范四个增效，在不增加居民负担的前提下，统一“打包”给绿城物业公司，统一运营管理、统一平衡资金，为社区提供应急保障、生态环境、公共服务等10项品质服务，实现了从小区小物管到街区大物管，从小区物业服务提供者到城市生活服务提供者，从小区物业管理队伍到街道社区基层治理队伍的转变，做到了“党建引领全覆盖、物业管理全参与、社区管理全融入”。在人员配置上，比原物业数量提升约30%，财政负担减轻将近20%；在物业智能化服务中，依托数字化应用，开发翠苑一区小程序，覆盖基础物业、生活服务、公共民生、社区政务等多方面内容，可进行线上议事、报事报修、调查问卷、活动预告预约、社团报名等，提升社群凝聚力。以“平台+管家”集成物业服务模式，吸引社会力量和社会资本参与，推进社区公共设施和便民服务的市场化运营和专业化管理，便民服务效率提升了80%以上。

三是创新“三循环”停车举措。针对小区停车难的问题，通过“挖掘增量、盘活存量”的方式，对道路进行提升改造，规整边角的绿化，小区车位增至近

800个，与现有车辆基本持平。利用数字化手段智能引导泊车，实行“一进三出”单循环通行方式，有效提升车位资源使用效率。率先推出30余个、5.5个小时免费停车的周末“孝心车位”，预约和使用率超过80%，有效解决了小区停车难问题。

（3）改善“两不够”，幸福指数不断攀升

聚焦翠苑一区社区治理中服务空间和服务资源“两不够”难题，通过搭建党群服务联盟平台、做大做强品牌资源、拓展社区利用空间，赋能基层治理，不断提升居民幸福指数。

一是拓展空间，多元服务惠民生。在项目建设中，通过“辖区单位共建、购买租赁用房、老旧用房改建”等方式，积极向内挖潜，向外借力，拓展了服务空间。对接国企资源，与市水务集团共建，对小区闲置的水泵房进行改造，建成200平方米的残疾人之家，为辖区残疾人提供专业、细致的生活和康复服务，与市公交集团对接，对社区北门11路公交总站进行提升，优化交通组织方案，方便小区居民和翠苑一小师生出行；挖掘社会资源，购买原棋牌房200余平方米，用作社区党群服务中心，为党员和群众学习、交流、娱乐提供了便利；优化社区原有空间资源，对翠食坊、翠邻里、翠乐园、翠心汇等场所进行改扩建，打造了近3000平方米的“珠链式”民生综合体，功能更完善，服务更优质。

二是强化内功，共治共享增福祉。整合党群力量，在建设过程中，将39名在册党员、95名在职党员和76名居民骨干纳入“五员”楼道长体系，成立临时党支部，设置党员示范岗、党员责任区，形成党群力量工作导图，做到“点上有党员、线上有支部、处处党旗飘”；做强服务品牌，将雷锋工作室、调解工作室、心连心社会工作室等服务品牌归并至“邻里之家”服务平台，引入“俏晚霞艺术团、牵手帮帮团”等10家明星草根社会组织，提供理发、中药切片、医疗服务、人民调解等优质服务；集结志愿队伍，成立由210名党群参与的“红之善”志愿服务队，每日开展2次定点、定时巡防，常态化参与疫情防控、文明城市创建、基层治理等各类志愿服务活动，基层治理得到增效；发挥乡贤作用，社区97岁高龄的侨眷达式华老人，30年始终如一为居民义诊、测量血压，在她的带动下，达式华工作室已拥有一支20余人的医疗志愿者服务队，浓厚了邻里守望互助氛围。

三是夯实外力，党建联盟解民忧。充分发挥“呼应为”党群服务联盟作用，辐射服务周边25个小区2.3万多户居民，打造15分钟为民服务圈。联盟采取“开源聚力、优势互补、合力攻坚”的方式，一统回应群众呼声、一桌协商民生实事、一体解决百姓问题。如在建设过程中，施工单位杭州中宙建工集团在建设指挥部专门设立了爱心凉茶站，为居民免费提供凉茶、绿豆汤，并为社区搭建了临时核酸检测点，方便居民和工人就近检测；又如中国移动和中国电信共同参与，针对社区公共场所网络覆盖问题，迅速开展一事一议，不到半个月时间，即实现了社区党群服务中心多个点位无线网络覆盖，并且推出智能手机培训课堂，消弭老年人“数字鸿沟”；浙江省立同德医院主动为小区老年群体提供常态化“远程问诊”服务，由专科医生全天候在线坐诊，搭建家门口的“诊室”，打通老年人便捷就诊“最后一公里”，获得了居民的五星评价。

3. 上城区彩霞岭老旧小区改造项目

杭州市上城区紫阳街道彩霞岭社区以江城路为界分为东西两区，西区房屋建于20世纪90年代前后，为封闭式管理小区，东区房屋大部分建于80年代前后，为敞开式小区。整个社区有安置房、商品房、房改房、自管房、农居房等类型房屋，共103幢，居民4018户，社区内部新老小区隔阂明显，飞线密布，安全隐患大，绿化杂乱，小区环境差，停车空间、户外活动场地、儿童活动设施、社区公共场馆等公共空间紧缺，幼儿托管、老年食堂、阅读空间等服务设施缺失，无专业物业统一管理，改造难度较大。

彩霞岭老旧小区改造项目改造面积28.66万平方米，总投资金额11499.74万元，建设主体为上城区人民政府紫阳街道办事处，采用EPC工程总承包的方式进行改造（图4-8、图4-9）。

图4-8　彩霞岭新老小区一墙之隔差距明显

图4-9　彩霞岭拆除围墙，打通消防安全通道

（1）区域重塑，连片改造

彩霞岭社区内新老小区夹杂，割裂感严重。经改造后的社区，拆除围墙398米，打通消防安全通道等关键节点10余处，新增智慧安防设施118处，基本实现了新老小区一体化，消除了老旧小区安全隐患，开创了小区共融、群众共治、资源共享的改造新格局。

一是整体规划。彩霞岭社区有各个年代建设的不同类型的房屋和小区，布局形式复杂多样，且社区东区存在大量的空间碎片和死角布局。在规划设计阶段，街道组织设计单位、社区、居民一同走访社区，结合航拍绘制详细、完善的社区空间分布图，立足片区化改造进行统一规划设计，明确拆除部位和改造部位，最大限度释放碎片空间（图4-10、图4-11）。

图4-10　彩霞岭小区大门改造前后对比

图4-11　左侧为彩霞岭老小区建筑，右侧为新小区建筑，中间为打通的消防通道

二是民主决策。“围墙违建能不能拆除、被占用的空间能否释放、释放的空间能否最大化利用”，群众工作是重中之重。彩霞岭社区建立“邻里圆桌会”议事协商机制，通过“1＋2＋5＋*N*”协商主体，即社区党委＋社区居委和居监委+社区居委下设的“五大委员会”＋占比50%以上的利益相关方，在充分讨论的基础上，采取“议题一事一议，表决一人一票”的形式，经实到会人员表决超过三分之二赞成的方能通过，形成决议后进行公示。

三是资源统筹。改造中在老旧区域新建了一批体育健身场地和儿童活动场地，在新老小区交融的关键节点，通过拆改打通了社区内部交通环线，既消除了消防安全隐患，又为新小区居民出行提供了便捷，让全体社区居民感受到了改造融合后的便利。

（2）功能织补，空间改善

一是消除隐患，整治飞线。社区联合电信、移动等运营商对楼道弱电管线进行全面梳理，联合电力公司实施强电“上改下”工程，做到飞线一律拆除，电线一律规整，同时更换楼道灯、安全通道指示灯，统一粉刷楼道墙面（图4-12）。

图4-12　彩霞岭实施强弱电“上改下”工程

二是提升设施，适老改造（图4-13）。彩霞岭社区对楼道相关设施进行修缮更新，更换单元电控门，增设智能门禁呼叫系统，增加适老化扶手。深入推进既有房屋新装电梯行动，改造中在每个单元楼下都预留了加梯位置。此外，在旧改期间加装电梯的，工程监理均由旧改监理单位进行管理，基坑建设和管线迁改也不需要居民出资，帮助居民省下一大笔加梯费用；暂未实施加梯的楼道，每隔两层设置一个楼道折叠坐凳，方便行动不便的群体上下楼。

三是清理堆物，美化环境。对小区内闲置多年的4幢楼地下室进行清理，抬高地下室出入口，安装消防喷淋4套，拆除居民占用楼道和地下室的私搭乱建，恢复地下室原有的非机动车停放功能。社区响应杭州亚运会号召，积极推进“扮靓家园、花满杭城”行动，发动居民在阳台、楼道、露台等区域种花养花，打造最美楼道、阳台、露台。

图4-13 彩霞岭楼道改造前后对比

（3）配套完善，服务升级

通过整合闲散空地和腾挪空间，社区共新建嵌入式体育场1处，口袋公园7处，提升公园健身点位23处。在上城区住房和城乡建设局的大力支持下，新打造了一处实用面积1200平方米的综合性社区服务驿站，为一老一小、文化健身、创业共富提供服务阵地，实现服务驿站内服务项目一站式全覆盖、服务群体一门式全覆盖，有效满足了居民15分钟生活圈配套需求（图4-14）。

图4-14 彩霞岭新建1200平方米综合性社区服务驿站

一是拓展空间有效利用。社区利用非机动车棚和服务用房屋顶，改造成200余平方米的活动操场和空中花园，积极推动国球进社区行动，在口袋公园、嵌入式体育场和室内空间放置乒乓球桌，联动社区周边的中小学营造运动氛围。

二是点位串珠成链。社区的东西两侧有中河、贴沙河两条沿河绿道，本次改造除了对小区内部的公园、绿道、景观进行提升外，更着眼于社区周边的文化点位和绿化景观，通过建设文化健身游径，将口袋公园、文化设施、服务驿站等公共服务场地与东西两条沿河绿道贯穿打通，形成了文化健身大环线和15分钟便民服务圈（图4-15）。

图4-15　彩霞岭小区公园改造前后对比

三是建好阵地完善服务。彩霞岭社区的平如里小区有上城区住房和城乡建设局新建的配套公建，经街道申请，上城区住房和城乡建设局大力支持，将该房屋一、二层用房无偿租赁给街道。街道牵头对接周边的养老、托幼、医疗、餐饮、文创等单位，街道招商引资、为企服务团队发动辖区单位共同参与，根据不同服务内容以适当减免租金的模式进行统一招租，最终形成了集幸福食堂、托幼中心、老年大学、百姓健身房、城市书房、共富超市于一体的社区服务驿站（图4-16）。

图4-16　彩霞岭新建幸福食堂和托幼中心

（4）多措并举，实施“管理革命”，塑造长效运维新格局

引入专业化物业，对彩霞岭的西区和东区进行一体化管理，之前的社区托底管理区域、物业区域、三不管地带现在都由一家物业公司提供标准化物业服务。对社区公共服务配套设施进行整合，由一家运营单位牵头统一运营，破解了服务空间散乱、利用率不高的问题，做到空间复合利用、时间统一管理、活动统筹策划。孵化多家民间组织，以何阿奎党员志愿服务队和彩霞花友会为代表的社区民间组织，在社区党委的统一领导下，开展居民自治，组织党员群众志愿服务，引导居民自发维护环境和秩序。

一是引入第三方物业企业，实施物业一体化管理。彩霞岭社区原来是由社区托底提供基本物业服务，改造后将社区东西两区统一划片成一个物业管理区域，引入了社会物业进行一体化管理，实施物业“金牌管家”模式，实现从小区物业管理到社区基层治理的转变。在物业智能化服务中，依托数字化应用，开发“尚城智享”小程序，覆盖智慧物业、生活服务、社区政务等多方面内容。

二是引入第三方运营单位，实现运营一体化服务。就原来存在的活动场地散乱、利用率不高等问题，借社区服务驿站打造之机，通过公开招标引入了第三方运营单位进行统一运营管理，社区服务驿站场地租金由运营单位收取，用于弥补管理成本。运营单位在社区服务驿站常驻管理人员组织活动、安排场地、发布信息，根据居民需求提供菜单式活动安排。还设立了共富超市，开通“紫阳—淳安”结对直通车，链接结对帮困乡镇特产品，APP下单+派送一站式服务，特产品也可进行积分兑换。

三是精准定位社区品牌，培育内生型社区力量。彩霞岭社区是国家级科普社区和省级法治社区，本次旧改精准定位社区文化科普、志愿者服务和民主法治品牌特色，通过改造提升了科普教育基地、志愿者驿站和民主法治阵地，孵化多家内生型社区民间组织，推动社区基层治理和后旧改时代的长效管理，以社区品牌和民间组织的形式来凝聚人心，增强对本小区的认同。

（5）总结

彩霞岭社区聚焦生活，将原来不同时期、不同类型的小区改造成一个封闭管理的小区，重新规划原来小、散、乱的交通路径和碎片空间，既解决了社区东区数十年来大型消防车无法进入的安全隐患，又与沿河绿道形成了通行和健身大环线，满足了居民出行和休闲健身等日常需求；通过拆除围墙、拓宽机动车道、楼道前空间微改造等方式，有效缓解了老旧小区停车难、电动车充电难等问题；引入专业物业公司实施一体化物业管理服务后，结合老旧小区改造实施的小区安防各项建设，尚城智享生活APP数字化赋能，做到人防、物防、技防三管齐下，改变了原来小区基础设施差、物业管理弱、小区与小区间管理失衡的状态。

彩霞岭社区聚焦服务，充分挖掘联动区域内的闲置资源、低效资源，聚焦“一老一小”“文化健身”等公共服务供给，统筹辖区锦绣工坊文创园、长乐老年公寓等既有品牌联动实施改造，让小区与周边单元互相补足；幸福食堂自开业以来，月均接待60岁以上的老人1.1万人次，针对行动不便的高龄老人，食堂还提供送餐服务，百姓健身房为社区居民提供半价包年服务；城市书房和老年大学每天都有活动，场地利用率达到100%；另有长乐老年公寓提供的老人日间照料、幼托中心的婴幼儿托管服务、共富超市的特产品售卖、休闲茶吧的休憩娱乐等功能，均受到居民群众的欢迎。

彩霞岭社区聚焦治理，通过党建引领，孵化了以阿奎党员志愿服务队、彩霞花友会为代表的十余支民间组织和居民团体，并依托改造、新建的活动阵地，将社区文化科普、志愿服务的特色品牌发扬光大。目前阿奎党员志愿者服务队伍已超过300人，花友会将改造后新建的绿化小品全数认领，老年大学、科普志愿团、尚法工作室、国球队等团体组织蓬勃发展，真正做到了“以品牌凝聚人心、以特色增强认同”。

4. 滨江区缤纷北苑老旧小区改造项目

缤纷北苑小区位于杭州市滨江区西兴街道，小区总用地面积1.44万平方米，拥有33幢住宅楼和一栋幼儿园，其中高层10幢，多层24幢，总户数1568户，总建筑面积22.18万平方米。小区南面有缤纷东苑、缤纷小区、缤纷西苑等安置住宅用地，东面和西面分别为印月尚庭和滨江金茂府，周边人口密度大，靠近秋石高架路和机场城市大道等城市干路。小区始建于2006年，改造前已使用了14年，小区虽地处滨江核心区块，但基础设施和配套陈旧，安全隐患多，环境卫生较差，居民改造愿望十分强烈。项目投入资金12546万元，不涉及征地拆迁费用。

缤纷北苑片区积极实施基础类改造，主要包括：全面修缮房屋，共修缮重做建筑外立面涂料80658平方米，改造架空层、门厅、楼道38946平方米，完成屋顶修漏补漏18777平方米；有效序化公共区域，全面排查修缮改造地下室15353平方米，针对楼道“飞线”，增设金属桥架，安置裸露线缆，拆除废弃管线及配电箱，彻底解决线路老化和“飞线”充电等问题，优化地面停车点位，新增约220个停车位并新增新能源汽车充电桩40处，新建电动自行车充电棚28个；全面优化园区道路，按照道路拓宽、道路新增、恢复改造消防登高场地、出入口改造和新增岗亭“四步走”实施，疏通小区内交通秩序和保证消防通道畅通；根治安全隐患，完成雨污水管彻底分流，修缮二次供水设备、消防设施、加压送风机，保证消防人防功能正常，清理私搭乱建、杂物乱堆等问题，维护修缮电力基础设施，全面提升小区生活品质及消防安全（图4-17、图4-18）。

图4-17　缤纷北苑小区外立面改造前后对比

图4-18　缤纷北苑小区道路拓宽改造前后对比

缤纷北苑完善类改造包括：运用现代设计手法，通过简洁的元素与场地现有元素进行结合，整体改造提升绿化6万多平方米，其中改造提升口袋公园1个，重建中心景观，建设景观廊架，重新规划宅间漫步道，修缮活动器械和休息座椅，完善了景区景观建设；美化片区环境，落实提档升级，新建一体式成品垃圾分类投放房8座；听取民意，优化片区布局，补齐功能短板，通过社区党组织服务群众专项经费、共建单位赞助和楼道居民众筹的资金支持，改造楼廊17个，根据民意设立多种多样的功能区，重新规划南侧商铺功能区，新增大量便民服务娱乐场所；交通体系优化，优化主环路，实现人车分流，营造适宜的小区道路尺度，拓宽车道，增加停车位约220个，局部道路环通，织补人行路径，串联成环；全面提升幼儿园，使用更清新淡雅的颜色更新外立面，设置更有生气的铝单板外墙造型，增加玻璃幕墙，提升幼儿园形象，融入整体景观设计，也给儿童带来更好的教育环境。

缤纷区块建设时间较早，共有多层住宅165个单元1500余户，60岁以上老年人居住率占25%，对于加装电梯有着比较大的需求。加装电梯的工作难点主要集中在协调不同邻居之间的需求，某些单元还涉及商铺占地，施工难度高、协调统筹难。为了让老百姓“乘梯而上”，享受更加便捷的生活，由党组织搭建议事平台，形成电梯加装共识，一对一动员，也发动热心居民群众，在加装电梯中争做带头人，指导居民共商共议，搭起了沟通平台，解决了住户之间的矛盾纠纷，最终更换高层28台电梯、加装电梯67台，成为浙江首个实现加梯“区域全覆盖”的试点。

缤纷北苑的提升类改造包括：重点提升中心景观，规划出林荫景观带、活力健康环、健步休闲环，实现一心带两环一带多节点，整体部署，划分成老年儿童活动空间、广场空间、休憩空间、连廊空间、宅间运动空间，带来多种运动休闲空间，为居民提供一个游戏空间多元化创意化的区间；区域范围包含缤纷小区、缤纷东院等五个小区，且均为安置房小区，共惠及5487户20824人。缤纷社区以党建为统领、聚焦三维价值，目前缤纷社区已建成缤纷“邻聚里”8大中心，累计整合了1.05万平方米的公共服务空间，形成了高度集成的5分钟社区公共服务圈（图4-19～图4-21）。

图4-19　缤纷北苑小区改造提升后的各个场景

图4-20 缤纷北苑小区改造提升后的中心景观

图4-21 缤纷北苑小区改造提升后的公共空间

（1）多区协同，整体规划

缤纷北苑改造坚持整体规划、协同推进，与缤纷小区、缤纷东院等四个小区一体改造提升。一是整体规划建设。将5个居民小区与片区内的交通密路网、公共停车、市政配套和公共服务等整体规划，有效缓解停车难问题，又能保障片区消防应急救援通道的畅通。对片区内的雨污水管道进行系统排查，整体修缮。二是街坊风貌整体提升。对片区内所有街区沿街商铺店招进行整体设计，提升街道整体美观度，结合城市微创新，设立小区外的口袋公园和有历史韵味的橱窗连廊，形成独特的文化风景，展现了地方文化底蕴。

（2）有的放矢，补齐短板

缤纷北苑内小区地下室私搭乱建、“飞线”充电、停车占道、绿化品质不高、外立面保笼较多、空调杂乱，按照“前后有景、上下有序、内外畅通”标准执行整改。一是全力清理地下空间隐患。党建引领，争当先锋，发动街道、社区网格员、整治办、热心群众，多方合力，完成片区内所有地下室违建拆除，杂物腾空，由施工单位修缮，同时增加电动自行车集中停放点和充电棚，彻底解决各类隐患。二是保证消防登高带。按规范要求重新检查现场，新增2个登高带并重新绘制指示标识，清空车辆。三是全力破解老旧小区停车难的问题。通过重新规划拓宽地面道路，增加停车位，同时也能从源头解决车辆随意停放的问题。四是实现电梯全覆盖。整合资源、多方联动。充分发挥党组织带头引领作用，引导居委会、物管会和物业协同作战，并将意见、建议反馈至上级相关部门，相关部门及时响应。并多次与施工单位对接，在确保施工质量且不影响居民生活的前提下加快作业进度，方便居民出行，形成“党建引领、多方共治”的老旧小区加装电梯基层治理模式，实现了电梯全覆盖。五是全力拓展居民活动功能空间。景观整体设计一心带两环一带多节点，划分成多种运动休闲空间，收集民意，利用架空层空间合理建设居民需要的使用场景，为居民提供多元和自主的功能区间。

（3）优化配套，助力未来

缤纷北苑片区以打造美好生活共同体为目标，以人本化、生态化、数字化为价值导向，创新引领的新型城市功能单元。一是未来服务，提倡关爱一老、关心一小，关注年轻人。让每位居民都各有所需、各有所乐、神采奕奕。其包含了缤纷生鲜汇，缤纷食堂，社区服务中心，24小时综合自助服务机等项目。二是未来邻里，以文化为引领，打造有活力、有魅力的社区邻里中心。建立新老缤纷人的心灵桥梁，建立邻里新友谊，形成邻里新文化。缤纷会客厅拥有社团孵化基地、邻里话坊、未来生活实验室等功能。其中邻里话坊功能区，实现众人的事情由众人商量。三是未来教育，实现全年龄段的教育，让多才多艺的教育方式走进百姓生活，让学习成为一种习惯、一种时尚和一种生活方式。包含缤纷城市书房、缤纷成长驿站。四是未来健康，打造儿童乐园搬进来，各方名医请进来，远程会诊联进来，让更多的居民受惠受益。包含缤纷卫生服务中心、缤纷健身中心。五是未来整治，缤纷综合治理中心始终坚定四大原则：整合队伍、握指成拳；力量下沉、直达一线；源头施治、标本兼顾；数字赋能、协同高效。为居民更好服务，共建理想社区，遇见缤纷未来。六是未来建筑，通过老旧小区改造、拆除保笼、加装电梯、楼廊提升等民生实事工程，使社区居民居住环境显著提升，让缤纷的每个建筑、景观都成为每个人的独家记忆。

5. 上城区上羊市街社区老旧小区改造项目

上羊市街社区位于上城区紫阳街道北部，是新中国“第一个居民委员会”的诞生地，也是基层民主自治首次登上历史舞台的地方。社区东起贴沙河，南至抚宁巷，西邻中河路，北到望江路，下辖袁井巷、云雀苑、金狮苑、响水坝小区4个老旧小区。社区大部分住宅建于20世纪90年代，随着时间的推移，很多老小区的通病也慢慢显现出来，出现了房子外立面老化脱落、设施老旧、道路狭窄、绿化带杂草丛生等问题。2020年10月，上羊市街启动“微更新”提升改造工程，总施工面积25万平方米，涉及居民3000余户。

此次社区改造主要有六方面内容，即保障基础民生、破解管理难题、提升配套设施、挖掘历史文化、完善社区功能、擦亮邻里品牌。

首先，上羊市街通过屋顶补漏、外立面更新、强弱电改造、智慧安防、市政给水排水、道路拓宽等一系列动作，解决居民群众的急难愁盼问题（图4-22）。

图4-22 上羊市街社区外立面改造前后对比

（来源：上城发布）

4个小区原来共有停车位295个，为解决停车问题，社区通过分区域实施停车位改造，梳理增加67个停车位；老旧小区道路狭窄，便在金狮苑、袁井巷小区内通过拓宽道路来打通机动车循环通道。同时，将所有沿街店铺的招牌进行规整，在保持统一性的前提下，实现一店一特色。

江城路上的云雀苑小区，入口处有一条长长的坡道，这里曾是杭州架空层小区的样板。但也因为架空层，使得居民上下楼很不方便。“你看，我们这里的一楼相当于普通楼房的三楼。”65岁的居民杨大爷在小区住了20多年，他说，楼里住的很多都是几十年的老邻居，大家年纪都大了，腿脚一年不如一年，这架空层的坡道走起来，不仅仅是累，遇上雨雪天气的话还有很多人会摔跤。这次改造通过加装电梯，有效解决了居民的出行困扰（图4-23）。

图4-23　云雀苑小区加装电梯前后对比

（来源：上城发布）

在小区整体景观提升方面，社区通过增加不同层次的植物，让居民可以充分享受和大自然的亲密接触，比如云雀苑的植物配置做成“四季果园”主题，将社区原有的两个凉亭分别改成老年公园和少儿公园。为解决晾晒问题，社区在金钗袋巷设置了34处晾衣杆，让居民晾衣服再也不用“牵绳搭线”。垃圾分类方面也有一系列动作，将社区原有的41个垃圾分类投放点减少到18个；将金狮苑减少的几个垃圾房改为电瓶车停车点，加装充电桩，以此减少高空抛物现象。

提升“颜值”的同时，升级后的上羊市街还注重文化内涵，打造了清廉主题公园、“街边古井”“建兰书香古街”“袁井小巷”等，增强了社区文化底蕴。如今走进上羊市街，“微更新”带来的幸福感和满足感，也写在了每个居民的笑脸上。

在上羊市街社区，“善治”是他们多年来探索和传承下来的一种社区治理模式。所谓善治，就是积极主动，用好的办法治理小区，维护改造成效。社区推行“邻里坊”自治模式，已经从工作方法上升到制度建设，形成了可供复制的成熟样本。小区“邻里坊”由数十名坊长、坊员组成，通过自荐、联名推荐等方式，把坊内愿干事、能干事、会干事的能人推选出来。同时，根据不同需求设置功能不同的坊治小组，协助小区“邻里坊”日常运作，如家园美化组、心灵慰藉组。在“邻里坊”空间设立服务驿站和各个服务点，为居民提供常态化的快捷服务。如今，金狮苑小区已成立了6个“邻里坊”，覆盖2600多户，坊治小组志愿者发展到200多人，居民参与小区家园建设的热情很高，破解了很多老大难问题，比如农贸市场的再次提升改造，全市首幢房子地下车库架空层上电梯加装等。

上羊市街社区先后获评全国和谐社区建设示范社区、全国民主法治示范社区、浙江省先进基层党组织等多项荣誉，2023年6月，更是凭借居民自治先行、服务现代化先行，成功入选浙江首批现代社区名单。

6. 萧山区振宁社区老旧小区改造项目

振宁社区位于萧山区宁围街道，2021年起对下辖宁都花园、宁泰家园、盈兴公寓、生兴路、和谐弄共5个老旧小区开展集体改造工作，共涉及65幢1478套住宅，总占地面积约12.9万平方米，总建筑面积约21.3万平方米，主要涵盖智安小区建设、建筑立面综合整治、楼道内部整治、屋顶翻新、小区出入口改造、电梯加装、停车位增补、小区绿化提升、增设邻里活动空间、完善公共配套等，满足居民美好幸福生活全配套，实现小区环境改善、功能提升、颜值焕新。

（1）党建引领，多方共建

宁围街道和社区积极发动基层党组织和党员的先锋模范作用，将居民中的党员及志愿者纳入工作小组，通过开展问卷调查、座谈交流、入户走访摸底等工作，共计发放问卷1500余份，收集意见建议300余条，并对意见建议进行分类、分析。此外，成立老旧小区改造临时总支部，将42家单位和20家社会组织纳入党建联建朋友圈，比如与区住房和城乡建设局下辖各党支部联结，用专业知识助力老旧小区改造的规划建设。

为充分发挥居民主体作用，推进网格智治，社区组织业委会、居民代表、物业、志愿者等多方力量参与其中。改造期间每一幢楼设立一位楼栋联络员，两户代表作为监督员，积极构建“个性化、多层次、宽领域”的居民协商机制，打造“居民议事厅”。期间共组织召开街道（社区）、业主代表、施工单位三方圆桌会议20余次，征集群众意见80余条，多方力量全程动态参与方案讨论、问题协商、工程监督、竣工验收等工作。

（2）聚焦顽疾，改善民生

完成“三拆”工作。采取先难后易、重点突破的方法，分四个工作组用时40天完成1578户的保笼拆除工作，完成率达100%，未发生一起上访事件。对生兴路小区、和谐弄小区和盈兴公寓69户屋顶违章进行拆除或翻新平改坡，和谐弄一楼庭院违章搭建整体拆除16户，并进行美化提升。贯彻“大统管+大物业”的理念，拆除毗邻小区围墙，落实统一物业管理。和谐弄小区、盈兴公寓和生兴路小区，原先没有物业公司，环境卫生差、居民安全感低。街道一方面拆除小区间的围墙，集中连片打造更多空间，实现优质公共资源共享；另一方面实现统一物业管理，实现无物业小区清零。

完成“三加”工作。科学规划有限空间，利用社区配套存量资源，补充各类服务等场景。加立面“四件套”，安装雨棚，解决窗台进雨难题；安装晾衣杆，解决衣服晾晒难题；安装花架，解决绿植花草摆放难题；安装空调外罩，解决外机凌乱难题。加公共空间，围绕“乐龄友好型”及“儿童友好型”社区场景，一方面在户外增设多功能的文化区、口袋公园、景观小品等，用于一老一小活动和休憩，弥补公共配套不足；另一方面增补了室内便民服务场景——“喜柿小宝盒”（图4-24），不仅满足了居民理发、小家电维修、便民超市等日常生活需求，而且解决了社区部分失独家庭、失业人员等困难群体的再就业问题。加装电梯，在愿装尽装的基础上，积极做好电梯加装的入户宣传和协调等工作，实现商品房小区能装尽装。截至目前，共完成电梯加装63部，正在施工建设20余部。

图4-24 振宁社区“喜柿小宝盒”改造前后对比图

完成“四治”工作。通过增加停车位、电瓶车充电棚等设施，一定程度上解决部分停车问题和电瓶车充电问题，也消除了违规充电等消防安全隐患；通过改造实现燃气百分百入户，降低居民日常的生活成本，消除使用瓶装煤气的安全隐患，改造后老旧小区火灾发生数同比下降21.4%，平安三率同比提升18.3%；对于民意调查时群众反映的老旧小区私拉线路、管道堵塞等问题，在改造中增加“飞线”整治内容，每幢楼增设一条下水管，解决群众诉求；增加道闸、门禁、监控、智能垃圾投放箱等各类智慧化设施设备，提高管理效能（图4-25）。

图4-25 振宁社区电动车棚改造前后对比图

（3）文化融合，共建共享

改造过程中，社区通过梳理宁围文化在围垦造地、民营经济发展、城市化等不同历史阶段的实践，提炼出以“为”文化为核心的宁围文化精神，在场景中融入宁围“敢想敢为”文化元素及充满创意的设计，例如盈兴公寓在文化广场、墙面设计、楼道门牌的设计上彰显工业风，讲述着宁围改革开放以来的发展故事和传统文化，提高居民的融入感和认同感（图4-26）。

图4-26 振宁社区“敢想敢为”文化元素

此外，围绕“宁未来”小程序积分应用场景，在实现篮球场、未来社区公交专线等街道资源共享的基础上，发动小区周边单位开放资源。例如智慧停车，通过协调宁围初中、未来公园、市民公园等停车场管理运营单位，推出5折包月活动、“宁未来”积分抵扣停车费等便民惠民政策，破解停车难问题。

（4）多方保障，长效管理

为保障小区后期的长效管理，振宁社区特引进专业物业团队，协商确定小区管理模式，制定管理规定及议事规则。同时，为充分发动居民自治力量，引导群众关心社区事务，组建了由小区党员、业委会、业主代表、微网格长、楼栋长、志愿者等组成的自治监督团体，并鼓励居民定期开展环境整治、平安巡逻等活动。

7. 临平区北庙北弄区块老旧小区改造

北庙北弄区块旧改项目位于临平老城区，改造范围北至邱山大街、东至东湖中路、南至九曲营路、西至禾丰路，地块面积约7.6万平方米，涉及临平街道庙前社区的北庙北弄、天都花园、华励花苑、东湖中路、碧佳公寓等小区。该区块房屋大多建于20世纪八九十年代，小区普遍存在设计建设标准低、消防设施不完善、停车难、绿化少等问题。通过此次改造，该区块进行了建筑立面、背街小巷、强弱电设施、景观绿化、智慧安防、加装电梯等方面的整治提升，累计改造面积约17万平方米，涉及房屋47幢，惠及居民1300余户。

（1）保护历史遗迹，传承宋韵文化

提起北庙北弄区块，老临平人总能说上几句关于这里的历史。为保护传承好历史文化，此次改造对北庙北弄进行了"微改精提"，从九曲营路入口进入弄堂，满目诗词、浮雕，述说着小巷的前世今生，将九曲营驻军韩家军马战临平的壮阔场景，以及南宋庙会的热闹场景再现眼前。深入巷内，白墙黛瓦，移步异景，宋时服饰、铸币、用具等浮雕和壁画等，生动体现着浓厚的宋韵文化底色（图4-27）。

图4-27　北庙北弄区块宋韵文化展示

（2）提升环境景观，打造舒心家园

此次改造，着重对小区出入口、外立面、违章拆除、保笼整治、屋顶漏水修缮、单元楼道整理、强弱电线整治、阳台雨污水立管分设、景观提升、智慧安防等方面进行改造，在小区主出入口设置车行、人行道闸，通过车辆识别系统、人脸识别系统、摄像头等智能化设施对人员进行管控，有效确保小区安全，实现"面子""里子"双提升，让小区环境更加整洁，也让居民住得更加舒适、安心（图4-28、图4-29）。

图4-28 北庙北弄区块小区入口走廊整治前后对比图一

图4-29 北庙北弄区块小区入口走廊整治前后对比图二

（3）完善生活配套，补齐功能短板

本次改造通过推进空间挖潜，补强小区功能短板，提升居民幸福指数。如，为有效缓解停车需求，在现状基础上将小区车位重新划分，增加非机动车停车点19处、机动车停车位150个；积极召开加装电梯推进会议，宣传惠民政策、听取群众意见、协调矛盾问题，累计推动区块完成约40台电梯加装；完善垃圾分类投放、快递柜等设施，提升小公园等公共活动空间，进一步满足小区居民全年龄段、多层次的休闲娱乐和健身需求（图4-30～图4-32）。

图4-30 北庙北弄区块加装电梯及公园改造提升

图4-31　北庙北弄区块新增非机动车停车充电亭、机动车停车位

图4-32　北庙北弄区块改造后的垃圾分类投放点、快递柜

接下来，临平区住房和城乡建设局（旧改办）将坚持以人为本，持续发挥党建引领基层治理作用，统筹老旧小区改造、未来社区创建、加装电梯等工作，通过完善基础设施，补齐功能短板，进一步提升小区的功能和品质，让百姓住得更安心、更舒心。

8. 拱墅区和睦新村老旧小区改造项目

和睦新村位于杭州市拱墅区和睦街道，建于20世纪80年代，总建筑面积197437平方米，共有居民楼54幢，住户3566户9757人，户籍人口5702人，其中60周岁以上户籍人口2072人，70周岁以上户籍人口949人，80周岁以上户籍人口344人，90周岁以上户籍人口36人，三分之一是老年人。改造前基础设施简陋，居住环境杂乱，配套功能缺失，道路破损、绿化杂乱、管网堵塞、立面陈旧、配套设施不全等问题较为突出，是典型的“老破旧”小区。

为彻底解决这些问题，和睦街道党工委、社区党委从实际出发，发挥基层党建统领作用，打造了居住舒适、生活便利、整洁有序、环境优美、邻里和谐的美丽家园，同时做好“医养护托吃住行文教娱”等综合服务功能，让居民从“住有所居”到“住有宜居”。2019年6月，李克强总理视察和睦新村给予高度肯定。和睦新村旧改经验成功入选住房和城乡建设部第一批改造试点案例，并作经验交流被全国复制推广（图4-33）。

图4-33 和睦新村东南门改造前后对比图

（1）聚焦功能优先，展现“空间逆生”生动实践

和睦新村老旧小区改造自2018年下半年启动，到2021年底全面竣工，改造工程历时三年多，前后分为三期。

一期对1～10幢区域进行了改造，打造了“颐乐和睦”养老服务综合街区，依托“四街三园三中心”（四街即颐养街、乐享街、和雅街、睦邻街，三园即颐养园、乐享园、和雅园，三中心即休养中心、乐养中心、康养中心）进行了适老化改造，构筑“居家—社区—机构”为闭环的街区式养老健康服务模式，成为全国首创街区式养老服务的实践地、发源地（图4-34）。

图4-34 和睦新村乐享街改造前后对比图

和雅园以琴棋书画为主要设计元素，改造提升后增加了园林景墙、景观廊架和部分城市家具，成为居民休憩休闲的场所（图4-35）。

改造前的乐养中心是6幢闲置车棚，车棚前车辆杂乱无章，整体利用率较低。改造后的车棚摇身一变成为乐养中心，理发店、小卖部、阅览室等功能场所一应俱全（图4-36）。

图4-35　和睦新村和雅园改造前后对比图

图4-36　和睦新村乐养中心改造前后对比图

（2）聚焦“一老一小”，打造“老幼常宜”未来样本

针对和睦街道内兼具幼儿园、小学、中学的情况，同时兼顾社区中老年人及其他居民的阅读需求，改造后的和睦新村增设了400平方米的邻里阅读空间“和睦书阁”（图4-37），藏书万余册，现委托第三方经营。书阁不仅定期开展成人读书会、亲子共读计划、传统文化经典诵读等活动，还开展陶艺插花、品茶弄墨沙龙、非遗研讨等沙龙活动，丰富市民业余生活，满足市民精神文化需求，如今是居民喜爱的网红社区图书馆。

图4-37　和睦街道和睦书阁

和睦街道依托老旧小区提升改造中增加的养老托育综合体，通过探索“社区普惠＋市场运作”模式，引进专业托育运营团队，建成总面积达2000余平方米的“阳光小伢儿”和睦托育中心，共开设4个班级，提供80个托位，被列为“中国计生协婴幼儿照护服务示范创建项目拱墅实施点”（图4-38）。

图4-38　改造后的和睦社区托育中心

（3）聚焦数智赋能，实现“老旧蝶变”有效途径

和睦社区旨在构建银龄跨越“数字鸿沟”服务体系、“破圈”养老服务机制、构建老年友好型社区、共享数字化红利，实现全民共同富裕。

一是制定银龄数字化服务制度。建立人群分级分类管理，实现精准高效服务。如在老年人分级照护体系中，根据老人年龄、病史状况、健康小屋检测数据等要素进行综合评分，确定老人的监护等级，提供相应的社区服务，实现“一老人一方案，一等级一预案”。在居民需求分层管理体系中，通过数据建模型和标签化管理，从居民的生活需求、健康需求、文化需求、社交需求以及自我实现等多维度进行分析，生成居民需求画像。根据居民不同的需求，推送信息、开展活动、提供服务，将有限的社区资源，精准投入到有需要的人群手上（图4-39）。

二是组建专业化运营服务团队。构建一体化运营模式，全方位守护健康安全。针对无人救问题，构建社区与120联动机制，为老年人提供紧急医疗救援一键护航服务。针对无人管问题，安装门磁、烟感、呼叫器等智能守护。针对看病难问题，引入一站式智能健康小屋。针对无人陪问题，打造兴趣社团、常青课堂等，提供丰富多彩的活动。运营公司整合社区原有的服务供应商，引入新的服务供应商，实现社区居民服务统一监管。由和睦社区和未来社区运营集团共同建立社区“线上＋线下”同步运营机制。

三是开发适老版本应用。开发差异化数字应用软件，安装适老智能设备，适应老年群体不同需求。对于能熟练使用智能手机的老人，为其提供功能丰富的标准版小程序。对于能使用简单智能设备的老人，为其打造图标更大、功能更简单、操作路径更便捷的适老化小程序，降低使用数字产品的门槛；对于不会使用智能手机和无智能手机的老人，在居民家中安装一键呼叫服务按钮，实现一键求帮、求救。

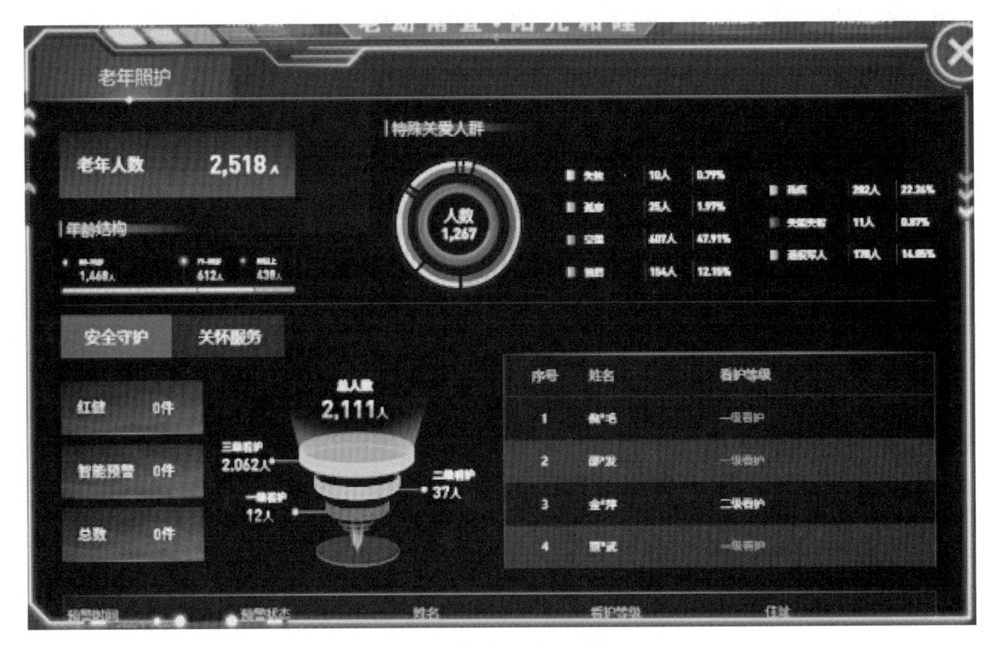

图4-39　和睦社区数字化服务平台

9. 临平区河畔新村老旧小区改造项目

河畔新村位于临平区南苑街道新城社区，建于20世纪90年代，共有8幢住宅32个单元，384户居民，60岁及以上老人住户有198户，是典型的老旧小区。由于小区颇有“年岁”，日益暴露出基础设施薄弱、外立面破损、电线老化、地下室渗水等问题，其中还有一个大难题——没有电梯，老幼群体的出行不便。

2020年，河畔新村被列为杭州新一批老旧小区综合改造提升项目之一，也是原余杭区首个全加装电梯的老旧小区改造项目，于2021年7月22日正式开工建设，努力将未来社区试点建设与老旧小区改造、城市更新有机结合，以“心”焕“新”，全方位提升市民的获得感、幸福感和安全感，让人民生活更方便、更舒心、更美好。加装电梯是河畔新村改造的关键工作，也是整个旧改项目的重要突破口（图4-40）。

（1）党建飘“红”，支部建在工地上

为了有序推进改造工程，新城社区在南苑街道党工委、办事处的指导下，以党建为引领，始终把党建贯穿于小区改造全过程，探索实施支部“建”在一线、党员“炼”在一线、民情“联”在一线等“三个一线”工作法，形成“党建+旧改”工作架构，为老旧小区改造提供强有力的组织保障。

图4-40 河畔新村改造后航拍图

项目启动后，南苑街道迅速成立河畔新村“邻里汇”临时党支部，由新城社区、施工单位、设计单位、监理单位、业主代表、业委会代表等组成支部力量，把居民群众需求和工程进展紧密结合，搭建起居民与项目沟通的桥梁。临时党支部的所有党员，在旧改工程建设中发挥“头雁”正能量（图4-41），积极当好旧改政策的宣传员、社情民意的调查员、沟通协调的联络员、排忧解难的服务员，累计开展政策宣讲、矛盾化解等工作30余次，收集意见、建议80余条，开展环境治理和现场工程质量、工程进度监督等工作56人次。

图4-41 河畔新村“邻里汇”临时党支部成立

河畔新村“邻里汇”临时党支部书记郑重承诺：项目不竣工，党员不撤退，居民不满意、支部不解散。

（2）民生出“彩”，解决旧改难痛点

一是全加梯小区：从“要我装”到“我要装”。河畔新村“老龄居民”不断增加，适老性低，老年人出行、活动困难，关注老年人住宅现况、改善老年人居住环境已迫在眉睫。对此，南苑街道高度重视民生关键小事，通过实地察看、反复论证后，决定将河畔新村电梯加装作为一项民生实事工程，让小区居民充分享受政府红利。在工作推进中，充分尊重居民意愿，激发主人翁意识，帮助全体居民实现加装电梯的美好愿望。此外，城建办不断创新举措，深入各小区开展调研排摸，绘制并发布了全区首张加装电梯服务地图，为百姓的“加梯梦”提供一份详细的攻略。

新城社区依托小区“邻里汇”机制，充分借助民主协商议事平台，成立了“加梯帮帮团”，采取“一层一策一团队”方式，通过集中讲解、AI动画演示、上门签约等方式打消居民顾虑，最终居民意见征询同意率达到100%，32个单元楼全部完成加梯签约，解决了198位60岁以上老年人的上下楼梯问题（图4-42）。

图4-42　河畔新村全加装电梯鸟瞰图

二是小区环境整治：实现100%签约目标。因年代久远关系，河畔新村小区存在缺乏物业管理、公共设施陈旧、阳台保笼凹凸不平、管道线路杂乱无序等问题，不仅影响居民生活品质，也直接制约中心城区的功能提升和面貌改善。为了提升建筑立面整体美观度，南面主阳台整治改造后将设置统一雨篷、花架，既达到了整体美观效果又满足了居民的实际生活需求。为按时完成整改要求，新城社区多次召开业委会和居民代表会议宣传政府政策，听取民意，街道通过三天集中攻坚，圆满完成全部384户居民保笼、太阳能、花架整治签约，有效缩短建设工期，为后续施工打下了坚实基础（图4-43）。

图4-43 河畔新村保笼雨棚整改前后对比

三是科学规划设计：小区颜值实现“逆生长”。从外立面到楼道、从景观到公共服务、从居民关注的现实问题到社区未来数字化建设，河畔新村将系统地进行综合性改造，同时充分挖掘小区历史文化、自然环境等资源特点，进一步打造内涵丰富、各具特色的小区风貌。设计单位开展实地考察和研究，充分尊重居民意见，积极征集居民意见建议112条，着力为居民群众“量身定制”小区改造方案。例如：别具一格的中央花园共享客厅、创新性与实用性兼具的风雨连廊、住宅屋顶“平”改“坡”、污水管网零直排、人脸识别门禁系统等（图4-44）。改造后的小区将基本达到有完善设施、有整洁环境、有配套服务、有长效管理、有特色文化、有和谐关系的“六有”目标，打造成为家门口的“未来社区”。

图4-44 河畔新村屋顶平改坡前后对比

（3）治理添“翼”，美好家园携手筑

一是选举业委会：补齐社区治理短板。充分发挥政府、社会、居民等各方力量，在“政府主导、各方支持、居民参与”的共建共治共享理念和健全居民自治基础上，引导业主委员会自主选择专业化物业管理、自我管理等模式，进一步完善长效机制。河畔新村已完成新一届业委会选举，选举产生5名业委会委员，2名候补委员。采取引进物业管理、社区兜底、居民自治等多种模式完善物业管理，着力破解老旧小区“失管”难题，有效盘活小区资源，增强小区“造血功能”，为后期维护管理提供资金保障。

二是选聘专业物业：推进小区“邻里汇”机制。如何实现长效管理，是老旧小区改造所面临的一个巨大考验。对此，河畔新村积极探索老旧小区引入专业物业管理，完成物业公司选聘工作。同时，街道以“12345”工作法，推进小区“邻里汇”建设（图4-45），架起社区、业委会、物业公司三方协作体系，维护老旧小区改造成果。专业物业管理团队的加入，为河畔新村带来了新气象：专业保安代替了原来的老门卫，兼职保洁被专业保洁公司取代，小区更增加了专业的维修团队与专职管家客服。居民们的生活体验迅速提升。

图4-45　河畔新村改造后共享客厅“邻里汇”实景照片

三是成立清廉监督团：小区改造我监督（图4-46）。为确保老旧小区改造工程不折不扣地落到实处，南苑街道聘任7名清廉监督员，组成一支由业主代表、老专家等组成的清廉监督小组，对项目进度计划实施全过程监督和控制，对工程实施全过程监督，严把项目工程关、质量关、安全关，打造老旧小区改造精品工程、样板工程、放心工程。清廉监督员坚持问题导向，通过嵌入式、融入式、下沉式监督检查，聚焦民情民意，着力发现和解决改造过程中居民关注的重点、难点和热点问题，有效化解各类矛盾纠纷，提升工程质量，为老旧小区改造工程顺利推进“保驾护航”。

图4-46 河畔新村老旧小区改造清廉监督团

10. 富阳区丰泽苑老旧小区改造项目

丰泽苑小区位于杭州市富阳区蒋家桥社区北部，是2005年由政府建设的安置房小区，共有套房792套，住户2670余人。因建设初期整体标准不高，配套设施落后，导致小区道路破损严重、管网不畅、停车位紧缺、活动场所缺乏等问题严重。小区居民经常因为抢停车位，车辆剐擦发生冲突，居民对小区的认同感和归属感逐年下降，2019年社区介入的纠纷调解就达54次。社区两委班子高度重视小区建设，一直把这项工作作为补齐民生短板、增强群众获得感、提升群众满意度的重要途径之一。2021年在富春街道、区住房和城乡建设局的共同支持下，完成了小区改造整治工作（图4-47）。

（1）尊重民意，夯实基础，用心用情保民生

一是党建引领，激发居民内生动力。社区第一时间邀请小区业委会、党支部、热心居民、物业以小区整治的民意需求调研为主题召开民主协商主题座谈会。结合“学党史、见实践”主题活动，小区支部35名党员主动请缨，发挥先锋模范作用昼访夜谈进户门，详细介绍老旧小区改造方案，广泛宣传老旧小区改造政策，认真倾听居民意见建议，三轮民意征求过后，民意征求率高达99.4%，用心用情架起社区与居民之间的“连心桥”，身体力行间带动和影响广大居民投身到老旧小区改造中（图4-48）。

图4-47　丰泽苑改造后鸟瞰图

图4-48　丰泽苑改造昼夜访谈和居民意见征求

二是居民自治，共建共享美好家园。全面推行党组织领导下的业委会、物业企业、施工方、居民的“四位一体”社区整治管理体制，小区党组织和业委会统筹协调，物业提供后勤服务、居民全程监督的管理模式。组建由社区指导、小区党组织及业委会负责的协调小组，充分激发居民对社区建设的主动性、积极性，群策群力共同推进小区改造工作，由居民代表担任协调小组组长，全程参与小区改造，对工程质量严把关，对于施工质量不到位的情况果断叫停，发现一处整改一处，与住户充分沟通，听取意见，及时发现问题及时解决问题，将矛盾纠纷提前化解，实现零信访小区单元创建。

三是压实责任，树立居民主人翁意识。实行社区工作者进小区包干制度，全面落实一名社工包一个小区，小区专员敢亮身份，下沉一线，统筹协调小区旧改工程，为民解忧。以“一名专员一栋楼”为目标，充分发挥楼栋专员领头雁风采，组建小区“楼栋专员”队伍，截至目前已有18名楼栋专员参与其中。楼栋专员全面负责本栋楼民意收集、政策宣传、方案讲解、矛盾纠纷等工作，发扬“自家的事情自家议、自家的事情自家定”精神，自改造工作开始以来，楼幢专员队伍圆满化解矛盾纠纷约127起。

（2）保障品质，注重细节，提升内涵共富裕

一是以人为本，充分落实四问四权工作。坚持问情于民、问需于民、问计于民、问绩于民，充分尊重群众意愿，让群众参与民主决策。在整体整改中，充分考虑到居民交通出行和休闲运动的需求，在现有的基础上延伸了小区游步道，实现人车分离，让旧改红利惠及千家万户。

二是注重细节，于细节处见真章。丰泽苑12幢房屋车库拐角处由于紧挨行人通道，是个视野盲区，改造中尊重民意将原先的人行通道前移两米消除安全隐患（图4-49）。小区部分房子由于建造时间早光线被沿街店铺遮挡，居民晾衣面临光照不足的窘境，协调小组合理利用小区闲置空间设置专门晾衣区块，切实解决住户燃眉之急。

图4-49 丰泽苑道路停车泊位改造前后对比

三是紧扣主体，丰富居民精神生活。项目充分结合当前浙江省共同富裕创建，切实考虑到小区内各类人群的实际需求，增设残疾人通道、儿童游乐区、老人游乐区、邻里互助角等提升小区综合品质和居民精神富裕的平台，为居民创造一个“有完善设施、有整洁环境、有配套服务、有长效管理、有特色文化、有和谐关系”的宜居小区（图4-50）。

图4-50　丰泽苑改造后的中心广场公园和休憩座椅

（3）数字赋能，打造未来，全面提升治理水平

丰泽苑小区通过“旧改＋数改”双重赋能，提升小区治理水平。将现代科技和数字赋能整治相结合，小区内增设“无障碍建设”“加装电梯”“富春智联”“数字监控”“小区消防设施”“监控设施”“匝道系统”“人脸识别系统”等治理场景，将大数据的应用引入老旧小区改造中（图4-51）。同时进一步利用富春智联和民呼必应智治系统，搭建以破解基层社会治理中热点难点问题为导向的数治智治新平台，形成“事件自动发现、信息实时推送、双线即时处置、过程全程监督、结果及时反馈”的闭环治理服务模式，通过线上收集民意，将问题汇总派单给各部门解决，压实“事件举报”中各方主体责任，实现“街道吹哨、部门报到”的扁平化基层治理，截至目前已成功处理212项事件，居民满意率高达100%，打通了基层社会治理的最后一公里，为居民营造了更加安全、便利、舒适、愉悦的生活环境，实现了老旧小区从硬件到软件的全面升级。

图4-51　丰泽苑新增人脸识别、道闸系统和电动汽车充电桩

11. 上城区红梅社区老旧小区改造项目

红梅社区位于上城区闸弄口街道，自2020年以来，闸弄口街道以“党建引领、理念融合、双向服务、共同发展”为原则，以党建共建促进服务联动，在重点项目中探索推进党组织联建、难题联办、服务联动，努力助推重点项目高效建

设。红梅社区项目规划单元范围68.67公顷，实施单元范围20.06公顷，依托轨道交通站点、机场快线拟建池塘庙路站。社区内包括红梅社区、天杭实验学校、三里亭农贸市场、1737建筑街区地块，建筑面积21.63万平方米，社区内有2608户居民，常住人口5453人。项目将“一统三化九场景”融入红梅未来社区创建过程，以数智化改革为牵引，全力构筑“文化铸魂、智慧筑家、生活共融”的智慧红梅“五福家园”，探索社区渐进式改造与治理提升模式，擘画“旧韵谱新曲”的共同富裕画卷（图4-52）。

图4-52 改造后的红梅社区大门入口

（1）打造一个新旧迭代的生活“共治空间”

围绕居民急难愁盼问题，满足红梅社区“雨污不堵、房屋不漏、楼道不乱、绿化不荒、道路不破”的“五不”需求，基本实现“最多改一次”。深入挖掘空间潜能，与市城建发展集团有限公司开展党建共建，将三里亭苑三区20幢、原3层约2100平方米房屋拆除后重建，拓展到5层约4300平方米，打造社区邻里服务综合体。通过幢间道路拓宽、挖掘地下空间建设停车场等方式，增加停车位200余个，解决老旧小区停车难问题。通过建立社区居委会、小区业委会、物业公司三方联动协同机制，充分调动小区关联单位和社会力量支持，引导多方参与，共同维护改造成果，实现改建后决策共谋、发展共建、建设共管、效果共评、成果共享的社区治理新路径。

（2）打造两项建管并重的社会“德治样板”

一是以志愿服务强化监督合力。在项目建设过程中充分发挥党员先锋模范作用，建立居民监督小组，由党员、志愿者、网格员、居民骨干共同组成，监督质量、进度和施工安全，督促文明施工、安全施工，搭建居民和施工方沟通桥梁，协调解决矛盾纠纷，确保旧改项目顺利实施。二是以社区公约规范改后管理。建设“公约文化主题公园”，坚持“改造提升”与“素养提升”同步，形成社区、坊内、楼道内三级居民公约，解决改造后小区楼道堆积物、小广告乱张贴、垃圾分类等难题，做实小区出店经营和停车问题的长效管理。

（3）打造三大文化引领的邻里“自治家园”

一是透过“新红梅”文化，融洽代际关系。建设十大主题口袋公园，打造300米樱花梅花交相呼应的红梅特色文化街区，改建1条慢行健身步道（图4-53），利用景观提升、围墙美化、大门修整、细节点缀等方式将红梅文化符号融入设计主基调，形成独一无二的红梅韵味，让老年人有地方健身活动，让年轻人愿意走出家门休闲娱乐，融洽新老代际关系。

图4-53　红梅社区打造文化主题健身步道改造前后对比图

二是穿过“老墙门”文化，迸发市井活力。打造老城站文化主题墙，用空间的物理延续，传承文化的历史印记。改造社区新时代文明实践站，挖掘木雕达人、手工达人等文化志愿者力量，通过手工作品还原城站老底子生活风貌，唤起居民怀旧情怀，增加归属感、认同感。

三是通过“邻里坊”文化，根植自治理念。提升改建50平方米社区邻里坊，打造红色文化、教育培训、矛盾调解、便民服务四大功能于一体的邻里便民驿站，为居民提供各类志愿服务，营造和谐幸福、守望互助的邻里氛围。

（4）打造四类便携高效的未来“数治场景”

一是“5分钟”未来邻里场景。以一个邻里中心、一个农贸市场、一条红梅小街、N个主题公园构建未来邻里场景。在邻里中心科学布置文化礼堂、社区客厅、社区电影院、共享书房等十大功能，大力营造承载文化领域、社区服务、老年康养、商业便民的“5分钟”邻里场景（图4-54）。

图4-54 改造后的红梅社区幸福邻里坊

二是“微服务”未来健康场景。与闸弄口社区卫生服务中心签约共建，结合现有医联体升级打造智慧化的红梅微医诊疗平台，改变居家养老的运营、服务、消费体验模式。基于社区老年居民实际需求，升级社区“健康小屋”，助力社区老人跨越数字鸿沟。

三是“闭环式”未来治理场景。将老旧小区改造与数字化改革有机结合，安装人脸识别、体感测温、智能充电桩、智能门禁、智能烟感五大智慧设施。社区微脑为130个单元升级安全防护网，5台加装电梯让老人、小孩等特殊群体安心下楼，居民实现了刷脸回家、车牌自动识别、监控无死角的智能化需求（图4-55）。

图4-55 红梅社区单元门改造前后对比图

四是“全龄段”未来教育场景。改建两层楼的红梅学堂，引入专业第三方机构入驻，提供0～3岁托幼服务，开办“四点半课堂”为90余名学生提供晚托服务，满足不同年龄段青少年分层学习需求，将“孩子放学”和“家长下班”之间的断档连接上（图4-56）。

图4-56　改造后的红梅社区红梅学堂

12. 临平区爱民小区老旧小区改造项目

爱民小区位于杭州市临平区南苑街道河南埭社区（图4-57）。近年来，南苑街道坚持以人民为中心的发展思想，以“以心焕新，睦邻归心”为目标，推动老旧小区基础设施、服务功能、治理水平大幅提升。2021年，南苑街道将爱民小区老旧小区改造项目与未来社区试点建设、城市更新有机结合，全方位提升居民获得感、幸福感和安全感。截至目前，小区27个单元楼全部交付使用电梯，共解决125位60岁以上老年人上下楼梯问题。

图4-57　杭州市临平区南苑街道爱民小区

（1）党建飘“红”，支部建在工地上

组织牵头成立“先锋队”。街道牵头组建既有住宅加梯工作领导小组及工作专班，成立由12名来自社区、施工单位、设计单位、监理单位、业主代表和业委会代表组成的爱民小区旧改临时党支部，统筹加梯改造工作，加强邻里沟通互助，搭起居民与项目沟通的桥梁，倾听群众意见、化解施工矛盾、解决民生需求。

党员扎根做好“领头雁”。街道和社区在职党员、临时党支部的所有党员，在旧改工程建设中下沉一线，积极当好旧改政策宣传员、社情民意调查员、沟通协调联络员、排忧解难服务员。如7幢2单元的住户加梯意见不统一，施工现场历经3次开工又停工，家住5楼的业委会主任陈雪民上门耐心调解纠纷，做通其他低楼层业主思想工作，前后召开16次楼道加梯协商会，最终达成一致加梯方案。

清廉监督当好“质检员”。成立由7名社区党员、业主代表、专家等组成的监督小组，采取嵌入式、下沉式等方式，每周三开展一次质量监督，对项目实施进度及工程质量进行全程把关。旧改期间，共提出各类意见建议85条，推动解决业主民生需求122件，如在检查中发现顶层外立面檐口改造后存在漏水隐患，督促设计单位修改设计方案，在原方案基础上增加一排檐沟直接连通雨水管，彻底解决屋顶漏水等问题。

（2）民生出“彩”，解决旧改痛点

民主协商，破解加梯意见统一难。针对爱民小区居民的加梯需求，街道发布全区首张加装电梯服务地图，以红、黄、绿三色直观区分各楼道加梯基础条件，详细介绍加梯优惠政策，为群众圆“加梯梦”提供详细攻略。河南埭社区依托“邻里汇”民主协商议事平台，成立“加梯帮帮团”，采取“一层一策一团队”方式，通过集中讲解、AI动画演示等打消居民顾虑，居民意见征询同意率达到100%，27个单元楼全部完成加梯签约。

强势攻坚，拆出老旧小区新面貌。将爱民小区公共设施陈旧、阳台保笼凹凸不平、不雅违章建筑、管道线路杂乱无序等群众反映突出的问题，一并纳入旧改整治，在街道、社区和群众三方合力下，通过三天集中攻坚圆满完成全部324户居民保笼、太阳能、花架整治签约，为每户家庭南面主阳台统一设置雨篷、花架，既提升整体建筑立面美观度，又满足居民日常生活实用性（图4-58）。

图4-58 爱民小区南外立面改造前后对比

精心改造，提升配套功能承载力。充分挖掘小区历史文化、自然环境等资源特点，吸纳居民意见建议112条，为小区“量身定制”改造方案。如在小区南门街道收购8间商铺，用于改建面向大众的邻里共享客厅，凝聚社区居民的邻里温情，解决老年人日间照料养老需求；新增创新性与实用性兼具的风雨连廊，满足老年人每日下楼散步的实际需求；积极融入智能化元素，增设人脸识别、新能源充电车位、智能云平台、线上管家等软硬件配套设施，提升小区整体管理水平，建设安全无死角、服务零距离的和谐宜居家园。

（3）治理添“翼”，美好家园携手筑

政府主导建体系。街道贯彻“政府主导、各方支持、居民参与”的共建共治共享理念，实施“12345”工作法，即以党建引领为核心，搭建邻里协商议事、邻里活动服务两个平台，实施社区、业委会、物业公司三方协作，完善物业小区、 开放小区、安置房小区、单身公寓等四种模式，建立物业公司管理、业委会管理、物管考核评星、物业“两金”使用实施、装修管理办法等五项制度，持续提升小区管理水平，巩固小区改造成果。

居民参与强自治。小区改造过程中，街道和社区鼓励爱民小区党员主动亮出身份并参与业委会筹备工作，选举产生新一届“红色业委会”，7名成员全部为共产党员，引导业委会加强自我管理并自觉接受业主监督，保证日常工作有序规范。组织小区业主共同制定“爱民公约”，镌刻在小区中央广场，弘扬文明风尚，强化自我监督，维护改造成果，切实提升基层社会自治水平。在满意度调查中，小区业主对业委会工作的满意度达到97%。

物业协助促长效。为破解老旧小区失管难题，以小区改造为契机，面向社会公开招标投标引入专业化物业公司，对治安消防、环境卫生、设施设备等实行规范化管理，如为小区专门配备1名安全管理员，负责做好加装电梯、安装消防设施等日常维护保养工作；重新规划小区停车位，新增停车位42个，有效缓解车位供需矛盾；对小区生活垃圾实行规范投放、分类收集、定时清运，环境卫生更加整洁；物业矛盾纠纷发生数较上年同期明显下降91.2%，在物业服务企业满意度调查中，群众满意率达97%以上。

13. 上城区青年路老旧小区改造项目

青年路共同富裕单元创建项目位于杭州市上城区湖滨街道，总共涉及2个社区，总建筑面积5.2万平方米，是建于20世纪80～90年代的老小区，小区内基础设施陈旧，安全隐患多，弱电管线乱飞，配套设施不全，居民的改造愿望十分强烈，此项目投入资金3200万元。

青年路共同富裕单元创建项目积极实施基础类改造，主要包括：全面修缮房屋，共对84个单元楼道进行粉刷，完成屋顶修漏补漏8760平方米，外立面粉刷12500平方米；有效序化公共区域，积极推动3个小区楼道弱电管线“上改下”11000米，优化地上非机动车充电桩点位，增设智能充电桩12处、240个点位，彻底解决小区内弱电管线凌乱和飞线充电等问题；全力规范消防设施，按照道路拓宽、停车位优化、消防标识规整“三步走”实施，拓宽小区道路2500米，柏油沥青道路新铺设3000米，打通消防通道4个；全力整治小区内的雨污水乱接，完成雨污水直排47处；实施“拆改腾挪”，累计拆除围墙80米，拆除违建74处、保笼1335个、花架312个，更换晾衣架1270个，更换空调外架135个，整体提升小区空间美感（图4-59～图4-61）。

图4-59　青年路老旧小区出入口门头改造前后对比

图4-60　青年路老旧小区拆违改造前后对比

图4-61　青年路老旧小区围墙整治改造前后对比

湖滨街道青年路共同富裕单元创建项目完善类改造包括：整合绿化空间，实现合理布局，点面结合整体改造提升绿化3780平方米，其中改造提升口袋公园4个共1200平方米，打造睦邻公园、邻里公园2个，增设塑胶跑道3个；美化片区环境，落实提档升级，高标准建设垃圾分类设施6处，改建出入口门头3个，实现统一协调，有效整合利用边角空地，在阳光充足处建成集中晾晒场所6处，解决部分老百姓晾衣服问题；优化片区布局，补齐功能短板，改造新增休闲活动场所4处，其中新增休闲活动场地近500平方米（图4-62），增设道路停车位200个，缓解居民停车难问题，重新规划行车路线，打造交通“微循环”，缓解行车难问题；智慧技术赋能，配强安防体系，对共同富裕基本单元内的出入口的人行、车辆道闸等新增各项智慧安防设备6套，增设小区监控120个，保证小区安全无死角、全覆盖；引导居民自主出资加装电梯14台，带动连片效应，推动解决老旧小区居民上楼难问题。

图4-62　青年路老旧小区改造后居民休闲活动场地

湖滨街道青年路共同富裕单元创建项目提升类改造包括：新建或提升改造了红色港湾广场、晴雨小巷、晴雨接待室、湖滨晴雨办公室、东平巷社区人大联系站、幸福颐养园、新象限之家、晴雨管家等21项配套设施；挖掘纵向空间，与杭州市机关事务管理局协商，通过低价租赁的方式，租用见仁里6号一层、二层建筑，打造湖滨街道“幸福邻里坊”，建筑面积总共670平方米，“幸福邻里坊”采用“一‘厅’迎客（邻里客厅）、一‘岗’受理（百通岗）、一‘坊’议事（议事坊）”邻里中心服务模式，突出“服务老、养育小”的理念，遵循“人人参与、人人奋斗、人人享有”的原则，目前设有邻里客厅、邻里茶坊、邻里书吧、湖滨记忆墙、邻里颐养园等功能区域，让不同年龄段的群体在这里都能享受到有质量、有温度的优质服务，体验到更具获得感、幸福感和安全感的社区生活。同时着力构建“纵向贯通、横向协作、党建引领、聚力赋能”的社区基层治理体系，形成覆盖全体居民、按需落地的综合服务阵地集群，极力展现湖滨的“全过程人民民主”以及丰厚的人文底蕴，致力打造成为共同富裕美好社会建设标志性成果（图4-63～图4-66）。

图4-63 中宣部社会舆情直报点、中组部基层联系点

图4-64 违章与院子改造前后对比图

图4-65　序化机动车停车位

图4-66　规范非机动车停放

（1）聚力挖潜，“小身板”腾出“大空间”

一是坚持需求导向。青年路、东平巷社区改造前，开展4轮民调，收集1.3万份问卷，梳理出居民反映强烈的整治需求59大项，包括屋顶补漏、楼道整治、绿化提升、消防通道拓宽、停车划线充电等，并逐一落实解决，实现“群众事，群众议”。

二是倾听民声民意。依托“湖滨晴雨”，发挥其作为中宣部社会舆情直报点、中组部基层联系点、省市两级人大常委会基层立法联系点的优势，把围墙拆除、外立面选色、公共部位功能等决定权交给居民，为居民诉求、社区议事、监督评价等搭建协商平台，实时解决改造需求，完善社情民意闭环处置机制。

三是实施“拆改腾挪”。中国美术学院、西泠印社等团队密切合作，联袂打造“未来版”社区：塑造青年路“第三空间”，激发老街巷的“经典”之美；因地制宜改建房前屋后“碎片空间”，焕发老旧小区的“简约”之美；通过“换租+增设”形式，让住宅、办公混杂的“旧场地”，焕新成兼具多项功能的“宜居”之美。改造完成后，新增见仁里6号600平方米房屋用于“幸福邻里坊”建设，服务覆盖青年路、东平巷社区3447户；累计拆除围墙80米，改建公共绿地2781平方米，拆除违建74处、保笼1335个、花架312个，提升小区空间美感，让居民切实感觉到“小区环境更好了”（图4-67～图4-71）。

图4-67　湖滨街道青年路共同富裕单元创建项目

图4-68　青年路小区内的邻里小屋

图4-69　青年路老旧小区电梯加装实景图

图4-70　青年路老旧小区改造后的幸福邻里坊

图4-71　湖韵公园

（2）凝心铸造，“老小区”引入“新管家”

一是引入准物业服务。以“合伙人”身份引入上城区市政集团下属“智享生活”准物业，在“美丽杭州”行动、智能安防小区、日常修理维护、规范宣传设施等方面全面跟进，当好“晴雨管家”。

二是破解成本难题。统筹资金，探索市场化增值服务，采取“居民收一点、政府贴一点、国企担一点、社会投一点”的方式，切实解决“向居民征收0.18元/平方米的物业费难以弥补管理成本”的难题。街道实施全域一体化管养模式，将市政养护、街巷保洁、垃圾分类、准物业管理等（累计养护经费2950万元），统一委托上城区市政集团管理，发挥集群优势，降低管理成本。

三是吸纳社会资金。街道和社区利用浓郁而充满活力的湖滨商业氛围，吸引企业捐赠和公益资助。通过助力蔚来汽车在青年路开办公益性邻里咖啡吧、协助中国工商银行推行“数字人民币”获得赞助、茅台冰淇淋湖滨步行街旗舰店开业首周每卖1份捐赠1元、社区闲置用房出租收取租金等，补贴社区管理成本的不足，实现“以商养居”。

（3）群众满意，“小邻坊”收获“大幸福”

一是实现准物业服务常态。倒逼准物业公司落实常态化准物业服务，建立“5项基础＋10项增值”服务清单，除了提供设施维修、管道疏通、环境整治、宣传设施整改等15项基本功能服务外，还对接引入“湖滨晴雨”、张能庆等公益社会组织，提供理发、送餐、量血压等居家养老上门服务，加强人文关怀。

二是用好“议事堡垒”平台。依托“湖滨晴雨”议事平台，同步组建物管会，召开每周议事协商例会、每月党组织讨论会、每年业主党员组织生活会，切实解决了老百姓关注的设施养护、杂物清理、管道疏通等12项难题，实现“小区事、小区议，小区事、小区办”。

三是破解群众需求难题。聘请民情观察员、人大代表、楼道长、小组长，组建“监督巡逻队”，参与小区建设管理的日常监督。已开展活动100余次，发现环境卫生和社区宣传栏等问题80余处，全部移交准物业落实整治。

四是推进利民惠民项目。搭建党建“幸福红盟”，联合40家企业、10家组织，以及住建、城管、民政、卫健等部门，在幸福邻里坊推进市品牌办“宋韵文化”、省中医院“家门口的健康”、享道出行“为老助老”等9个项目落地实施，让老百姓获得实惠。

14. 临平区邱山小区老旧小区改造项目

邱山小区位于杭州市临平区临平街道邱山社区，建于20世纪80年代，总建筑面积4.3万平方米，涉及住宅29幢、居民560户，是临平区相对老旧的半开放式住宅小区。改造前小区内停车无序，线路私拉乱接，公共设施破旧，屋顶渗水，消防安全隐患突出，养老托幼等配套设施缺乏，整体影响小区居住环境，多年来居民的改造呼声十分强烈。

（1）聚焦配套完善

邱山小区通过优化建筑立面、整合序化楼道管线、统筹完善市政管网建设、合力推动楼幢加梯等措施，以及合理设置车行、人行出入口，对小区进行智能化改造，优化完善室外消防管网，合理设置消火栓，配置灭火器及应急照明系统。同时将小区与片区内的交通密路网、公共停车、市政配套和公共服务等进行整体规划，打通消防生命通道，多渠道、多方位满足居民的居住需求（图4-72～图4-74）。

图4-72 邱山小区外立面改造前后对比

图4-73 邱山小区围墙改造前后对比

图4-74 邱山小区储藏室拆除前后对比

（2）聚焦民生问题

针对邱山小区建成年代久远，存在结构老化、部分建筑渗漏破损、基础设施落后等问题，小区内消防、停车、绿化及休闲等空间不足，线路私搭乱接等现象较为普遍的痛点和难点，按照“综合改一次，一次改彻底”的改造理念，着力解决小区存在的问题。一是拓展空间改善出行。坚持“党员带头、物业保障、居民共建团监督”的多方合力，拆除储藏室195个，拓展公共空间1000余平方米；针对老年人、残疾人等特殊群体出行特点，推进既有住宅加装电梯连幢连片改造，共加装电梯10台，进一步提升居民幸福感。二是破解老旧小区停车难的问题。通过在小区菜场周边建造立体停车库、利用拓展空间新增停车泊位等手段，有效缓解停车难问题，共新增停车位65个。三是增设居民活动休憩空间。将小区东北侧一个近600平方米的废弃公园打造成兼具景观美感和休闲功能的“孝文化”主题公园，丰富居民的休闲娱乐空间（图4-75）。

图4-75　邱山小区改造后的居民室外休闲活动场地和“孝文化”主题公园

（3）聚焦成果共享

邱山小区以提升居住品质、打造有温度的社区服务为目标，以人为本优化公共服务配给。社区通过点面结合的方式，盘活低效用地，整合打造500平方米的社区邻里中心和150余平方米的助餐点，结合社区文化家园、“善邻汇”党群服务驿站、临平智慧图书馆等18处文化设施，打造“15分钟品质文化生活圈”，为居民提供更多元、更便捷的公共文化服务体验。根据“改造、完善、提升”的思路，为小区居民增加“为老为小”公共服务功能，建设综合服务活动一体化的邻里中心（图4-76、图4-77）。

图4-76 邱山小区改造后的邻里中心和为老助餐点

图4-77 邱山小区党建宣传栏改造前后对比

15. 余杭区宝塔公寓老旧小区改造项目

宝塔公寓是余杭街道老旧小区综合改造提升的重点之一，位于安乐路与禹航路交叉口，用地面积2.73万平方米，建筑面积5.54万平方米，涉及小区居民共427户。为顺利推进老旧小区综合改造提升，余杭街道成立了老旧小区综合改造提升工作总指挥部，构建了“3+X+4”统分结合指挥体系，下辖统筹指挥部、联合执法稳控组、督查检查组三大分指挥部和总指挥部综合协调办公室（下辖五个专项组）及四个划区包干工作组。一是坚持以人为本，居民自愿。充分尊重居民意愿，凝聚居民共识，变“要我改”为“我要改”，由居民决定“改不改，改什么，怎么改，如何管”。二是坚持因地制宜，突出重点。按照“保基础、促提升、拓空间、增设施”的要求，优化小区内部及周边区域的空间资源利用，明确菜单式改造内容和基本要求，确保居住小区的基础功能，努力拓展公共空间和配套服务功能。三是坚持各方协调，统筹推进。构建共建共享共治联动机制，落实“市级推动、区级负责、街道实施”的责任分工，发挥社区的沟通协调作用，激发居民主人翁意识。四是坚持创新机制，长效管理。引导多方参与确定长效改造管理方案；相关管养单位提前介入，提高制度化、专业化管理水平，构建一次改造、长效保持的管理机制。宝塔公寓改造前后对比如图4-78所示。

图4-78 宝塔公寓改造前后对比

（1）拆除违法建筑

为配合工程建设顺利实施，确保整体改造工作按期完成，余杭街道前期将宝塔公寓违法建筑拆除工作作为关键任务重点推进。社区每周上报改造工作具体问题，由街道指挥部进行集中汇总答疑，形成老旧小区问题简报，下发至各个成员小组，针对违法拆除中部分特殊或难点问题，指挥部通过每周工作例会进行“一事一议”分析研判，为同类问题明确处理办法和政策方向。为加快拆违进度，社区和群众工作组对前期违建拆除动员中态度强硬、配合消极的住户进行了全面梳理疏通，在确保程序合理合法的情况下，拆违组开展违章拆除集中攻坚行动并取得良好成效，拆除了一批典型违建，为后续全面清理违章建筑起到了带动作用，共拆除违建111处，面积达2253平方米。

（2）完善基础设施

一是打造智慧安防小区，实施封闭管理。在出入口设置大门，配设门卫值班室，在主要人行出入口配置门禁读卡装置；小区主要出入口、主要路段节点均设置监控探头，做到安全监控无死角。二是梳理强弱电线缆，对强弱电进行“上改下”改造。将入户强电线杆进行拔除，对楼道内的通信线路进行有序梳理，设置统一桥架。三是完善停车设施，新划分车位28个，其中按照智能化提升要求增设6个充电桩，有效满足了居民停车需求；设置非机动车停车位50个，确保车辆停放有序。

（3）提升服务功能

一是打造小区特色文化。宝塔公寓毗邻宝塔公园，改造工程根据江南传统房屋的黑白灰构图原则，围墙与文化宣传窗同时融入双塔元素作为花窗的造型，塑造特色的社区文化，以增强居民对社区的认同感、归属感和自豪感。二是完善公共配套设施。对废弃的老年活动中心进行改造，在设计时优先考虑老年人在使用过程中的便利性，充分运用无障碍设计理念，防滑通道和扶手人性化考虑，在色彩搭配上以柔和温暖为主色调，室外分为适老健身区、文化长廊、室外活动区、中央广场、门球场、后庭院等区块，室内新设心理咨询室、康养室、阅览室、书画室、老年电视大学、舞蹈室、棋牌室等活动场所。三是缓解小区停车难问题。经街道整合，腾出近13亩的外围土地，成功改造出一个公共停车场，为小区居民新增93个停车泊位，有效缓解了小区停车难题（图4-79）。

图4-79 宝塔公寓改造后的公共空间

（4）引导居民参与

在改造提升过程中，街道组建由居民代表、社区干部、街道工作人员组成的市民监督团，邀请市民代表全程参与监督老旧小区改造。市民监督团协助政策宣讲的同时，还加强了日常监督，一旦发现问题，立刻反映至微信群，社区和街道工作人员获悉后，立刻联系施工单位进行整改。自改造提升工作以来，街道始终坚持党建引领，通过将“党组织建在小区里、项目上”，深化基层党建，营造了共商共建共享的和谐环境，宝塔公寓迎来了新面貌、新生机。

16. 桐庐县安居苑老旧小区改造项目

安居苑小区建于20世纪90年代初，曾评为桐庐县“119平安小区”，共有三幢建筑，13个楼道，居民144户339人，其中60周岁以上老年人占25%。目前小区主要存在屋顶漏水、外墙破损、线路杂乱、私搭乱接、环境脏乱、公共配套缺乏等问题。本次安居苑旧改由国有企业桐庐县投资建设发展集团有限公司立项出资，具体工程管理委托属地桐君街道办事处进行管理，安居苑旧改项目预计投资一千余万元。

（1）多方统筹，综合集成改一次

近年来，围绕“共同富裕”，多部门多条线分别谋划和提出了未来社区、完整社区、现代社区、“一老一小”社区服务综合体、成长驿站、温暖驿站、污水零直排等多种建设项目和建设要求。而作为老城区，面对空间、资金等各种资源要素匮乏的实际情况下，我们始终秉持“不以规模拼大小，而以品质论高低”理念，打造小而精，小而美，小而全的社区单元。切实围绕提升居民的生活品质为核心，以旧改为抓手，高效统筹各方资源，将未来社区、“一老一小”社区服务综合体、成长驿站、温暖驿站、污水零直排等项目进行整合，做到项目统一谋划，方案一并设计，建设一体化推进，资金整合使用，实现综合集成改一次。本次安居苑改造中，我们重点针对小区老年人群多的特点，积极盘活四层闲置国有资产，增补了30平方米的老年就餐点和60平方米的老年活动室，同时适当扩建门卫增设了40平方米的居民邻里驿站，切实增补安居苑小区公共配套的空白，并辐射服务了周边5个小区1000余户居民，让“多条线资源”变“一股绳合力”，让资金投入发挥最大绩效。

（2）党建统领，齐心协力解难题

老旧小区改造涉及面广，与居民生活密切相关。改造工作不仅是一项建设工作，更是一项基层组织动员工作，需要发动居民共同谋划、共同评价、共同管理。为更好激发居民的主动性和参与性，变“要我改”为“我要改”，桐君街道坚持旧改工作推进到哪里，党组织就建在哪里，党建工作就开展到哪里。由街道村建办、康乐社区、网格业委会、居民代表组成的“旧改临时党支部”，把支部建在项目上，切实发挥基层党建对旧改工作的引领、支撑和推动作用（图4-80）。临时党支部牵头动员居民齐心协力参与旧改全过程，定期召开支部会议，收集居民需求，解答居民疑问，监督施工质量，确保项目推进平稳有序。项目开工以来收到居民线上信访投诉仅5件，处置满意率达100%。

图4-80　安居苑成立老旧小区改造临时党支部

（3）清单统管，高效推进更有序

一张“需求清单”，理出需求最大同心圆。依照旧改的技术导则，并紧紧围绕困扰居民的难点、痛点问题作为改造的核心内容，坚持“群众缺什么补什么，盼什么谋什么”，通过书面征求、居民议事、方案公示等多个形式进行意见征求和专题研讨，收回书面征求意见1000多份，最广泛收集民意。随后由临时党支部围绕改造资金、问题急迫性、普遍性、质效性进行梳理和引导，把繁杂的需求统一到合理的改造目标上，切实理清改造的实际共性问题清单，让有限资金能够集中解决居民的核心共性问题。

一张“诉求清单”，事事回应居民诉求。旧改项目改造内容多，时间跨度长，在改造过程中必然会给居民的生活带来短时的影响。居民需求也会随着项目推进不断产生动态变化。积极发挥临时党支部作用，通过经常性的入户走访，面对面地倾听诉求，将居民产生的问题汇总成一张“诉求清单”。通过居民“下单”，临时党支部“接单”，街道、社区、旧改临时党支部和施工方“四方协同办单”的工作模式，把沟通点前移到小区里，现场收集诉求解答疑问，实现“闭环式”快速精准服务。通过这个模式线下解决居民诉求168件，实现矛盾不上交的同时，也让一直以来的“旧改”施工单位和居民这对欢喜冤家变成了“和谐邻里”，群策群力共同推进小区品质提升。

一张“评议清单”，强化监督放心交付。旧改项目改造成功与否不仅是工程验收的文件，更应是居民发自内心竖起的大拇指。在旧改过程中，关键材料向居民公开晾晒，关键设计听取居民意见建议，关键节点请居民参与验收，形成居民“评议清单”，全过程接受居民监督，注重居民感官体验，提升旧改质效（图4-81）。

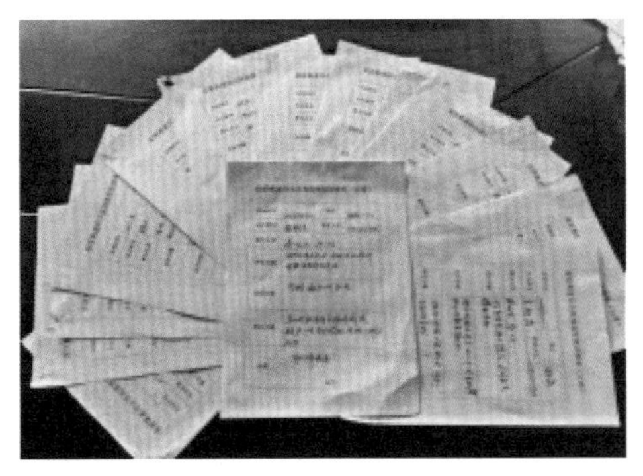

图4-81 安居苑开展“居民议事”，问计于民

桐君街道通过“三统”模式，在老城空间、资金有限的情况下，统筹各项资金，花小钱办大事，围绕小区居民老龄化特点，重点增补“一老一小”服务场景，集成打造出社区服务综合体，并辐射周边5个小区1000余户居民。让旧改这一民生项目切实成为居民可参与、可触摸、可感受的民心工程，有效增强居民的

获得感和幸福感。

17. 上城区闸口电厂二宿舍老旧小区改造项目

闸口电厂二宿舍位于杭州市上城区虎玉路29号，是原闸口发电厂的职工宿舍小区，占地面积18.75亩，总建筑面积9253.6平方米。小区内共有184户530人，以老年人为主，其中有约60户出租。小区内共有8幢住宅，其中1幢、2幢、3幢和5幢为20世纪50年代建造，整体布局为阵列式，每幢建筑为二层，仿苏式设计风格，外墙为清水砖墙，内部格局依然保留着木楼梯等原有状态，这些建筑是当时为了在杭驻点的外国专家提供生活住处而建，目前，已经被列入杭州第六批历史建筑保护名单，还列入杭州市工业遗产保护名录中。

闸口发电厂虽然已经于1999年拆除，但居民作为发电厂员工，对小区有着非常深厚的感情，然而改造前的小区存在的问题也比较多，消防安防设施缺乏，居民公共活动空间严重不足，作为无物业小区，车乱停、衣乱晒、线乱拉、菜乱种的现象较多，小区环境十分杂乱。此前小区经历过外墙粉刷、道路白改黑等更新，但是对居民居住环境改善依然十分有限。

2019年8月，闸口电厂二宿舍微更新项目启动，始终坚持居民作主的原则，改不改、改什么、怎么改，都由老百姓自己来决定。同时其内部存在历史保护建筑，方案不仅需经过审批，充分还原建筑风貌，还要在保护的前提下最大限度改善居民生活。其改造成效对于位于历史街区或者历史建筑的居住区更新具有较大的借鉴意义。

闸口电厂二宿舍微更新项目，始终秉承一个理念，就是“人民对美好生活的向往，就是我们的奋斗目标”，始终坚持一个原则，就是由居民决定的原则。改不改、改什么、怎么改，都由老百姓自己来决定。一是“改不改”，老百姓呼声强烈，还亲笔写信建议，所以决定改。二是“改什么”，按照上级文件指示，明确“规定动作”，结合小区实际和居民意愿拟定“自选动作”，全面提升服务功能、补齐配套短板、优化居住环境、体现小区特色。三是“怎么改”，根据居民意见，综合排摸小区整体情况，闸口电厂二宿舍微更新项目最终确定了四大工程。

（1）延续历史文脉，还原建筑风貌

微更新把追寻历史记忆，保护历史建筑作为基本原则，改造中通过留存老物件、保护老建筑，同时又进行了墙面清理、屋顶整修、门窗修缮、强弱电线“上改下”和楼道内部线路清理调整，充分还原了建筑原有风貌。

同时，为了更好地保留居民对闸口电厂的记忆，改造中设计了闸口电厂大事记主题墙，以时间轴的形式展现了一张张有故事的老照片（图4-82）。

图4-82 闸口电厂大事记主题墙

4幢历保建筑的砖块上，能看到各种不同的落款，由于砖块烧制时间不同，颜色差异较大。这次改造涉及方案中，宿舍将突出两个主色调：灰色和砖红，以契合苏氏建筑风格，灰色作为大面积的色块，主要体现在墙体粉刷上，通过全小区粉刷，既解决墙面渗水问题，也统一视觉色调，砖红作为小面积的点缀，主要出现于空调架、晾衣架、防盗窗等外立面配件设计上，以及窗棂木格、小区门头等细节之处，与灰色形成明暗对比（图4-83）。

图4-83 改造后的闸口电厂二宿舍建筑风貌

（2）关注百姓生活，提升基础设施

在提升消防安全方面，一是对小区内部分遮挡光线的大树树枝进行修剪，保证消防车通行净空高度，同时改善林下休憩空间；二是按标准设置消防车道、4个消火栓，保证消防道路通畅、消防水源充足；三是在楼道、物业管理用房等公共部位和场所增设18处烟感报警器，配置消防器材，保证应急灭火器材配备齐全；四是建电瓶车智能充电桩，确保充电安全（图4-84）。

图4-84　闸口电厂二宿舍改造后的电瓶车智能充电桩

在小区安防设施建设方面，提前部署规划，安装车辆人员出入识别系统，对进出小区的车辆和人员进行动态识别和管理。引入智慧小区安防系统，在小区范围内安装了40余个摄像头，接入公安平台和智慧南星平台，提升小区安防等级。此外，引入准物业，配备专职保安、翻新小区围墙，全面提升小区安全指数。

（3）满足居民需求，优化公共空间

电厂二宿舍整个小区的公共空间较为分散，通过座谈会等形式全面了解居民需求后，对小区内的公共空间进行了“1+3+4”的整体规划，除停车位、集中晾晒场地以外，打造一处中心公园、三处口袋公园、四处邻里空间，根据居民需求配备晾衣架、长条凳、体育健身设施等，让居民有更多的休闲活动空间、互动交流空间，增进和谐邻里关系（图4-85）。另外，完善小区照明系统，补齐路灯、景观灯，打造一个明亮干净、绿意盎然的小区环境。在口袋文化空间处，通过宣传栏等形式，增加对闸口电厂文化的宣传，一方面是体现小区文化特色，另一方面也是希望居民通过共同回顾历史来增进共识，增强凝聚力。

（4）聚焦难点问题，完善内部路网

小区之前没有划线车位，乱停车现象非常严重，不仅破坏整体环境，而且有消防安全隐患。经过全面的调研，了解到小区居民车辆大约有50辆。在这次微更新项目中，对小区的主干道路进行全面清理，对部分路面进行维修、拓宽，设计一条单循环行车路线，并在沿线充分利用边边角角挖掘近50个车位，基本可以满足居民停车需求。另外，同步实施雨污分流工程，避免重复施工埋管。改造完成后，整个小区内部道路，外环是车辆单向行驶空间，内环是人流慢行空间，基本实现人车分流，重点保障小区内老人、儿童出行安全。

图4-85 闸口电厂二宿舍改造后的公共空间

老旧小区“微更新”综合整治工作中，上城区南星街道将始终坚持“人民对美好生活的向往就是我们的奋斗目标”这一理念，认真贯彻落实区委区政府的有关要求，结合未来社区理念和服务提升，努力打造有完善设施、有整洁环境、有配套服务、有长效管理、有特色文化、有和谐关系的“六有”小区，使市民群众的获得感、幸福感、安全感明显增强。

18. 滨江区白鹤苑老旧小区改造项目

杭州市滨江区西兴街道白马湖小区白鹤苑，位于江虹南路以东、冠山路以南、江晖南路以西、白马湖路以北，其中地上高层6幢，地上多层12幢，共有住户670户，总建筑面积10.3万平方米。

由于建成时间早，许多基础设施及建筑外在形式已经不能满足居民的需求和城市发展的需要，例如空间利用率不高等事项已经对居民停车等日常生活造成很大的影响。2021年1月8日开始整治工作，历时10个月，于2021年11月7日竣工。整体整治改造过程中，通过对小区居住环境、建筑内部公共区域、建筑外立面、停车增量、居民出行等方面进行提升，真正成为“六有”幸福宜居小区（图4-86）。

（1）整治外立面，提升居住舒适度

为彻底解决屋顶、居民家中的漏水和渗水问题，结合施工图纸、物业提供的统计数据和居民代表的意见等方式，严格按照施工工艺对建筑立面和屋面进行施工，还建筑干净整齐的面貌。

图4-86　改造后的白鹤苑

同时，小区高层、多层住宅楼道内普遍存在墙面破损、涂料起皮脱落和飞线等问题，在街道协调和各营运商的配合下，通过楼道内增设金属桥架、整理废弃管线和线箱、更换线箱箱盖等措施，解决管线凌乱、线箱破旧等问题。通过对墙面、顶面原涂料进行铲除和重新粉刷施工，对破损楼道踏步进行修复、电梯厅改造、楼道声控灯提升等，为居民营造一个更为明亮、整洁和舒适的氛围，提高了居民居住舒适度及满意度（图4-87、图4-88）。

图4-87　白鹤苑外立面改造前后对比

图4-88　白鹤苑屋顶改造前后对比

（2）破题年久失修，多维面提供居民出行便利

为解决自行车库墙面渗水潮湿问题和坡道入口倒灌水易滑、灯光昏暗、设备年久失修等问题，采用自行车库排水设施、通风系统、灯光照明、墙面粉刷和环氧地坪等措施进行改造和提升。在为居民提供安全、明亮的出行环境的同时，在小区主出入口和北西门出入口增设人行通道，同时在小区门头进行装饰和增加灯光照明效果，配合小区安防施工，增设监控设备、各类道闸，便于对进出小区的车辆和行人管理实现人车分流。不仅便于整个小区物业管理，也为居民不同方式的出行提供了便捷路径及方案（图4-89）。

图4-89　改造后的小区北门

同时通过优化小区景观绿化，增设游步道、休憩平台、塑胶场地、健身器材等，为居民营造一个更为温馨、健康和舒适的生活、居住氛围，给居民的休闲生活提供更多的选择（图4-90）。

图4-90　改造后的小区公共活动休闲空间

（3）破解停车难，因地制宜进行停车增量

此前白马湖小区白鹤苑的219个停车位，远远不能满足住户需求，每天停车都要靠“抢”。小区空间利用率不高、“一位难求”的状况成为小区的痛点。为了对小区原有空间进行整饬、释放与重塑，通过对居民停车需求挖潜拓展、增加车位供给，白马湖小区白鹤苑因地制宜，在属地街道、社区的密切配合下，通过调查问卷，收集改造建议，完善改造方案，对小区原有空间进行整饬、释放与重塑，通过对居民停车需求挖潜拓展、“见缝插针”“可用尽用”进行提升改造。通过拆除违建、破除围墙、空间腾挪等方式，对曾经的淤泥沼泽地进行外拓，拓展成为新的停车场。此项措施实施后，新建5片地面停车场、修缮4片地面停车场，小区停车配比从1：0.33提升到1：1.15[①]，新增小区地面停车位550个，总停车位达到769个，推动“一位难求”向“有位有序”转变，使居民有了更多的获得感、幸福感和安全感（图4-91）。

与此同时，由于小区出租外来人口较多，电动自行车停放也成为很大的问题。在街道和社区、居民代表、各楼道长的共同努力下，结合现状利用每幢房屋周边增设的非机动车充电棚，对原有非机动车充电棚翻新处理，电动车有序排放和充电，为居民带来了安全和方便（图4-92）。同时小区也在落实电动车充电桩安装工作，分批推进，未来小区会给居民生活提供更多的便利。

① 单位配比指的是小区的“业主总户数”和“车位总户数”之间的比例。

图4-91 白鹤苑停车场改造后

图4-92 改造后的白鹤苑非机动车充电棚

19. 上城区小营巷社区老旧小区改造项目

小营巷社区位于杭州市上城区小营街道，改造面积24.7公顷，包含银枪新村、马市街、永宁院、皮市巷、龙华巷、大小塔儿巷、清吟街等多个小区，共55

幢居民建筑，总建筑面积16万平方米，涉及居民2700余户6900多人。

1922年全省第一个党小组在这里成立，红色基因就此根植。小营巷历史悠久、人文荟萃，内有毛主席视察小营巷纪念馆、钱学森故居、中共杭州小组纪念馆、全国爱国卫生运动纪念馆、红巷生活馆等，并有民国时期杭州著名实业家胡迪生家族的聚集地——胡宅旧址、小营民居、杭州老科技工作者之家等历史建筑及小营巷、方谷园、银枪班巷等老杭州的坊巷散布其间，呈现一派粉墙黛瓦的“江南小巷”建筑风貌。

小营巷作为党史教育基地、青少年爱国教育基地、国家AAA级景区，每年游客量超过20万人次。居住人群方面，这里有100岁以上老人15位，90岁以上的22位，70～80岁600多人。60岁以上占比50%以上。改造范围内的55幢居民建筑多为企事业单位自建房，不像现在的商业楼盘，当年多头的建设主体，建设年代不一，最早的一栋马市街17号建于20世纪60年代，空间形态多样，建筑功能不齐等。可以说小营巷社区是杭州市条件最复杂、人群老龄化最严重、空间最密集、各界最关注的老旧小区之一，几乎汇聚了老旧小区改造的通病。

项目改造主动衔接小营街道有机更新概念规划中对本社区的“特色提升型”定位，在健身休闲、停车设施、口袋公园、便民服务、风貌提升、文化特色方面进行系统提升，并将“泛博物游线”的红色主题充分落实展现出来（图4-93）。

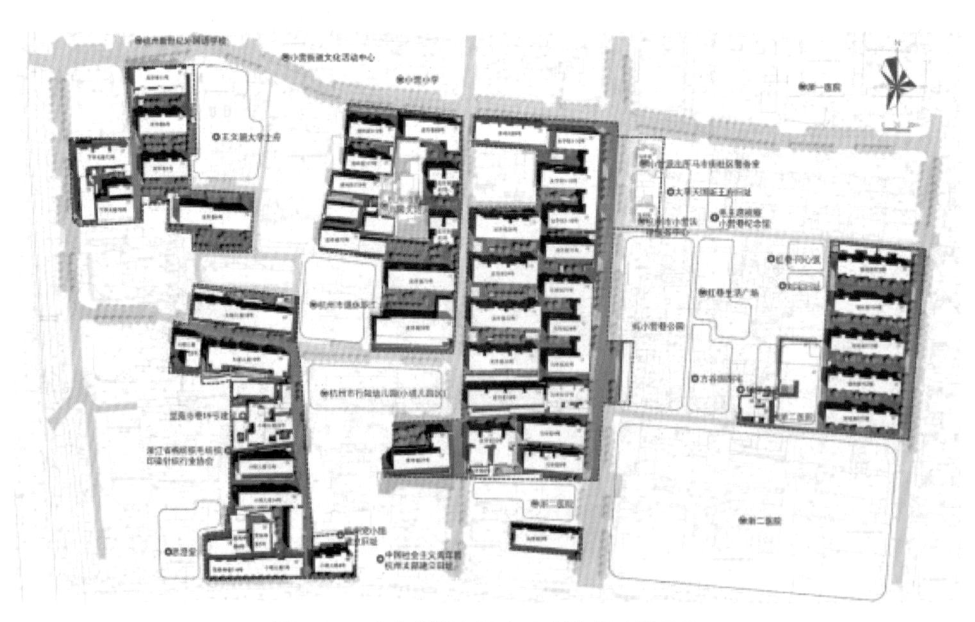

图4-93　小营街道老旧小区改造项目总平面

（1）全项整治，全程服务

项目经过三轮扎实的现场调研和近三百份问卷调查，充分系统地对场地小区的现状交通、建筑、景观、公共配套和社区服务等问题进行了梳理。在仔细勘察和研究后对场地进行微更新改造规划设计，采用存量空间的挖潜与盘活、交通系统的梳理与重构、建筑立面的修补与整治、绿化海绵的梳理与优化、文化元素的挖掘与传达、配套设施的更新与完善等多元策略，形成“房、景、车、配、管”五大系统的更新。

空间方面，挖潜与盘活。利用边角空地、闲置院落与用房等建设不同人群的活动场所；增加座椅、廊架、健身器材等设施，创造小微活力空间（图4-94）。

图4-94 小营巷社区改造增加休闲健身设施

交通方面，梳理与重构，打通交通微循环，打开心墙、拆除围墙，释放更多空间，使该片区形成一个整体，停车统一管理，限制共享单车进入，小区更有序（图4-95）。

图4-95 小营巷社区改造后有序停车

建筑方面，修补与整治。修补渗漏、立面刷新，将空调机罩、雨棚、沿街商铺店招等进行统一规范，与周边环境相协调（图4-96）。

绿化方面，梳理与优化。尽量保留原有树木，适当修剪；结合景观、休憩以及后期管理的需求，提升绿化效果，同时积极融入海绵城市理念。

文化方面，挖掘与传达。围绕红色文化与传统坊巷，以“时间脉搏、红色拾遗”为设计概念，形成社区标识，在触碰红色记忆的同时，感受文化的传播和小营巷红色精神的传承。同时，用小营巷社区微更新的实际过程展示街道、社区在基层治理能力方面的不断探索和创新。

配套方面，改善基础设施，完善便民设施，优化服务设施，以及改造智慧安防设施。

图4-96　永宁院门头改造前后对比

（2）开放协商，高效推进

项目推进管控上多元协同，突出共建共享。多层次、多方式收集民意，及时优化方案，突出共建共享理念，强化全过程管理，形成“政府主导、社区协同、公众参与”的长效管理模式。

改造设计坚持以居民为主导，项目超过90%的更新内容来自居民的意见，另外10%是设计单位的锦上添花。通过街道、社区、设计、施工等多方的共创、共建、共享，形成了良性互动和有效沟通，构建社区居民的美好生活圈。

（3）人本关怀，烟火气息

本次改造从“微更新”角度切入，以一系列小改造、小更新重新焕发旧社区的活力，结合各类休闲、健身、服务等设施的更新，整体形成“一脉、两带、四坊、八巷、多园”的微更新结构，将获得感、归属感、烟火气贯穿在整个改造过程，切实改善周边居民的生活。

比如永宁院节点，垃圾房堵在门口比较压抑，垃圾桶占用道路空间，冲洗搬运时污水横流。第一稿方案设计采用“楼间花园＋下沉式垃圾桶”的方式，局部开挖后由于地下管线复杂及挖深问题无法实施；第二稿方案为局部改造垃圾房，外部仅留投放口，增加洗手、烘干等功能。进行方案公示后仍有部分居民不同意，设计进一步优化调整，最终采用多功能复合并且景观化的设计方案。门头进来后是居民每天进出的花园空间，通透轻盈的廊架将垃圾投放、垃圾分类、劳动驿站、休息交谈等功能融于一体。改变了居民对垃圾房脏、臭、绕着走的固有认知。现在这里每周都有各种类型的活动，内部增设茶水桌椅、饮水机、电视机、电动窗帘等，垃圾房成了小区网红C位，居民们亲切叫它“隔壁头·邻居”（图4-98）。

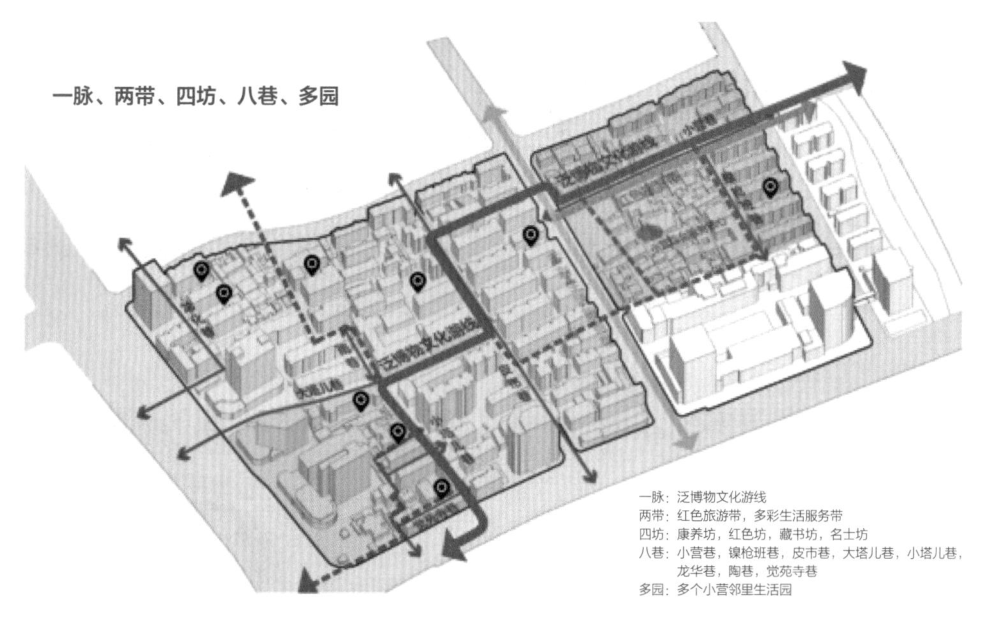

图4-97　小营巷老旧小区微更新规划结构

图4-98　永宁花园“邻居”垃圾房改造前后对比

类似的节点还有很多。比如：旧围墙改造成皮市巷的故事盒子；杂乱辅房整理成便民服务一条街；还有废弃场地变身传承爱卫精神的口袋公园；街头转角打开空间，将垃圾堆放场地变成口袋公园，增加休息空间的同时，注重植物配置，形成季相更替的风景（图4-99～图4-102）。

图4-99　皮市巷旧围墙改造前后对比

图4-100　便民服务街改造前后对比

图4-101　爱卫口袋公园改造前后对比

图4-102　街头转角空间改造前后对比

（4）立足旧改，迈向共富

旧改如何迈向共富，这里蕴含了小营人的智慧。旧改阶段，设计挖潜7处，共3000余平方米的闲置空间，全面整合改造了小区垃圾房、旧车库、仓库、闲置浴室等场所，为更新挖掘潜力、提供可能。改造深度衔接了旧改的空间腾挪和未来社区的长效运营，社区引入专业物业团队，协同社区自治开展服务，内容包括：消防安全、管理协调、园区保洁、宣传引导、应急防疫等，社区物业服务水平有了质的飞跃（图4-103、图4-104）。

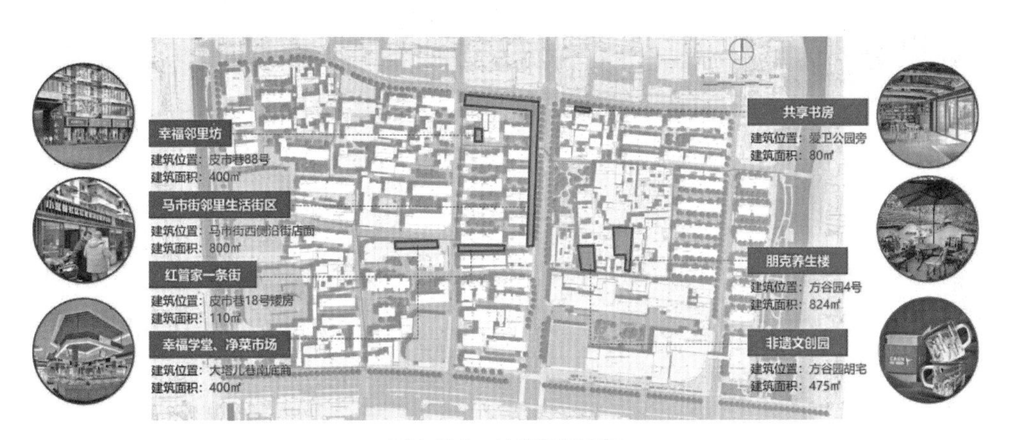

图4-103 挖潜闲置空间

图4-104 社区物业服务水平

永宁浴室的挖掘就是一个很好的例子：这里原本是民营的澡堂子，后来倒闭了，边上是城管综合执法小营中队食堂，人员整合之后也一直闲置。通过多方协调，发挥党建优势，将闲置空间“共建、公用”，共腾挪新增公共空间近1600平方米，打造成服务居民的幸福邻里坊（图4-105）。整个社区形成“以幸福邻里坊”为中心的全域化美好生活功能集群。立足景区人流量，引入社会资本运营，将其收入反哺社区物业，呼应了实现共同富裕的时代号召，蕴含了延续旧改红利的小营智慧。

图4-105　永宁浴室改建成幸福邻里坊

20. 拱墅区华丰新村老旧小区改造项目

华丰新村位于杭州市拱墅区和睦街道，始建于1967年，是百年老厂华丰造纸厂的家属生活区，现有房屋26幢，建筑主要分为三个年代：20世纪六七十年代、90年代以及2000年以后，其中涉及旧改20幢，总建筑面积77365平方米，共有居民1143户，户籍总人口3100余人。小区存在着老房年久失修、老龄化严重、硬件条件差等现象。从2008年开始，华丰新村先后经历了危旧房改造、准物业改造、养老中心打造、社区文化家园建设，以及2019年的老旧小区提升改造，才从老厂区的宿舍大院蜕变成如今的华丰模样。

华丰新村的基础条件，与很多厂区宿舍较为相似，因此其改造经验对于很多职工宿舍改造，以及具有多年代、多风格建筑的小区改造具有一定的借鉴意义。

（1）统一风格改善小区环境

2019年，华丰新村老旧小区提升改造，面积达8.2万平方米，内容涉及19个大项36个小项。此前的华丰新村由于建筑风格差异大，在本次改造中通过复古红色的外墙粉刷，形成了具有华丰记忆的“红工房”色彩元素，统一了建筑风貌，提高了小区的辨识度。

此外，对于小区的基础设施和环境也进行了大面积改善，使得小区配套分布更合理。除了对雨污管网进行提升整治，对外立面进行了一场“保笼革命”，拆除了凸保笼，还原了原有建筑风貌，还对道路全域修缮，铺设沥青路面，并预留了一批孝心车位和残疾人车位。此外，改造还将原有监控线路全部升级接入治安监控网络，实行全域监控，对全域天然气管道进行更换，并通过整合既有的设施，全面整理边角地和碎片地，增加了公共服务和活动空间。

（2）老物件书写百年奋斗史

此前，在华丰造纸厂搬迁之际，华丰在社区文化家园内建设了一座老华丰造纸厂记忆展示中心——“华丰记忆”故事展陈厅，将百年华丰历史故事通过一张张照片挂置于红砖墙上，展示在居民眼前，在环境提升中留住大厂记忆，在记忆留存中使华丰文化代代相传。本轮改造中，社区在小区大门口设置“华丰年轮”，以老照片和时间轴的形式展示华丰造纸厂的前世今生。

华丰新村为了充分体现造纸厂的工业遗存脉络，小区向居民及华丰造纸厂精心收集了华丰造纸厂的叉车、车间照明灯、纸浆泵头等老机器部件，错落有致地散落在绿化带中展览，成就了小区中一处引人注目的靓丽风景、没有围墙的“博物馆”（图4-106）。

图4-106 华丰记忆展厅和老机器部件

因为独特的历史底蕴，“华丰故事”是特色，也是温暖回忆。华丰新村的住户大多是华丰造纸厂的老职工，于他们而言，这些物件是在车间、食堂里最常见的“回忆”，蕴藏着一代又一代的美好记忆。社区党委还向居民群众征集老物件、老故事进行展示，为他们留住“乡愁”。

在长效管理方面，2020年起，华丰社区选派部分政治素质好、综合能力强的社工作为小区专员，统筹居民自管会和物业等力量，做好服务群众工作。通过公开电话、定时定点接待、预约上门等方式，增加小区专员和居民的情感互动、理念交流，并对居民反映的问题进行领办回复、跟踪回访等等。

改造后的华丰新村敞亮、大气，成为居民“忆美好、讲故事”的骄傲之地，也成为居民“幸福生活正当时”的美好家园（图4-107）。

图4-107　改造后的华丰新村

21. 萧山区崇化三区老旧小区改造项目

城厢街道辖区面积23平方公里，下辖35个社区，是萧山城市化的发源地，城市设施普遍老旧，2000年以前建成的老旧小区210个。其中，俊良社区崇化三区总面积约3.09万平方米，包含20幢房屋711户居民，总建筑面积5万平方米，是建于20世纪80年代末的典型老旧小区，小区基础设施陈旧、环境卫生较差、配套功能不全，居民改造愿望十分强烈。

作为2022年度杭州市城镇老旧小区改造工作典型案例之一，崇化三区（图4-108）全面实施基础类改造、全力优化完善类改造、积极补充提升类改造，通过将城市空间里的“边角余料”变成全民健身、休憩赏景的“金角银边”，高效盘活了闲置资源，提升了居民的获得感。项目采用工程总承包（EPC）招标模式，既有利于充分发挥工程总承包单位主动性、创造性，提升改造效率和特色；又能有效控制投资规模，改造效果较好，群众满意度较高，为后续类似旧改项目提供了有益借鉴。

图4-108　崇化三区改造后航拍图

（1）抓基础完善促提升，应改尽改

基础类改造方面，清理私搭乱建，累计拆违4559平方米，拆凸保笼2368个；规整地下管线，新建雨污水管3.6千米，新建强弱电管道4.1千米，更新供水管道1.8千米；全面修缮房屋，完成外立面改造5.01万平方米，屋顶平改坡8100平方米；楼道改造62个单元；有效序化公共区域，推动强弱电线杆“上改下”，实现楼道内弱电线路“四网合一”，新增电动车停车位245个，彻底解决“空中蜘蛛网”和飞线充电等问题；全力规范消防设施，按照道路拓宽、停车位优化、消防标识规整“三步走”实施，新增出入口1处，保证“生命通道”畅通（图4-109～图4-111）。

图4-109　崇化三区立面改造前后对比

图4-110　崇化三区新增小区出入口

图4-111　崇化三区道路改造前后对比

提升类改造方面，整合绿化空间，实现合理布局，点面结合整体改造提升绿化5000多平方米，其中改造提升口袋公园2处；美化片区环境，补充便民设施，更新垃圾分类设施3处，改造出入口门头4处，利用边角空地建设集中晾晒区域1处；优化空间布局，补齐功能短板，新增停车位192个，电动汽车充电桩6个，破解停车难问题，重新标识行车路线，缓解行车难问题（图4-112）。

图4-112　崇化三区口袋公园、晾晒区

完善类改造方面，新建智慧安防系统，人行、车辆道闸出入口新增各项智慧安防设备12套，增设小区监控51个，数据接入公安系统实现安防全覆盖；挖掘存量空间，新增物业管理用房，推进引入准物业管理；布局“一老一小”，增设文化长廊、健身设施、慢行步道、童趣乐园等设施（图4-113、图4-114）。

图4-113　崇化三区慢行步道改造前后对比

图4-114 崇化三区童趣乐园改造前后对比

（2）畅通议事平台，便捷反馈渠道

城厢街道俊良社区崇三区块改造中坚持倾听民意、聚焦民生。一是做好改造意愿征求。组织调查摸底，广泛听取居民意见，了解改造需求和重点，由问题清单指导设计思路，有的放矢。二是及时采纳合理建议。方案公示期间，组织居民见面会，解答疑问、采纳合理建议、优化设计方案。三是充分发挥党员桥梁作用。旧改临时党支部下沉至施工现场，组织小区党员代表、社区代表、楼道长积极参与施工监管；利用手机共享文档功能，及时汇总居民反馈问题，逐个销项处理。

（3）整体规划，“最多改一次”

城厢街道俊良社区崇三区块改造中坚持整体规划，按“最多改一次”思路，立足彻底解决疑难问题。一是整体规划地下管网。确定原雨污水管因年久无法利用后，新建雨污水管，实现污水零直排；新建强弱电管线，协同更新供水管网、局部改建燃气管网，一次性完成配套管网建设；同时，考虑透水铺装、生态停车位等海绵城市建设内容。二是提升小区整体建筑风貌。结合周边街区建筑色彩，统一小区房屋外立面，同时配建雨棚、晾衣杆等实用功能，使居民实实在在感受到改造获得感；物业入驻后，将进行长效管控，防止反弹。三是统一弱电通道，彻底解决飞线问题。创造性地在楼道内设置四合一箱替代各运营商通信箱功能，并预先安装好到居民门口的光缆，避免运营商走线不规范的同时，减少线路割接对居民造成的影响。

22. 临平区方家弄区块老旧小区改造项目

方家弄区块位于杭州市临平区临平街道工农新村社区，覆盖方家弄、月光苑、将军殿弄、木桥浜路等4个小区共11幢建筑，涉及房改房、回迁房及商品房等各类型房产，其中月光苑为高层住宅，是临平曾经的第一高楼。小区内建筑多建成于20世纪80年代末90年代初，是典型的老城区老旧小区。在改造前，小区面貌陈旧，基础配套落后，服务设施缺乏，公共空间不足，居民改造愿望十分强烈。为此，临平区临平街道坚持“以人民为中心”的发展理念，以优化城市人居环境、提高人民群众居住品质为目标，统筹推进老旧小区改造工作，努力将方家弄小区打造为功能完善、环境整洁、管理有序的品质小区。

2022年，方家弄区块启动实施老旧小区综合改造，项目总建筑面积约5.5万平方米，住户543户，总投资约7200万元，由区财政、临平街道、居民共同出资。在改造过程中，临平街道秉承“综合改一次，一次改彻底”的理念，以“三个革命”为核心，聚焦群众关心关切问题，充分吸纳居民的改造意见，以“建幸福邻里示范区，树基层治理新标杆”为原则，高标准推进片区综合改造提升，以“有温度的美好家园”为思想，完善老旧小区设施和服务功能，打造融入城市特征，体现人文关怀，响应未来趋势的完整社区，不断增强人民群众的获得感、幸福感、安全感（图4-115）。

图4-115　方家弄小区改造后实景照片

（1）“三个革命”，标本兼治是关键

临平街道创新老旧小区改造模式，以“综合改一次，一次改彻底”的理念，以“三个革命”为旧改核心，全面提升老旧小区改造效能和建设品质，不断优化民生配套服务。街道以优化建筑立面、完善设施配套、提升景观环境为改造目标，坚持“规、建、管、养、监”并重，“留、提、改、拆、建”统筹，全面推进老旧小区改造，补齐完善功能短板，消除安全隐患，改善社区环境，提升社区服务功能和品质，建立健全长效管理机制，营造良好的人居环境，积极满足人民群众对美好环境与幸福生活的新期待。

一是“环境革命”，配套设施一次完善。针对雨棚、晾衣架、空调架、太阳能集热管和保笼等“生活五小件”，按照“愿拆尽拆、成片拆除”的整治导向，全速推进“保笼革命”，共计拆除保笼7500平方米，花架3000米，雨棚2500米，太阳能热水器200余台，违章建筑360余平方米，消除建筑外立面、楼顶外加物掉落的安全隐患（图4-116）。面对“历史产物”自行车库，通过拆除1200余平方米老旧自行车库等辅助建筑，有效拓展小区空间，通过拓宽小区道路、合理规划通行线路，进一步打通小区内生命通道，满足消防、救护等应急需求。同时，在部分自行车库拆除区域预留加梯空间，小区内可加装电梯的16个单元楼，已加装14台并交付居民使用；增加休憩场所2处；停车泊位从0增加至31个；非机动车充电棚7个，可供200余辆非机动车停放，全面提升小区公共服务配套设施（图4-117）。

图4-116　建筑外立面改造前后对比

图4-117　拓展空间用于加装电梯、增加停车位

二是“楼道革命”，群众期盼一次满足。针对老旧小区强弱电线均悬挂在建筑外墙上、楼道内管线“私拉乱接”等现象，联系供电公司、弱电运营商等专业单位，通过委托国网电力、电信公司实施强弱电线“上改下”工作，并结合现有大功率电器的增多，入户线容量不够的情况，将现状电力表后线统一更换，同时将现状凌乱的弱电线统一更换为“三网合一”形式，强弱电线统一梳理进桥架；楼道内楼梯扶手、台阶经过30余年的“风雨”，已逐渐残破，改造中对楼梯扶手进行统一更换，对台阶进行修复，以满足居民的日常使用需求，使旧改工作有“面子”的同时，更有“里子”。

三是“管理革命”，科技赋能一次搭建。强化智慧安防建设，提高小区的安全性和便利性。按照“1＋3”建设标准构建安防体系，即“1个数据管理平台加人脸抓拍摄像机＋车牌识别摄像机＋点位视频监控”三类设备，提升老旧小区“人、车、物、事”的日常管理能力，以“机管代替人管，技防代替人防”，构建无死角无盲区的安全防护网，消除居民安全隐忧。通过道闸、人闸、新建小区围墙等形式，对多个开放式小区进行封闭式一体化管理，同时构建“党委领导、政府负责、民主协商、社会协同、公众参与、法治保障、科技支撑”的长效管理体系，实现“城管＋物管＋商管＋智管”四管协同。引入专业物业公司进行管理，高标准提供物业服务；优化片区城市管理、社会秩序维护等工作，完善设施运行维护机制，通过线上动态管理与线下走访巡查等方式，坚决杜绝乱搭乱建、乱堆乱放、乱扔乱倒等“六乱”现象。

（2）健全机制，长效管理是保障

街道把做实楼道党建作为撬动基层治理的支点，在旧改过程中充分发挥“民主协商”关键作用，打造“小区议事协商”典型样本，全面体现“自治、法治、德治”三治融合。

一是强化监管，确保质量。在改造中统筹做好总包单位、强电、弱电、燃气等各管线单位的协调对接，提前做好现场交底，合理安排施工计划，督促落实安全文明施工各项要求，从改造初期至结束，共召开10余次现场协调会议，在确保安全施工的同时促使各参建单位有序施工，秉承“综合挖一次”的原则，避免重复开挖。在改造过程中全程留痕管理，督促监理单位对工程材料进场、重要施工节点等进行全过程影像资料覆盖，单独建档并在小区内全天候滚动播放，接受全体业主监督管理。

二是建章立制，长效管理。通过建立社区居民委员会、业主委员会、物业管理委员会、物业服务企业等多方联动机制，搭建街道社区党员干部、业主委员会、物业管理委员会、物业服务企业、小区业主等党员成员“五位一体”的党建共建工作平台，不定期进行小区重要事务会商，协调解决小区内部管理矛盾，同时通过制定“小区居民公约”，以“草根宪法”的形式将不得新装保笼、不得违法搭建纳入其中，让小区居民相互监督、自觉遵守，切实提升老旧小区业主自我管理、物业服务水平。通过党建引领，“物居业网”融合，开展多样化物业服务活动，通过停车泊位收费、非机动车充电桩营收、物业上门服务等形式，逐步实现小区内收支平衡。

（3）立足长远，打造未来社区

以建设高水平旧改类未来社区为目标，将“三化九场景”融入老旧小区改造全过程，高标准做好方家弄老旧小区改造的谋划与推进。按照智慧安防“1+3+X”要求，全面升级小区智慧设施并在小区内设立线下服务中心；结合“浙里未来社区在线”重大应用，探索老旧小区“线上”空间，系统性开展数字小区、智慧客厅等智能模块建设，充分发挥统筹运营能力及平台管理优势，不断增强社区居民获得感、幸福感、满意度。

一是“点面”结合，全面推进小区改造。在推动旧改时，针对停车位、健身场所等配套资源不足的老旧小区顽疾痼疾，在前期踏勘及实地论证的基础上，将小区内原本相互独立的4个开放式区块进行整体围合，统筹老旧小区与所在区域之间“点”与“面”关系，破解以往老旧小区改造“重点轻面”所带来的重复建设问题，将小区空间进行全域贯通，为打造健身场所、口袋公园等公共配套资源奠定基础，做到改造工作一次全覆盖。

二是“拆改”结合，积极拓展小区空间。针对小区空间狭小、配套设施建设不足的问题，通过拆除违建、拆除老旧储藏室、改造废旧功能性用房等方式，拓展小区空间，用以打通消防通道或用于加装电梯、建设充电棚、增加停车位和休闲活动场地等。通过拆除1200余平方米储藏室，完成公共空间拓展，可加装电梯的16个单元楼道中完成14台电梯加装。以创建低碳省级试点社区为契机，在改造中进一步优化居住环境，打造小区口袋公园，实现居民“出门见绿”。

三是“上下”协同，切实改善小区面貌。一改以往老旧小区“涂脂抹粉”式的外立面改造模式，针对老旧小区居民家中自行安装保笼存在消防安全隐患、花架存在坠落伤人隐患、太阳能影响外立面改造的问题，街道率先实行“保笼革命”，完成7500余平方米保笼、200余个太阳能热水器及3000余米固定花架的拆除，做好房屋外各类“飞线”的序化工作，确保外立面改造统一（图4-118）。统筹推进污水零直排、强弱电等地下管网改造，切实解决老旧小区电力负载不够、雨天内涝等问题，并通过合理制定施工方案，实现老旧小区改造工作“最多挖一次”。

图4-118 拆除保笼、翻新外立面前后对比

23. 钱塘区北银公寓老旧小区改造项目

杭州市钱塘区美达社区北银公寓位于白杨街道4号大街，建于1995年，建造距今已有28年，小区由9幢建筑组成，总建筑面积约6.5万平方米。社区的管道、墙体、楼道等设施设备都出现了老化等现象，是所在片区较老的保障型小区之一。2021年10月，北银公寓启动改造，并获评“杭州市2022年度城镇老旧小区改造工作典型案例”（图4-119）。

图4-119 北银公寓改造前后对比

（1）增：“1+1+1”工作法推动顺利改造

针对现有问题，北银公寓小区创新采用“1+1+1”工作法，搭建1个党支部——北银“同心圆”小区党支部、1个议事平台——北银议事“家”、1个文化园——“银”领湾党群驿站，凝聚各方力量，并组建旧改意见征求、违建拆除劝导、突发情况应对、党群工程监督、旧改政策宣传等5大工作组，完成小区意见征求、凸保笼拆除等重难点线下协商问题10余个，线上答疑解惑80余个。

（2）改：明确点单式改造内容

通过“居民点单”式的服务，对1～7幢多层住宅变压器扩容、消防设施整体更新、1～7幢外立面改造、垃圾房改造以及高空抛物摄像头安装，完成屋面平改坡、墙面刷新、沥青地面提升、雨污管道更新、强弱电改造等多个重点工程，同时增加居民文化休闲场所、改善“一老一小”主题公园、提升绿化品质。

针对拆除凸保笼等居民顾虑较多的改造内容，每栋楼里的党员居民起到了引领示范作用，主动拆除并带头发起“墙面整洁靠大家”的倡议，由此，其他住户也自然加入其中，帮助快速化解矛盾。

（3）留：结合资源举办文化活动

北银公寓住户聚集了周围企业职工、高校教师，这些住户是推动下沙经济开发区快速发展的背后力量，而北银公寓也承载着许多时代记忆。为此，社区将“拆旧更新”与“文化传承”有机融合，如每逢金秋，小区主干道两侧的33棵银杏树，都会落叶纷飞，绘就一幅金黄的秋日盛景图，这也成了小区重要的文化标志与居民的情感寄托。为此，北银公寓打造银杏长廊，自改造完成后，连续两年在此举办银杏节，并面向各个年龄段持续开展形式多样的公共活动（图4-120）。

图4-120 北银公寓银杏节活动

（图片来源：美达社区）

2023年12月，在第二届银杏节上，社区老年大学舞蹈队在此表演、居民银杏主题摄影作品在这里展出，孩子和家长则用巧手将银杏叶变废为宝，做成小手工。银杏节活动还引入了便民为民、志愿者积分兑换等服务，如在“真‘杏’诚意”板块，居民可以根据自身的时间安排和特长，以“报名登记、服务类型、积分回馈、兑换激励”的方式融入社区志愿服务，用积分兑换自己所需的日用品；在晓美公益街区，居民可以根据需要免费享受理发、维修小家电、磨刀、修鞋等服务。

24. 临安区长客公司高管所宿舍老旧小区改造项目

杭州市长客公司和高管所宿舍位于临安区锦城街道锦溪区块，共5幢单位宿舍楼，小区基础环境较差、房屋状态较差，小区房屋屋顶有多处漏水，外墙也存在瓷砖脱落的隐患，同时一楼住户存在着私搭乱建的情况，还长期存在道路不畅通、空地乱使用、休闲无处去等问题。

（1）旧改和解危同步，实现一次改到位

由于长客公司高管所宿舍建造于1995年，建筑面积约2500平方米，七层砖混结构，在改造前被评为C级危房。此次改造过程中结合实际情况和现实困境，系统性设计节点改造方案，首次尝试将危房解危与旧改提升叠加，采用“危房解危专业设计团队+专业加固团队＋旧改总包单位”合作模式，使得7层加固的结构柱梁与扶壁柱成为房屋独特标识，实现了一幢破旧危房的品质蜕变，居民也不用再担心居住安全隐患问题。

在四个月工期的改造过程中，街道对该小区居民楼不仅实施了危房加固，还实施了墙面修补粉刷、空调格栅、雨棚、晾衣架更换、屋顶平改坡、排水管道雨污分流、燃气立管安装、强弱电、管网改造等专项工作，通过合理安排改造时序，切实减少重复施工对老百姓生活造成的影响。由于所在片区老旧小区均未实现天然气管道安装，经锦城街道统筹协调，与天然气公司充分对接，实现“最多改一次”，改造后居民对房屋质量以及改造进度把控均比较认可（图4-121）。

图4-121　改造后的长客公司高管所宿舍

（2）配备“1＋3＋*N*”网格力量，摸清改造需求

老旧小区改造中，社区开展专职社工“认百家门”大走访活动，组织进网格、进小区、进家庭，用心做好居民工作。在开展大走访时，做到“一记、四勤、三带”，“一记”即记好用好“小巷日记”，“四勤”即嘴勤、脑勤、手勤、脚勤，“三带”即带走情况、困难和意见，切实把民情摸上来、把群众需求搞清楚。

针对拆除私搭乱建、菜园子等问题，居民意见较大，住在一楼的个别老人认为施工进场时可能会影响居住安全，因此对于拆除彩钢棚较为犹豫。社区通过实地踏勘，确定整改方案后，等到施工队落实安全措施后再进行拆除。

（3）回收闲置空地，增加配套设施

由于小区内部缺乏停车位，小区及周边道路长期存在着乱停乱放、堵塞交通的情况。在本次改造中，充分利用了几幢宿舍楼中间的空地，通过停车位梳理和序化，增设了数十个停车位，足够小区居民使用；同时由于小区引进了智能停车设施，通过居民停车牌录入，防止外来车辆私自占用内部停车位；重新浇筑锦溪街路面沥青、铺设人行道，实现人车分流，保障道路通畅。自此，小区出行问题得到改善（图4-122）。

图4-122 长客公司高管所宿舍改造后新增的停车场和公共配套设施

小区长期缺乏“一老一小”设施建设，在本次改造中社区通过做通居民工作，将一块被居民改造为菜地的闲置用地腾空，利用零星存量空间建设口袋公园、嵌入式体育场地2160平方米，并增设儿童娱乐场所、老年活动中心、休憩亭等公共设施，并同步完善了汽车充电桩、快递寄存点等生活配套，丰富了周边文化墙，极大地改善了小区居民配套设施。

25. 西湖区东山弄社区老旧小区改造项目

灵隐街道东山弄社区，是地处西湖风景区内唯一的住宅小区，社区面积约0.8平方公里，房屋92幢、246个单元，总建筑面积30万平方米，共2703户7358人。本次改造主要涉及房屋82幢，总建筑面积18.45万平方米。

小区前期已进行部分区块美丽家园改造，未改造区块仍存在外立面破损、屋顶漏水、管线杂乱、道路交通拥堵、配套设施不足等现象，本次主要改造内容为小区绿化提升梳理、公共配套设施提升、道路交通提升，以及重点对2018年美丽家园未进行改造的东山弄仁寿山区块10幢房屋进行外立面提升、屋顶修缮、楼道翻新、弱电上改下等老旧小区提升改造。计划总投资为5000万元，由灵隐街道和杭州西湖城市建设投资集团有限公司共同实施。

（1）旧改破难，推动“环境革命”，优化居住环境

道路改造提升通行环境。东山弄社区道路基础差，部分主干道仅单车道通行，无人行道或人行道中间有路灯杆等，本次老旧小区改造将改善小区交通道路作为重点。首先通过征求居民意见，了解到现状中突出的问题主要集中于“车行难、人行难”等几个方面。随后，街道委托设计单位对停车难、行车难、人行道差、照明情况不佳等专项问题进行交通组织方案设计，通过进出分离、单向组织等方式，序化交通流线，节省出的道路空间设置路边停车带，增加了停车位。并通过修缮道路、拓宽人行道、迁改路灯等途径，提升小区整体出行体验。本次共提升道路18183米，梳理停车位300余个，增加停车位50余个，迁改路灯32盏。此外，街道及社区通过宣传活动，鼓励居民绿色出行，为了解决家门口的最后一公里出行难，针对共享单车因随意停放、管理难不能进小区问题，街道联合城管执法中队、共享单车企业设置蓝牙道钉10处、电子围栏5处，做到规范停车，解决居民出行问题。

挖掘空间打造“智慧养老”。东山弄社区老龄化严重，养老需求突出，但地处西湖边，为典型的老旧小区，房屋老旧，配套用房紧缺。在进行养老用房选址的过程中，街道多次组织社区、设计单位、相关运营单位现场踏勘。初步确定选址后，与西湖卫生院联合会商，确定对正在租赁的布丁酒店进行回收方案；主动联系主管部门、审批部门，及时结合规范进行可行性研究。同时定期召开民情民意会、方案介绍会、答疑会，及时将本次重点改造的“智慧养老”场景改造方案进行宣传，积极征求民意，最终与布丁酒店友好协商，顺利收回并进行加固。统筹建设的街道康养中心建筑面积2800余平方米，设置了居家养老服务中心、健康老人托养服务专区、长者餐厅、康复辅具租赁专区等功能，建成后能较大程度地解决东山弄社区和周边居民的“养老难”问题。

盘活空间完善生活配套。为有效解决东山弄农贸市场及周边消防安全隐患突出、环境“脏乱差”及部分空间利用率不高的问题，街道联合西湖投资集团，以“新邻里共生空间”为定位，打造“东山弄网红菜场”，旨在通过自然能量与都市精彩的融合，创造一个富有生机和活力的社区环境，为社区居民提供更加美好、舒适的生活体验（图4-123）。同时，通过土地置换的方式，将原浙江省旅培中心改建为社区学校，建成后在满足生活配套的同时，将对东山弄居民开放200余个停车位，届时将进一步解决居民停车问题。

图4-123 东山弄社区出入口改造前后对比

（2）修旧立新，实施“楼道革命”，提升居住品质

一是修缮房屋及单元楼道。东山弄社区多为20世纪80年代末90年代初住宅，房屋外立面破损严重，屋顶漏水，墙面管线杂乱，周边环境欠佳。本次计划改造前，社区多次上门征求居民意见，针对本小区改造问题，召开居民代表会、楼组长会、楼栋小组会等10余场，收集并解决各类旧改问题110余个。成立临时党支部，在社区小广场设立临时党支部为民服务台，现场解决居民问题，确保各项改造改到实处。本次提升包含房屋立面27768平方米，修缮屋面及檐沟6156平方米，楼道10672平方米，拆除凸保笼7072平方米，梳理管线68000米（图4-124）。

图4-124 东山弄社区建筑立面改造前后对比

二是推动老旧房屋加装电梯（图4-125）。街道搭建平台，组织设计单位和住户当面沟通协调。面对加装过程中遇到的不同声音，一方面，街道邀请意见双方进行当面沟通，寻找问题突破口，协调推进工作中遇到的困难和矛盾点；另一方面，充分发挥楼道退休老同志、热心居民作用，通过共商共议，获得居民更多的了解和理解，构建起民情民意沟通的有效平台。针对意见难统一问题，主动召开社区协调会、街道听证会，加强协调。

图4-125　东山弄社区加装电梯

（3）运营长效，引领“管理革命”，打造情暖东山

邻里和睦幸福东山。以线下活动、线上运营的方式实现旧社群扩张、新社群孵化，同时借助邻里积分机制来促进社群的顺畅运作，成为连接社区运营和社区治理的纽带。通过多样社区活动，激活线下服务空间。联动周边优质文化、教育、旅游资源，共建和谐邻里、幸福东山。

老幼融合暖心东山。聚焦“一老一小”人群需求，营造老幼共融的友好型社区标杆。依托社区养老服务中心、托幼中心等空间基础，从社区组织到居民个体，更关注“一老一小”的特殊需求，努力营造“老幼共融”的友好型社区。

智乐医养健康东山。打造智慧医疗体系，完善线下养老服务空间。依托书香康养园、书香医养园、东山医疗等空间基础，结合灵颐管家数字生命健康管理平台，为居民提供智慧化、互联化、共享化的优质健康养老服务。

26. 上城区景芳东区老旧小区改造项目

景芳东区位于上城区四季青街道钱景社区辖区范围内，北临兴湘弄，西临钱潮路，南接景芳路，东接景运人家小区。该小区于1994年建成，共12幢48个单元840户，独立商铺43间，总建筑面积约5.12万平方米，因小区始建年代较早，具有房屋性质复杂、前期管理欠缺、外立面老旧、基础设施薄弱、违章搭建杂乱、安防设施缺乏等一系列问题，已严重影响了区域的可持续发展和城市形象，小区风貌亟待改善。

为全面解决问题，街道于2020年启动景芳东区老旧小区改造工程，并将该项目作为2021年市级民生实事项目之一，充分整合部门、社区、物业等力量，通过党建引领聚合力、精准破题加速度、优化提升促长效，于2021年9月完成项目竣工验收，实现“散乱旧”小区升级转型。

（1）建组织，打造旧改“战斗堡垒”

景芳东区改造提升项目探索“一切工作到支部”的工作思路，首次以项目为支点，通过机制的运转让多方协同贯穿旧改全过程。在“小区综合党委+小区管理委员会+物业”新三方治理架构的基础上，探索增设旧改临时党支部和居民监督小组两个临时性功能组织，形成六方协同运转机制。分阶段分项目召开临时党支部会议23次，及时把握重点、疏通堵点、破解难点，扎牢项目施工“时序网”“安全网”“长效网”，充分发挥党建引领作用，实现项目临时党支部对各个子项目有效延伸覆盖，为小区“蝶变”注入强劲动力。

（2）听民声，聚焦旧改痛点堵点

居民活动场所小、居民养老需求大、绿化带侧石破损、机动车辆交会不畅、非机动车停放杂乱……这些都是与老百姓生活息息相关的问题。小区启动旧改后，社区党委邀请支部书记、支委、居民代表、设计方和施工方组成红色旧改智囊团，召开征求意见座谈会13场，对难点、堵点和痛点进行讨论和分析，参会代表多角度对旧改工程提出了有针对性的意见和建议，切实为社区把脉问诊、建言献策，更具预见性和前瞻性地注入增量元素，实现长久的“造血”功能。旧改中还吸纳小区能人加入居民监督小组，处置发现问题80余个，共同保障项目质量和进度。

针对草坪垃圾随意堆放、小区转角无人涉足、机动车无处停放等问题，探索“江河记忆，钱景未来”空间整合思路，依托未来社区建设理念，深挖小区空间潜力，利用1900余平方米闲置空地打造钱景公园，6处小型空间打造立体绿化微景观，7处废弃死角建设非机动车棚，空白场地新增32个机动车位，合理拓展生活空间，提升空间利用率（图4-126）。

图4-126 景芳东区活化利用废弃死角增设非机动车棚

融入多元素人文设计，合理布局打造口袋公园，减少不合理且缺少阳光的绿化带，增加小区道路面积并解决停车难问题，使居民真正能够享受其中，“口袋公园”开辟风雨连廊，安放休闲座椅，安装运动器材，将休闲、娱乐、健身融为一体。小区内增设高空抛物监控摄像头58个，一楼区域安装防爬刺，接入信息化网格管理体系，实现安全触发1分钟内预警的智能化安防（图4-127）。截至目前，高空抛物、翻墙入室等安全问题零发生。

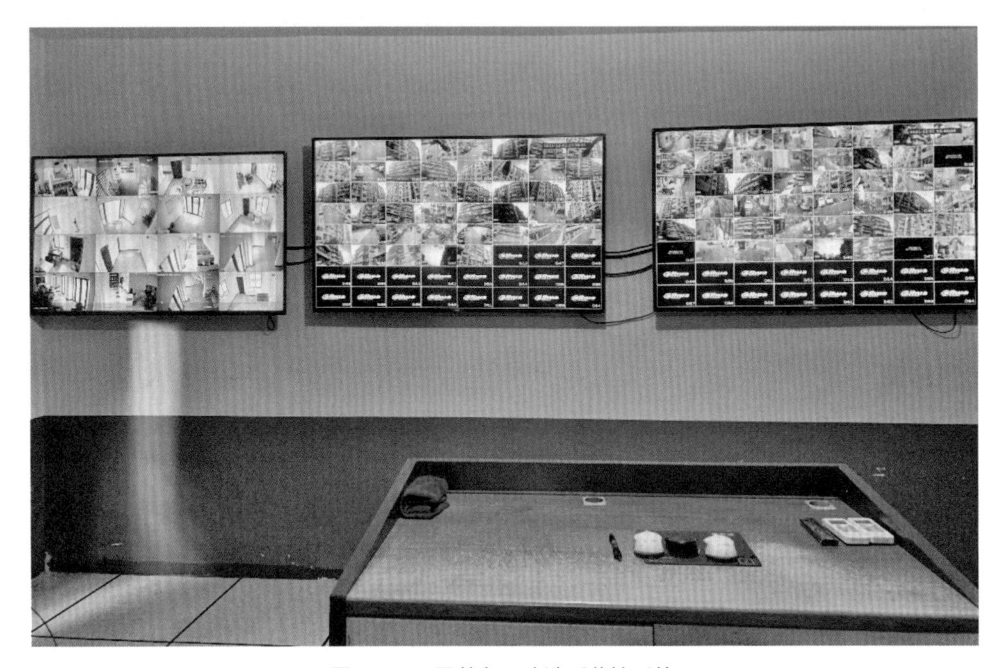

图4-127 景芳东区改造后监控系统

（3）策群力，打造养老生活共同体

搭建红色朋友圈，从老百姓需求出发，合力解决小区“空白点”。坚持“党建引领、社区养老、社会保障、普惠共享”服务理念，构建以人为本、数智赋能、生态联营的规划理念，深挖小区内外空间潜力，利用1900余平方米闲置空地打造钱景公园，将原先三不管的垃圾角区域改建成绿树成荫的公园，为居民特别是老年朋友增加公共活动区域，并增设健身器材等设备。利用小型空间打造立体绿化微景观，利用废弃死角建设非机动车棚，促进土地集约利用，优化小区整体环境。同时，将原先污水横流、环境脏乱的三新路（景芳东区段）摊贩一条街改造为四季怡和康养驿站，引进专业社会组织夕阳红居家养老服务中心进行运营，积极推进医养融合、康护结合、文娱聚合的服务模式，实现信息互联、数智管理、健康呵护、人居安康等功能，打造怡养、怡康、怡学、怡乐、怡享的“幸福养老一条街”。

针对景芳东区老年人占比35%的情况，引入区夕阳红居家养老服务中心专业化运营、杭州市红十字会医院每周中医义诊、“一名党员一幢楼”先锋岗上门送餐等服务，融合智慧医护、健康管理、红色党建、暖心公益等八大项目，构建医养融合、康护结合、文娱聚合新型养老服务模式，打造“幸福养老一条街”（图4-128）。目前已入驻惠民超市、老年食堂、理发店等商家7家，惠及老年人2000余人次，形成老“友”所依、幸福钱景新生活共同体。

图4-128 景芳东区“幸福养老一条街”改造前后对比

27. 拱墅区清远里老旧小区改造项目

清远里小区位于拱墅区武林街道东部，建造于20世纪90年代，总体呈整体块状区域，是仙林社区唯一建造于2000年以前的老小区。改造前，该小区立面破旧、配套不足、环境脏乱，还存在停车难、环境差、隐患多等问题，影响小区的居住环境，与繁华的武林商圈极不相称，多年来社会各界要求改造的呼声强烈。

2021年，在深入推进党史学习教育和践行“民呼我为”主题活动中，武林街道以“六有”宜居社区建设为目标，全面深入推进清远里小区综合提升改造工程。本次改造涉及12幢居民住宅楼，建筑面积约3.61万平方米，惠及居民家庭473户，总投资约1440万元，于7月上旬进场施工。围绕立面整治、加装电梯、停车扩容、绿化彩化、环境美化、智能管理、文化挖潜等“$10+X$”改造模式，重塑小区门头、翻新紫藤廊架、新建清远公园，进一步补齐功能短板，让老百姓居住更舒适、生活更美好（图4-129）。

（1）以“商”促“管”，民主协商推进小区改造

一是“落实四问，保障四权”。街道坚持强化以人民为中心的发展思想，严格落实双“2/3改造原则”，围绕“改不改”“改什么”“怎么改”等重大问题，广泛收集民意、汇聚民智、凝聚民心，提升群众参与率、满意度。

二是“居民参与，实现共建”。街道秉持民主促民生的理念，邀请一些“威信高、懂工程”的热心居民来当旧改工程的“监督员”“检验员”，以居民视角监督管理旧改项目推进，切实增强老百姓的获得感。

图4-129 清远里改造前后对比

三是“集体决策，民生所向”。街道领导高度重视清远里小区旧改工程，街道党工委唐国宏书记挂帅督办，街道领导班子3次通过班子会议听取方案汇报，改造方案集体决策，提出了文化挖掘、停车扩容、智能管理等一系列优化建议，确保方案可实施、有亮点。开工以后，街道主要领导多次赶赴旧改项目部，听取老百姓的意见建议，严把雨棚、防盗窗、空调格栅、涂料色板等构件样品的质量关，增强居民群众对旧改工作的认同感、获得感。

（2）以“点”带“面”，齐抓共管确保工程质量

一是齐心协力绘蓝图。强化设计引领，坚持“10+X”工作法，落实最多改一次，一次改到位。对设计单位严格把关，采用设计方案比选的形式，选择最优设计单位，保证设计效果。对设计方案反复论证，通过领导班子会、居民议事会广泛听取意见建议，齐心协力绘蓝图，保证改造方案接地气、顺民意。

二是配足力量建专班。街道第一时间成立“老旧小区综合改造提升”工作专班，由街道办事处主任担任旧改办主任，办事处副主任担任旧改办副主任，各科室队所加强联动、各司其职、各尽其责，建立起一支“思想统一、业务精通、担当作为”的武林旧改工作者队伍。落实“日巡查”“周例会”，提问题、找差距、解难题，对施工安全、进度、质量等进行总结讲评，保障旧改工程有序推进。

三是严格监管保质量。老旧小区改造是居民家门口的民心工程，涉及老百姓的切身利益，关注度非常高。街道在项目管理上始终高标准、严要求。一方面，严把材料进场关口，实行监理、跟踪审计双重监管，对进场材料严把质量关，杜绝劣质材料用到旧改项目上。另一方面，强化工序工艺的管理，弘扬工匠精神，精心设计、精细施工，下足“绣花”功夫，确保改出“好品质”。

（3）以“新”焕“心”，统筹推进提升小区面貌

重点关注小区配套设施不全、管线私拉乱接、停车管理失序、屋面檐沟渗漏等问题，系统推进老旧小区综合提升改造，提升小区居住品质。

一是建筑立面“化繁为简”。拆除原有墙面废旧雨棚、保笼、晾衣架等构件，统一安装新款雨棚、晾衣架和推拉式保笼，更换单元门等。建筑立面整体刷新改造，并整合序化墙面各类管线，改造后建筑形象整齐划一，面貌焕然一新（图4-130、图4-131）。

图4-130 清远里外立面改造前后对比

图4-131 清远里单元入口改造前后对比

二是配套设施“从无到有”。一方面，街道从自身内部挖潜，对清远里党群服务中心进行提升改造，精心打造集居家养老、老年食堂、文化娱乐、学习教育为一体的服务空间，定期组织志愿服务、文化交流等活动，提升居民生活品质。另一方面，街道积极对接浙江省商务厅等单位，实现闲置房产共建共享，把西门浙江省商务厅的平房打造成便民服务中心和智安小区管理用房，进一步提升小区公共配套设施。

三是小区环境从“无章”到“有序”。清远里4幢南侧原本有一片荒地，因长期无人管理，植被密密麻麻，人也进不去，渐渐成为卫生死角，环境杂乱无章。这次老旧小区改造，街道充分听取居民的意见建议，把原本的荒地改造成了集赏花、休憩、社交等功能于一体的公共活动空间，原先的“卫生死角”成了现在居民的“私家花园”，极大提升群众幸福感和获得感，赢得了民心（图4-132、图4-133）。

图4-132　清远里幢间绿化改造前后对比

图4-133　清远里幢间道路改造前后对比

（4）以“智”谋“祉”，建管衔接提升治理水平

一是小区智慧安防全面升级。在小区三个主要出入口设置车行、人行道闸，并安装车辆识别系统、人脸识别系统等智慧化设备对人员、车辆进行管控，确保小区安全（图4-134）。针对部分楼幢，还安装了高空抛物追踪跟拍设备，提升小区综合管理硬件水平。

图4-134 清远里小区西门门头改造前后对比

（来源：《钱江晚报》）

二是改造小区交通微循环。优化小区内部交通组织，将西门出入口道路拓宽，增设两侧人行道，实现机动车双向通行，缓解路口堵塞打结顽疾，方便居民出行；将南侧水泥路面拓宽，增设停车泊位，同时保证消防通道畅通。

三是引进小区管家准物业。旧改工程竣工以后，街道引入专业物业公司，为小区提供保洁、保绿、保序等准物业综合服务，建管衔接，落实长效管理，切实提升小区管理服务水平。

（5）串“珠”成“链”，深挖提炼重拾文化脉络

一是深挖掘“清远里”“牡丹亭”“仙林寺”“焦营巷”等文化，用好原有凉亭、围墙、廊架等元素精心打造“居民议事亭”“小区文化墙”“文化景观廊”设施，引用历史典故，讲好武林故事（图4-135）。

图4-135 清远里紫藤廊架翻新前后对比

（来源：《钱江晚报》）

二是用好清远里的“清”字，结合小区内部的亭子、小品等元素，宣扬风清气正的“廉政文化”。

三是用好清远里的“远”字，结合党史教育等活动，宣扬行稳致远、源远流长的爱国主义文化，将小区文化元素串珠成链，形成文化体系，重拾文化脉络（图4-136）。

图4-136　改造后的清远公园

二、宁波市

1. 北仑区星阳片区老旧小区改造项目

星阳片区位于宁波市北仑区新碶街道，范围为东至太河、西至中河、南至恒山路、北至明州路。改造区域面积56万平方米，涵盖红梅、海棠两个社区，其中老旧住宅小区（2000年前建成小区）7个、次新住宅小区2个。星阳片区是北仑最早的建成区，不少建筑的建设年数已近30年，存在基础配套设施陈旧、整体环境落后、片区医疗、养老资源、幼儿托管等公共服务不均衡等问题，同时随着时间的推移，住宅区大多数店铺的店招和建筑外立面愈显凌乱残破、参差不齐，导致与街面风貌不够协调统一。

在本次老旧小区改造中，星阳片区以一体协同改造为依托，将传统样板区建设与片区改造、未来社区建设有机结合，实施八大整治提升行动。老旧小区改造（未来社区建设）分为两期进行，于2020年开始到2022年底全面完工。

（1）全域统筹，街区一体协同改造

一是通过科学统筹，实施连片改造。星阳片区一改以往“零敲碎打”的做法，以“小区支点、特色路径、一体化街区”为指导，打开小区“匣子”，以星阳片区整个街区为实施单元，推动基础配套一体化、公共服务一体化、社会资源一体化、景观风貌一体化建设，最大限度避免重复改造和资源浪费，实现合理规划布局（图4-137）。例如，统筹片区内公共空间资源，耗资1000万元统一配建智慧停车系统，破解公共场所乱停车、老旧小区停车位改造难等问题。

图4-137 星阳街区改造

二是盘活存量建筑，打造全域覆盖慢行系统。针对星阳片区内大多小区建成时间早，规划设计较落后，可用于新建公共服务设施的空间资源有限这一问题，北仑区探索从“用增量”到“挖存量”的路径转变，统筹整合现有资源，全面梳理区域内的行政事业单位、国有企业名下存量建筑，结合区域公共配套服务需求，对于闲置或利用率低的资产，统一规划设计，用于改建养老、托幼、医疗、社交等配套服务设施。该片区还聚焦“一老一小”人群特质，以“10分钟步行生活圈”为重点，优化儿童游乐、老人休闲、基础社会服务设施，“见缝插绿”建设绿道和口袋公园，串点成链，营造安全舒适、绿色宜游的街巷环境（图4-138）。

图4-138 星阳片区改造内容

截至目前，已成功盘活原国税大楼、原敬德学校等6处较大存量建筑，资产面积约17866平方米，成功打造“全链条”式适老化宜居街区和儿童友好型街区，实现传统风貌样板区建设，重塑社区生活圈的活力。

（2）补齐短板，建设未来社区

以公共服务中心为核心，全方位满足“一老一小”人群。建设完善的托育中心和老年活动中心，提供灵活多样的婴幼儿照护服务托位及球类棋类休闲娱乐、琴棋书画、学习交流等10余项开放式活动区域；并开设心理咨询室、图书室、健康小屋等设施，满足居民休闲、文化和健康需求（图4-139）。

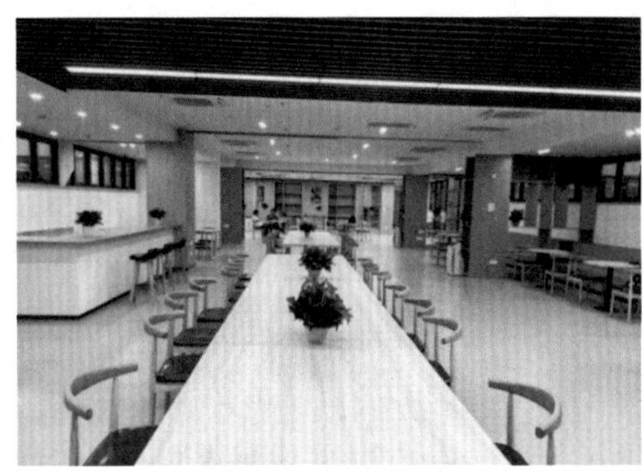

图4-139　星阳未来社区邻里中心

数字赋能“一盘棋”，全面提质。加强“141”体系在未来社区的应用场景创新，推动构建人与人、人与物、物与物之间的智慧互联和社区治理流程再造，形成更高水平的共建共治共享格局。针对高空抛物等以往“管不了”“管不好”的难题，将物业管理、智慧巡防、火灾防范等社区治理重点事项，纳入星阳智慧社区服务平台，通过打造现实与数字“孪生”社区，促进治理水平提档升级。

（3）拆改结合，增加功能植入

一是星阳片区充分利用片区内建成资源，在旧有市政基础设施的基础上更新提质。对幼儿园、菜场、影剧院、公园等进行改造，让社区居民既能延续原有生活习惯，又能享受未来社区新生活方式。原星阳菜场建于1995年，设施陈旧，在本次改造中对星阳菜场进行了全面改造，内外环境得到大幅提升，同时新增线上溯源平台和综合信息智能显示屏，已获评为宁波市首家五星级农贸市场（图4-140）；原北仑区早教中心为D级危房，对其原地拆除重建，并新增室外广场、绿化、连廊、围墙等配套设施，建成后能够开设6个班级，满足周边小区的幼儿入学需求。

图4-140 星阳菜场改造后

二是星阳片区发动社会资本，培育汇聚产业能量。探索街道社区和社会资本共同参与的经营模式，“分层服务，互补运营”，以市场化运作吸引更多社会力量参与到原有存量建筑的建设、管理和运营当中。为充分满足片区养老需求，将2处存量建筑改造成为养老服务设施，其中居家养老服务中心由社区和民营企业共同运营，满足老年人基本的社交、保健、餐饮等需求；综合性养老服务机构由社会资本建设，集24小时护理、日间照料、康复照护和社区养老服务等于一体，养老床位全部向社会老人开放，对缺乏生活自理能力的老人提供日常照护。二者互为补充，满足不同年龄、不同经济水平老人的养老需求。为鼓励企业投入建设，北仑区卫健局对民营企业制定了补助政策，让企业“进得来”“留得住”。

（4）共建共享，培育文化基因

一是明确设计主题，讲好地域故事。星阳片区是北仑区最早的建成区块，承载着北仑城市发展的记忆。因此，在改造中以“寻巷”为主题，注重平衡特色街区、文化地标的保留与更新，让居民既看得见变化，又留得住乡愁。通过对星阳片区背街小巷进行整体环境提升，结合20世纪60～70年代的风格，打造既整洁有序，又有人间烟火气息的步行街，同时也解决了背街小巷路面坑洼、墙面破损、杂物乱堆、车辆乱停等顽疾。

二是引导居民议事，树立居民意识。通过业委会、党员干部、志愿者等平台，让广大居民参与到社区共同治理中，引导业主树立“主人翁”意识。充分利用区域内群众资源，动员众多老党员、退休医生、教师等业内精英和热心志愿者们积极参与小区协作协商委员会，将小区治理模式由“被动应付”转变为“主动干预”，构建基层治理新格局，形成共建共享新风尚。

三是搭建文化场景，打造文化品牌。针对星阳片区居民对广场舞、戏曲娱乐的较高需求，改造中借助毗邻北仑影剧院的区位优势，打造“星阳有戏”文化品牌。对海晨公园进行全面改造提升，完善园区道路、灯光、绿化等配套设施，增添戏曲特色文化符号，集聚社区组团，“点亮”沿河绿轴。利用星阳片区内文化宫、城市书房、活动中心、学校等知识圈的优势资源，打造“书香社区”文化品牌。在小区改造中，从建筑、景观等环节着手，修建升级公共阅览室、景观连廊、主题墙等富有整体感的设施。在满足居民社交活动需求的同时，培育书香氛围。

2. 海曙区文昌花园老旧小区改造项目

文昌花园小区位于海曙区鼓楼街道，毗邻伏跗室永寿街历史文化街区，建成于1999年，总建筑面积4.7万平方米，共有居民264户。小区空间局促，居民以老年人居多，存在市政基础设施不完善、雨污管网未分流、部分建筑外立面破损渗漏、无障碍设施不足、适老设施不完善等问题，一定程度上影响了居住品质。街道社区在2020年启动文昌花园旧改工作进行会诊、协商和筹议，于2021年6月正式动工。

（1）因地制宜，精准对接需求

在改造工程前期阶段，为顺利推进老旧小区改造工程，文昌花园小区坚持民生导向，于2021年1月起开展“老小区怎么改，我来提一提”开放空间讨论会，鼓励居民为本小区的改造工作献计献策。社区工作人员定期将居民意见粘贴到小区墙上的“方案展示区”，一方面鼓励业主参与共建共治，另一方面，有助于居民在提建议的同时，关注他人的想法，寻求互动与共识。展示期间，共收到居民的相关意见100余件，为完善改造方案提供了群众基础（图4-141）。

图4-141　文昌花园意见展示区

为方便老年业主日常生活，通过对小区内出行不便人群进行走访调查，居民结合自身日常出行、活动等方面提出了切实需求，改造中打造了贯通小区的无障碍出行路线，新增了无障碍车位和入户单元门坡道，增加了智能道闸，大大节省了人力管理，提升了居民出行的便利性。此外，在小区地面停车位加装了5个电动汽车充电桩，每个车库都预埋了充电桩线路，解决了电动汽车充电难问题，得到了居民的一致认可（图4-142）。

图4-142 文昌花园新增公共区域无障碍坡道、扶手、无障碍停车位等无障碍及适老化设施

（2）内拓功能，提升养老品质

为提升老年住户出行安全性、便捷性，文昌花园小区在改造中新增了72个高清监控、智能门禁系统、可视对讲系统等，推动小区服务与管理的数字化、网络化和智能化。因小区面积较小，地域受限，街道统筹利用片区资源，完善周边配套养老服务，如打造了公益化运作“百岁粥坊”（图4-143），坚持为老年人和环卫工人提供早餐，截至目前，小区送出免费粥10万余份，累计筹得公益基金30万元，受到央视报道关注，持续深化“以邻为善、以邻为伴”的文昌百岁文化。

（3）整合资源，激发社区活力

改造过程中，文昌花园引入社会资本参与养老设施建设，共筹集资金260万元，联动辖区企业参与老旧小区改造，共投入109万元；引入第三方养老机构，建成嵌入式居家养老综合体，使老年居民在家门口就能享用社会化养老资源。此外，小区通过统筹历史文化街区内闲置房屋，打造了400平方米居民说事厅和老年活动处，并清理约300平方米的闲置地块，打造成一个四季常青的绿植园，为居民提供休闲场所，把居民所盼、所想回应到了家门口（图4-144）。

图4-143　文昌花园百岁粥坊公益站

图4-144　文昌花园盘活存量资源打造嵌入式居家养老综合体和绿植园

3. 江北区三和嘉园老旧小区改造项目

三和嘉园小区位于宁波市江北区庄桥街道，建成于2005年，属于安置小区，小区共有30幢建筑，86个楼道，1026户住户，小区建筑面积约9.64万平方米。该小区在2020年被列入老旧小区改造项目，改造总资金1200万元。主要改造的内容有：外墙、屋顶、楼道、楼梯扶手、照明、公安技防、门头改造、管线规整、消防取水口的增设以及智能化道闸系统的升级改造。

庄桥街道聚焦老旧小区基层治理“最后一公里”难题，以三和嘉园小区为试点，在全区首创共建共享的老旧小区“一核四治”改造机制，以党建引领为龙头的“政府导治、邻里自治、平台数治、社会协治”，通过“一件事”集成改革，打造老旧小区改造治理“四治融合”的十大场景，探索出一条社区未来治理的新路子，成功实现老旧小区全面迭代升级，先后打造了全国党代表“陈霞娜工作室”、浙江省优秀人民警察“王绍龙流动警务室”“熊阿姨议事会”等优秀社会组织，连续承办全国和全市党建引路老旧小区改造现场会、宁波市文明创建“五整顿两提升”现场会等重大型会议，成为全区乃至全市构建共建共治共享的老旧小区改造治理的典范（图4-145）。

图4-145 三和嘉园外立面改造前后对比

（1）强化党建引领，淬炼老旧小区改造治理“硬核力量”

从加强党的组织和工作覆盖入手，把“党建引领”贯穿于老旧小区改造治理的全过程，把党的组织有效嵌入业委会、物业服务企业，变“各司其职”为“组织统领”。逐步形成了以社区党委为核心，业委会、物业公司三方联动局面，实现了三驾马车齐头并进，共同发力。

社区党委核心引领作用。组织把关，选出责任心强、公正廉洁、具有一定的社会公信力和组织能力的业主进入业委会，把业委会打造成一支政治素养高、业务能力强的老旧小区改造治理队伍，并实行交叉任职机制，将业委会党员成员纳入社区党委管理，并聘请“两代表一委员”、共建单位，担任兼职党委委员，全面参与社区的具体事务决策中，形成以社区党组织为龙头，多方主体联动的党建参与模式，提炼形成了小区重大事项议事规则，小事由物业、业委会共议；大事由物业、业委会、居委会共议；难事由社区大党委协调联合各相关单位共议，强化党组织的掌控力。

党员先锋模范示范作用。积极发挥党员先锋模范作用，激励党员干部在“老旧小区改造治理”中树典型、立标杆、带整体，达到“党旗一挥、一呼百应”的效果。建立党员联系群众机制，积极发挥党员的特长为群众提供家电维修、爱心帮扶、矛盾调解处等志愿服务。

“红色业委会”支撑作用。以“红色业委会”撬动老旧小区改造治理难题，健全业委会议事和权力运行“两个规则”，进一步完善社区、业委会、物业的联席议事决策机制，按照轻重缓急原则，实行网格议事会定期开、紧急协商会临时开制度，确保民事民商和急事急办，议事会通过“345”工作法，建立了“自治+法治”的议事模式，聘请“法律小秘书”在议事过程中提供专业的法律支持。在“红色业委会”强有力的推进下，有力激活了老旧小区改造治理“基层细胞”，有效解决群众身边关键小事。

（2）坚持固本强基，激发老旧小区改造邻里自治“内生动力”

针对自治引领力不足、条块割裂严重的问题，通过提高小区居民意识，调动居民参与老旧小区改造治理的积极性，凝聚起老旧小区改造治理的合力。

邻里文化激发凝聚力。推进“文化铸魂”，促进“相识、相知、相助”，借助各类邻里活动凝聚邻里温情，依托邻里公约，做到“自己管理自己的事情”“大家的事情大家办”，增强居民“主人翁”意识，引导居民广泛参与老旧小区改造，形成三和嘉园邻里居民的家园精神文化标识。

志愿积分提升牵引力。在党员先锋示范作用下，已建立16支志愿者服务队，125名志愿者试行志愿服务积分管理办法，在老旧小区改造等方面发挥了重要作用。采取志愿积分兑换服务的模式，进一步引导了小区居民加入小区志愿中，通过集中登记、自主申报或受益人申报等方式获取积分，开展既定服务的交换和志愿者间服务的交换，使志愿活动及积分兑换成为小区居民日常生活的一种方式。

综合服务形成向心力。整合小区内闲置空间，建立邻里“一站式”综合服务中心，集合社区管理、物业服务、智慧治理、纠纷调解、邻里共享、志愿服务、文化活动等居民生活各项功能，建立邻里服务的“集合式”阵地，提升居民在老旧小区改造中的融入感，共同打造高品质生活的“和谐”家园。

（3）聚焦数字赋能，打造老旧小区改造智慧治理“超级大脑”

通过搭建“1+3+N”架构，包括一个基础数据库，涵盖居民参与、社区管理和社区服务三大功能，以及N类智慧应用场景，为社区提供智慧化管理服务信息系统，促进社区减负增效，帮助社区精准回应居民需求、快速响应公众诉求。

数字化精细管理。建立小区智能化治理中心智治枢纽站，智慧应用场景分为3类10个系统，分别是智能化人脸识别系统、电梯智慧识别系统、高空抛物监控系统、楼道信息发布系统、出租房屋“旅馆式”智慧服务、特殊人群的“急救式”智慧服务以及商铺智慧管理四个“码”上查，实现对小区全方位、立体式的监管，后台大数据库进行实时分析和预警，确保小区安全稳定，智治枢纽站也是居民智慧平台的终端中心。

智慧服务平台。将应用场景实体化，引导全民参与，通过大数据赋能社区公众账号、居民用户APP平台，以信息化手段提升居民智慧化自治水平，实现便民服务、问题反馈、信息宣传、阳光公告、投诉建议等场景的“一键参与”，切实提高居民参与小区管理的积极性、主动性、创造性。建立数字化的应用场景，居民通过智慧平台参与社区治理，在邻里中心全面植入“智慧大脑”，打通便民服务的最后一公里，形成“线上＋线下”工作闭环，智能化、人性化地解决了诸多居民生活难题。

（4）着力资源聚合，形成老旧小区改造社会协同的“源头活水”

汇聚老旧小区改造治理强大合力，有效依托致力于老旧小区改造治理的人才及社会力量，整合信息、阵地、文化、服务等各类资源，推进组织共建、资源共享、机制衔接、功能优化，下好下活“一盘棋”。

引贤聚才。引导小区内热衷于老旧小区改造的专业人才、高知分子主动参与基层社会服务，缓解老旧小区改造治理压力，有效发挥“王绍龙调解工作室”“陈霞娜党代表工作室”两大载体作用，调解工作室创新“评议员”制度，组建党员评议员队伍，借鉴“陪审员”制度，以“情、理、法”相结合开创一种众人评议的调解新模式。党代表工作室建立党员轮流接访制，及时听取群众呼声，广泛收集社情民意，提升“居委会—业委会—物业公司”在小区管理、服务中的张力。

社企联盟。共建单位、企业参与社区公益、志愿服务等行动，融入志愿积分兑换，内容涵盖家庭教育、健康诊疗、老年人关爱等内容，有效解决了原来无法满足居民个性化需求的问题，适应居民群众多层次、多样性需求，整合各方资源，形成服务合力，开展个性化、精细化服务，居民对小区治理的认同感越来越强，获得感和幸福感不断增强。

4．北仑区杜鹃小区老旧小区连片改造项目

北仑新碶街道杜鹃社区的天顺公寓、桂香楼、隆顺欣园三个小区位于横河路东侧，呈“一”字排列。三个小区均建于1995年左右，有着20多年的房龄，总建筑面积约6.8万平方米，共计22幢650户。

天顺公寓、桂香楼、隆顺欣园虽然是独立的三个小区，但是小区之间内部相互贯通且相邻，均无门禁系统，且改造前三个小区情况较为相似，居住人群以中老年为主，内部现状也趋于一致：屋面、墙面、道路破损；管网堵塞、雨污不分流；各类管线裸露，存在安全隐患；“空中蜘蛛网”杂乱；路灯、监控等基础设施破损；停车难、非机动车充电难等问题凸显，群众期盼改造提升的愿望十分强烈。

以往都是对单个小区进行改造，改造下来发现附近或相邻的小区改造后风格不一，周围公共空间没有充分利用，同时重复施工对居民也会造成影响，而且单独改造成本高。为了彻底解决这三个小区功能配套不全、设施设备陈旧、基础设施老化、环境较差等问题，达到理想的改造效果，减少扰民影响，北仑区这三个小区统一列入2020年老旧小区改造项目，并统称为“杜鹃小区”，于当年9月份启动改造（图4-146）。

图4-146　杜鹃小区片区化改造后全景

杜鹃小区这一改造经验，无论是连片规划、连片实施，还是连片管理，都为老旧城区居住区片区化改造提供了一定的借鉴意义。

（1）连片推进一体化改造提升

北仑区率先将天顺公寓、桂香楼、隆顺欣园打包成为一个项目，实施“连片改造”，打破空间分割，畅通微循环，拓展公共空间，达到共建共享的目的。这样既减少成本，又能提升改造效果，也可以把有限的空间利用好，共享资源。如今小区焕然一新，停车场、休闲空间等配套设施均实现共享。

除改造外，杜鹃小区采用“连片管理”，破解老旧小区管理难题。由于老旧小区居住环境差，缺少物业进行日常规范管理，同时小区经营性收入较少，小区物业引入较难，形成恶性循环。为更好地加强小区管理，巩固改造成果，北仑区以“连片改造”为契机，对天顺公寓、桂香楼、隆顺欣园三个小区实施统一管理，引入同一个物业服务公司进行连片维护，采用同一管理标准、同一收费标准，实现“连片、并入、托管”的管理模式，同时在形成规模效应下使得物业公司具有一定的经营性收入，继而解决了管理难以为继的问题。

（2）以人为本，共性需求和个性需求结合

改造项目涵盖三个小区，改造面积多达6.8万平方米，每个小区居民对于改造需求也有所差异，难以用统一的改造内容套用其中，比如对于垃圾房改造、停车位改造、大树剪修等改造内容，居民意见不统一。改造之初，北仑区住房和城乡建设局、街道、社区、物业、业委会，多次召开改造协调会，对改造细节进行反复讨论协商；街道、社区工作人员利用空余时间，走访居民家，听取群众意见；并在小区现场成立改造协调小组，设立办公室，让居民能够畅所欲言，表达改造建议，经过多方协调，杜鹃小区改造采用菜单式的改造内容，将三个小区的共性化需求和个性化需求相结合，同时又明确了一些较为急迫的改造内容，最终设计方案确定改造内容如屋面翻修、外立面改造、楼道粉刷、垃圾房改造、停车位增设等近20项（图4-147）。

图4-147 杜鹃小区外立面改造前后对比图

如安全问题是居民最为关心和关注的。居民普遍反映，小区管道老化，经常堵塞，一下雨积水严重，且因为小区年数久，路面凹凸不平，对于老人和小孩居多的小区，存在安全隐患。针对居民的迫切需求，区住房和城乡建设局与街道解群众之急，对杜鹃小区路面全部更新，重新浇筑。在雨污分流改造时，将三个小区71根落水管、破损的井盖全部更换，对化粪池同步维修清运，彻底解决小区污水横流、路面破损的现象。

杜鹃小区改造前大门及单元门随意进出，消防设备、小区监控等设施设备损坏、缺失，私拉电线充电现象非常普遍，安全隐患突出。改造后的小区，一切都发生显著变化，小区各出入口都安装了门禁和车辆识别系统，单元楼道门维修或更换；增设微型消防站，楼道配置干粉灭火器；高清数字监控改造；增设电瓶车充电停放处等等，消除小区各处安全隐患，居民们住得更加安心、放心、舒心。

此外，不少居民提议，原来楼道灯光较为黑暗，且存在部分损坏，老年人夜间上下楼极为不便，改造后每个楼层增设了吸顶灯，极大地方便了居民楼道出行。

（3）腾挪空间，公共配套共建共享

由于停车位改造是三个小区居民较为迫切的共性需求，但是三个小区均比较小，利用空间有限，停车位严重不足，且车辆停放无序。这次改造，通过破损、裸露绿化退让，空闲区域变大，为停车位预留了很多空间。为了充分利用好有限的空间，又尽量不影响居民出入和日常活动，三个小区业委会与社区多次沟通、协调，广泛征求居民意见，得到了居民积极参与，最终划出291个停车位，比改造前增加了近60个停车位，且三个小区居民也共同拿出一部分资金，用于停车位划线（图4-148）。

图4-148　杜鹃小区改造后新增的停车位

此外，将老年友好和儿童友好理念融入片区化改造中，推动一老一小配套落地。

5. 鄞州区丹凤新村、紫鹃小区老旧小区改造项目

位于宁波市鄞州区的丹凤新村和紫鹃小区相邻而立，分别隶属于丹凤社区和紫鹃社区，建成于20世纪90年代初，其中丹凤新村总建筑面积15.8万平方米，居民楼71栋，住户2519户，紫鹃小区总建筑面积12.2万平方米，居民楼41栋，住户1786户。两个小区60岁以上居民占比1/3，老龄化程度极高。小区内教育资源较为丰富，有李惠利高中、李惠利小学和李惠利幼儿园。

然而由于两个小区建成时间久，普遍存在市政基础设施不完善、建筑外立面破损渗漏、适老设施不完善、居家养老和托幼场所缺失等问题。

2021年，属地政府白鹤街道以共同富裕为目标，推动居民居住面貌改造和居民精神文明建设同步升级，正式启动丹凤新村、紫鹃小区艺术振兴式旧改项目。

即在实施老旧小区改造内容的基础上，以艺术介入公共空间改造提升，通过多方共创唤醒城市居民文化自觉，实现社区环境、文化、人才的振兴，绘就社区人文精神底色，成为友好和谐的大家园。“艺术振兴”激发老旧小区焕新动能，在赓续城市的记忆与情怀中引领新生活。

丹凤、紫鹃老旧小区改造内容包括：小区屋面防水改造、外立面涂料刷新、楼道内墙面涂料刷新、单元门及楼宇对讲更新、雨污水管道维修改造、道路翻新、景观绿化提升、居家养老中心升级改造等。

丹凤新村、紫鹃小区改造以艺术赋能为手段，充分挖掘群众智慧和能量，助力老旧小区环境和人文环境全面提升，在这个过程中，居民成就感逐步培养起来，并开始自发参与到社区营造中，真正实现自治。

（1）群策群力，落实改造内容

一是根据居民意愿确定改造内容。在调查中，超过80%居民都提到了屋面漏水、外立面破旧等难点问题，因此改造中对此重点整治。

二是居民参与改造方案设计。由街道、社区组织在进场前通过楼道、宣传窗、展架等形式公示设计方案初稿，广泛征求居民意见，共发放居民意见征询表万余份，并对产生的居民焦点问题进行居民议事会二次讨论。同时策划举办了“艺启想”“心声板”“创意绘”等居民议事活动8场，形成四大清单——需求清单、问题清单、资源清单和任务清单，为“艺术振兴社区”整体方案提供了出发点和落脚点。再将“艺术振兴”中的18个改善设计、解决需求的创意节点，以视频方式展现改造后的场景效果，收集各类意见建议，最终确定改造方案（图4-149）。

图4-149 丹凤新村居民的草坪议事

（来源：央广网）

甚至丹凤社区的吉祥物“丹丹”卡通人偶和“丹凤社区”Logo，也是源于居民的“众创”，设计团队和社区老中青三代居民齐聚，通过书法、绘画、黏土塑造等形式展开创想和设计。

三是组建居民志愿队伍参与改造。项目设计、施工过程中充分发动群众和社会力量参与，居民自发组建了木工组、园艺组、书画组、设计组、策划组等5支居民志愿服务团队，全程参与改造施工和后期运维管理。同时居民志愿者会定时查看工程进度，并自发对每个完工点位进行验收，向施工队与街道提出反馈建议，便于整改。

（2）整合资源，多项合一实施

一是多项目合一，提升区域品质。本次旧改中有三个工程项目同步实施，一是小区内部的李惠利小学和李惠利幼儿园周边道路实施亮化升级改造，开展“最美上学路工程”，提高道路通行安全性和美观性；二是对丹凤新村、紫鹃小区内部既有老化、存在安全隐患的燃气管道改造；三是对含丹凤新村、紫鹃小区的兴宁路沿线建筑外立面进行综合提升改造。由外到内、由点到面实现小区全方位更新提升，力争做到“最多改一次、一次就改好”（图4-150）。

图4-150　小区改造后的“最美放学路”

（来源：文明宁波）

二是多渠道出资，提升改造效率。施工进场前，与燃气、自来水、电力、通信等专营单位建立工作联系机制，由各相关企业自行出资将燃气管道、楼道水表箱体、电缆井、弱电管线等改造与旧改同步进行。例如旧改工人先将学校附近管线铺设完成，后续“最美放学路”改造时无须开挖，杜绝重复施工开挖。

（3）艺术赋能，创造多维共富

一是打造艺术空间点位群。丹凤新村、紫鹃小区共计打造15个艺术赋能社区式旧改点位，包括原先的居民休闲娱乐空间和绿化边角，串点成面，并由居民参与绿化改造，力争打造居民“五分钟休闲圈”，出门五分钟就可步行至休闲娱乐空间。点位之间也可联动呼应，例如鹃意角点位及其西南侧的雕塑空间居于社区的中央，居民提出设计修整并延长廊架区域，增加遮阳挡雨功能和竖向的景观花墙，把点位串联，丰富了空间。

如重点打造的“家门口美术馆”点位（图4-151），居民自发成立志愿者队伍，从建设阶段保障施工场地清洁卫生，到建成后的运营维护都发挥作用。街道牵线市美术馆，组织居民志愿者赴美术馆参观两次，学习管理制度，提升艺术水平。因美术馆点位的“缘”，众多社区外的艺术爱好者纷纷前来开展和交流，艺术形式也从书画拓展到剪纸、烟标收藏等。

图4-151　丹凤新村“家门口美术馆”

（来源：鄞州发布）

二是打造复合功能体。将家庭行为外化于社区公共空间，结合家庭成员及代表物的节点名称，设计打造舅舅的健身场、奶奶的茶话会、孩子们的乐园、合乐客厅等场地，激发居民社区家庭的情感共鸣，强调社区的家庭氛围感，着力打造精神共富空间。

三是开展达人“挖宝行动”。社区通过组织居民活动，挖掘了近百位社区能人。社区达人、党员代表、墙门组长、青少年、新宁波人等不同群体代表以及社区周边的居民加入各类专场访谈、专题座谈、艺术互动等活动，表达现实诉求、愿景需求和自我能力。如紫鹃小区志愿者陈红英以“我带动你，你影响他”的方式不断聚集参与点位保洁保序的居民志愿者，扩展为守护小区环境的一支团队，每日4人小组轮值担当。

如美术馆志愿者馆长陈玉麟老先生已82岁，是丹凤小区居民，同时也是一名美术爱好者，自从旧改项目启动以来，一直致力于艺术爱好者队伍的组建，从设计方案阶段屡屡提出金点子，到美术馆建成后自主运营，既吸引了专业艺术爱好者来办展，也组织了居民展览作品，甚至与学校合作成立校外基地供学生进行展览，发展出一个闭环且公益的、居民自发运营的社区艺术振兴标志性场馆。

改造后，丹凤新村、紫鹃小区被列入住房和城乡建设部老旧小区改造联系点，改造项目工程质量回头看、统筹专项改造“综合改一次”等多项做法入选住房和城乡建设部城镇老旧小区改造可复制政策清单，并两次在住房和城乡建设部视频会上交流（图4-152）。

二	强化项目管理，确保质量效果	（一）统筹专项改造“综合改一次”	2.浙江省宁波市推进雨污分流、养老、垃圾分类、智慧安防设施等使用财政资金，涉及小区的各专项工程与城镇老旧小区改造同步实施，将相关专项工程纳入城镇老旧小区改造项目的建设管理体系，建立项目立项、招标投标、开工、完工等关键环节分阶段考核机制，实行城镇老旧小区改造和专项工程建设规划、审批、设计、施工、交付“五同步”。例如：浙江省宁波市鄞州区丹凤、紫鹃小区项目谋划阶段就通盘考虑区块品质同步提升，在设计方案综合老旧小区改造、小区外道路综合整治、小区旁塘河整治、小区内小学“最美放学路”改造等专项工程实施需求，统筹开展规划设计，形成系统全面的工程实施蓝图
		（二）优化项目审批流程	1.山东省青岛市建立老旧小区改造项目联合审查机制，由辖区老旧小区改造工作牵头单位组织发展改革、财政、自然资源和规划、城市管理等部门，结合小区状况和居民需求，对改造内容、规划设计、投资概算、资金来源及物业管理情况进行审查，在《联合审查表》上一次性确认盖章后即可完成审批，压缩审批时间约 15 天。莱西市将 35 个老旧小区的供气设施改造、26 个老旧小区的供热设施改造打包立项，审批时限由 35 天减少为 2 天。 2.新疆维吾尔自治区乌鲁木齐市建立项目联合审查制度，由市级各部门对老旧小区改造项目可行性研究报告、初步设计方案进行联合审查，加快项目相关建设手续审批；对城镇老旧小区改造项目实行网上审批，3～5 日便可办完开工手续，审批时限在法定时限基础上缩减 70%
		（三）完善改造项目推进机制	1.浙江省宁波市推行项目全过程咨询管理制度，聘请专业机构作为全过程咨询服务单位，全面承担方案设计、立项审批、合同管理等各个阶段的管理工作，全过程咨询服务单位在现场派驻各类管理人员，与街道、社区定期召开工程管理例会，各参建单位、相关部门协调共商，实现老旧小区改造和专项工程政策协调、施工协作、规范执行、工序安排等方面协同有序管理。 2.河北省保定市在施工现场增设主材料展示柜、回音壁、意见箱，摆放防水、道路铺设、管线埋设等工艺模型，让居民直观地了解老旧小区改造工程标准、施工工艺、选材。建立由社区书记担任首席接诉即办师，施工负责人员、设计负责人员、监理负责人员、住房和城乡建设部门巡视员、街道监督联络员、社区监督员、党小组监督员、物业监督员、居民监督员为组成人员的“一师九员”工程监督组织

图4-152　住房和城乡建设部城镇老旧小区改造可复制政策机制清单（第七批）截图

6. 鄞州区樱花小区老旧小区改造项目

宁波市鄞州区樱花小区，地处宁波三江口核心区。小区建成交付于2000年，总建筑面积8.52万平方米，用地面积3.84万平方米，房屋27幢，居民1005户。小区内部企事业单位多，既有派出所、卫生服务站，又有小学、幼儿园、养老中心以及各类配套服务业态。小区基础设施老化，绿化参差不齐，建筑外立面破旧、漏水多，停车“老大难”，主通道存在消防安全隐患，通信线缆凌乱不堪，智能化设施落后，景观小品缺乏层次。因此，区住房和城乡建设局及街道、社区于2021年6月正式启动樱花小区老旧小区改造工程。

（1）路面拓宽，打通生命通道

樱花小区内部单位多、住户多，进出车辆多、人流多、停车难引发了一系列顽疾问题。危急关头救护车、消防车通行不畅受影响，主通道东郊路两侧密密麻麻停满车，特别是上下班、上下学时间，通勤压力十分繁重，消防安全隐患突出。居民一方面抱怨停车难，一方面又反映安全问题，各方意见十分强烈。因此，街道社区根据小区实际和居民意见，向有关部门提出拓宽东郊路主通道的改造思路。街道会同住建、城管等部门进行专题研究，本着安全是底线的原则，综合考虑樱花小区停车难、通勤压力、管线位置等实情，拟实施拓宽工作。经过设计等项目参建单位实地勘察，形成樱花小区东郊路向两侧人行道各拓宽50厘米的方案（图4-153）。

图4-153 樱花小区内部道路拓宽前后对比图

（2）翻新护栏，保障出行安全

在樱花小区43弄，由于南北河河边原先的铁质护栏经过多年的日晒雨淋，已处于锈蚀腐烂的状态，存在安全隐患，居民反映强烈。社区党委根据居民意见，与老小区改造施工方进行实地勘察，决定将原先铁质护栏全部更换为石质护栏。护栏更换之后南北河两岸环境同步得到提升，再加上原先樱花小区43弄楼道已经加装电梯，居民表示当前小区环境优美、出行方便（图4-154）。

图4-154 樱花小区护栏改造前后对比图

（3）节点可达，无障碍通行

在樱花小区80弄东侧有一条绿化带，因地处偏僻，经常成为“卫生死角”。

考虑到小区整体环境和方便居民出行等因素，社区决定将此处绿化带部分改为休闲步道，既清理了卫生死角，也避免住在“角落”的居民出行时七弯八绕。社区在征询该处绿化带周边的居民意见后，居民全部表示赞成，并指出这条步道可以为老年人和行动不便的居民提供非常大的便利。

小区居住老年人逐年增多，养老保障需求特别是对硬件设施的需求不断增加。通过老旧小区改造，将居家养老中心、樱花卫生服务站等养老配套设施完善。小区内配有小学、幼儿园，学生人流量大，结合小区改造整体方案打造了“最美放学路”（图4-155），通过后塘河上的“彩虹桥”与网红樱花公园连通。点缀后塘河边的亲水景观和平台，形成一幅老有所养、幼有所学、兼容并蓄、宜居宜业的美丽画卷。

图4-155　樱花小区打造“最美放学路”

三、温州市

1. 鹿城区新桥头住宅区老旧小区改造项目

新桥头住宅区位于广化街道广化桥路集善社区，老旧小区建于1990年，改造项目占地面积约9.8万平方米，总建筑面积约19.8万平方米，改造整治涉及真善美三个组团，涉及房屋63栋、2274户、5107人。其中70岁以上老人840人，低保户12人，占比约17%。租户约394户、廉租房约47户、空户约185户，占比达28%。在改造前，小区部分楼栋出现外立面大面积脱落现象，不仅对外观造成影响，还存在一定安全隐患。同时小区停车位紧张、公共设施与路面破损、屋面漏水严重等问题也困扰着居民。小区正式业主委员会、物业管理公司，每年每户130元卫生费都较难收取，小区管理缺失问题日益突出。

面对“疑难杂症”，鹿城区以提升居民的居住条件和生活品质为出发点和落脚点，以“党建引领”为核心，实现小区居住品质提升、环境卫生提升、配套设施提升、治理能力提升“四大提升”，助力老旧小区精彩蝶变（图4-156）。

图4-156 真善美组团外立面改造前后对比图

（1）扩充必改清单，实现应改尽改

鹿城区创新性扩充民生必选项清单，将垃圾分类、线路上改下、雨污管网整治、道路白改黑等基础改造项目纳入改造“必选项”，并由政府100%出资兜底，破解老旧小区基建“天生不足”。本次改造合计完成外立面整治13.5万平方米，车行道白改黑约2.4万平方米，人行道翻新约4000平方米，绿化修复约1.9万平方米，通信线路落地约1万米，梳理约1.1万米，绿地改造约1.9万平方米，围墙修复约2100米，并通过合理规划电瓶车充电桩选址，新增电瓶车智能充电桩30套，可供372辆电瓶车充电。

改造还着力优化小区交通微循环，通过对原有车位重新施划、闲置边角地利用等方式，优化布局车位约810个，其中新增车位200个，破解停车难题。

同时，小区通过商铺店招整治、联动辖区中学邀请学生涂鸦小区的石墩石柱等细节改造，进一步实现小区面貌大幅提升。

（2）挖掘空间，打造复合型服务阵地

真善美组团改造充分挖掘小区内部可利用的空间和场地，补齐服务配套短板。通过盘活原有的社区用房、闲置用房等空间，统筹协调近1000平方米阵地资源，打造集邻里食堂、邻里客厅、集善亭、共享集市、儿童乐园、残疾人之家、城市书房等于一体的共建共享共乐阵地，补齐养老、托幼、文娱等功能，构建“15分钟便民生活服务圈”。其中，小区改造赢得邻里食堂、儿童乐园两个“一号牌”，分别率全区之先建成首家国企运营的邻里食堂，获全市首个适儿化改造口袋公园荣誉（图4-157）。

图4-157　真善美组团邻里客厅和儿童乐园

针对适儿化改造，小区以“学境”理念串联儿童寓教于乐阵地，设四个轨道，串联“公益体验岗”“儿童阅读角”“微心愿征集”“健身总动员”等四个点位，全境保障儿童服务。集善亭作为邻里交流的空间场地，选址居民聚集的真善美长廊侧边，通过开设夏日茯茶点、节日邻里节、周末市集等，聚人气、送服务，打破小区居民距离感。小区还整合院校、银行等52家共建单位资源，打造“耄耋有礼”“亲子并行阅读小组”“西时友日市集”等特色活动品牌，常态化开展邻里活动。

（3）社企联动，开展助老服务

2022年6月，鹿城区以解决高龄和失能低保等老人“吃饭难”问题为重点，发动50余家企业筹集“共享幸福”专项基金2000万元，专门用于鹿城区安置小区、老旧小区等开展扶贫助困、支持公益项目等，重点对70周岁以上老人、经认定的困难家庭到邻里食堂就餐进行补助。

真善美组团此次邻里食堂落地，由街道出资近40万元打造并免费提供场地，由温州现代养老产业发展有限公司和温州市鹿城区城市管理有限公司联合成立合资公司，负责日常运营且自负盈亏，浙江东日股份有限公司负责菜品配送，组织专人监管厨房菜品制作的全流程，降低社区经营压力，保障食堂运营可持续化。

同时，邻里食堂取消了常规社区食堂月卡、季卡等消费模式，由农商银行提供技术支持，通过刷卡、扫脸、扫码等多种方式按餐结算，且70周岁以上老年人可纳入食堂“白名单”，由全区“共享基金”保障，享受5元/餐、10元/餐不等的补贴优惠。针对高龄老人、独居老人行动不便的情况，会提供配送上门服务（图4-158）。

同时邻里食堂根据富余资源向辖区居民开放，参照市场化运营模式，每日提供略低于市场价的2、3种套餐规格（价格不同）。食堂试运行期间，为辖区1300

名独居老人以及普通居民提供就餐服务，办出银龄“饭卡”140余张，目前日人流量稳定在100人，备受群众欢迎。

图4-158 邻里食堂内景和配送上门套餐

（4）共建共管，激发自治活力

2022年，社区党委发动小区党员干部、乡贤能人踊跃参与，成功组建了真善美小区首届业主委员会，并由原“真善美”居委会主任、已75岁的老党员金春莲担任业委会主任一职，同时推选出30多位楼栋长，共同参与小区的治理。业主委员会成立后，真善美小区引入了物业企业。业委会在“老旧小区改造”的民意征集和筹资工作方面发挥了重要作用。通过挨家挨户沟通，小区共筹得59万余元的居民出资。

此外，辖区有集善楼栋党支部、集真楼栋党支部、集美楼栋党支部3个实体型党支部，党员106人。改造后，在党员的带动下，睦邻客厅广纳助力，设立五大公益服务岗，以“每日一公益”为目标，动员辖区内热心居民，开设周一补鞋、周二磨刀、周三理发、周四测量、周五缝补等项目，常态提供生活化志愿服务。

真善美组团还加大对小区公共资源及配套设施的挖掘力度，增加广告、停车、出租等收入。此次老旧小区改造新增车位改变过去停车月卡模式，创新设计停车次卡模式，不仅避免了车主因缴费不及时而无车位的矛盾，同时将增加居民收入20万元，实现小区“自我造血”（图4-159）。此外，还将充分联动邻里食堂、残疾人之家，为弱势家庭搭平台、创岗位，残疾人等群体可以通过参与手工制作、入户送餐等维持日常生活开支，预计可提供岗位6个。

2022年9月，新桥头住宅区通过挖掘闲置空间，改造提升为面向全年龄段的复合型服务阵地这一经验被列入住房和城乡建设部发布的城镇老旧小区改造可复制政策机制清单（第五批）中。

图4-159　小区增设的道路停车位

2. 乐清市银河花园老旧小区改造项目

银河花园老旧小区位于温州市乐清市乐成街道鸣阳路298号，小区总建筑面积9.77万平方米，涉及15幢住宅楼，居民446户。

小区存在部分建筑外墙出现破损渗漏的现象，空调罩老旧，管线杂乱破损，存在安全隐患；部分地面铺装破损，地面停车位规划不合理，地下停车场消防系统瘫痪；雨污管网、给水管网老旧，活动场地分散不集中，室外照明设施老旧等问题，小区居民改造意愿非常强烈。2022年以来，乐成街道办事处作为改造项目的实施主体积极响应“民声、民需、民心”，启动该项目开工改造，地上总建筑面积 97697平方米，地下改造面积25588平方米，项目启动后，得到小区居民的大力支持，通过采用“基础类、完善类、提升类”菜单式改造的模式，于2023年9月21日完成项目验收，实现了从“老破旧”到“幸福里”的精彩蝶变。

银河花园老旧小区主要改造提升内容包括：建筑外立面改造，公共区域整改，地面及地下停车场改造，线路整理，管线工程，景观绿化，养老托育设施建设、交通微循环改善等。在室外公共区域，以中央庭院、水景、景墙、艺术雕塑、室外活动广场结合运动慢行道，形成集观赏、休闲、运动于一体的花园景观环境。除此之外，小区对楼内楼道、门厅等公共空间全面整治提升，重新粉刷外立面与楼道共71500平方米，更换照明灯174盏，防火门合计1017.78平方米，实现楼内楼外全面整治提升。2023年，该项目成功入选住房和城乡建设部城镇老旧小区改造联系点（图4-160）。

图4-160 银河花园小区大门改造前后对比图

（1）竞争申报，提升居民出资意愿

银河花园改造项目由乐成街道办事处组织实施，其最大的特色成效是居民参与度非常强。在前期谋划中，乐清市建立竞争性申报机制，根据小区基本情况、改造成熟程度、配套基础设施与服务、居民改造意愿、参与程度、资金筹集和长效管理机制等指标进行评价，并相应赋分。得出排名后根据市财政资金安排情况和承受能力将小区基础设施缺失严重、改造意愿强烈、财政补助资金比例较小的小区优先纳入改造计划，这种机制充分调动了群众的积极性、主动性、创造性，当时银河花园于一周内筹集居民自筹资金290.16万元，户均出资达7200元，居民改造意愿和参与度均非常高。

（2）融入区域文化，一栋一主题

银河花园以“山水融城，银河光宇”为理念，将乐清山水文化和小区名字“银河”相融合，再结合小区原本分为南区和北区的空间布局，突出“两轴、两心”。“两轴”即横向鸣阳路生活配套轴，纵向文化休闲轴。“两心”即南区中心主题“银光幸福里”，北区中心主题“金色阳光院”（图4-161）。

由于银河花园以小高层为主，在每栋楼闲置架空层打造“邻里、健康、治理、服务、教育”等场景，补充完善10大功能，因地制宜实现“一栋一主题”。银河花园以党群之家为中枢，全面布局星海休闲公园、邻里食堂、素月廊共享书吧、妇女儿童驿站、邻里放映厅、健身基地等“1+N”服务矩阵，其中党群之家是涵盖城市书房、益启讲堂、尚德走廊、健康驿站的红色服务综合体。

（3）全龄守护，安全友好

改造中，银河花园小区充分挖掘小区内架空层、物业用房、储物间等闲置空间，重点加强“一老一小”服务场景打造，统筹建设“医养结合、智慧养老”和“友好关爱、安心托幼”的温暖幸福家园，新增非机动车充电区4个、改造无障碍坡道28个、室内闲置空间7处，综合补齐养老服务中心、社区文化礼堂、儿童活动场地、阅览室、志愿者服务站点、托育室党建中心、未成年人教育学习室、社区警务室和综治调解室等多种配套设施短板，切实改善居住条件，全面建设“整洁、舒适、安全、美丽”的小区环境，打造共建共治共享的社区治理格局。

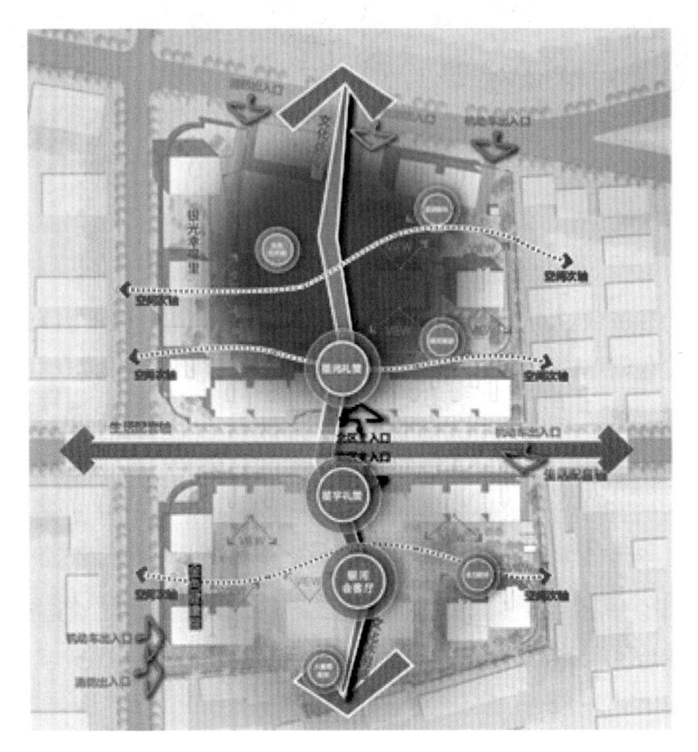

图4-161　银河花园总平面规划图

一是为老服务有温度。一方面，改造后的银河花园打造了可同时满足50人堂食的社区邻里食堂（图4-162），60岁以上老年人提供折扣，80岁以上老年人免餐供应，并对身体不便的老年人提供“送餐上门”服务。社区邻里食堂自运营以来，日均流量达150余人次；另一方面，建设有尚德走廊，配套健康驿站、无障碍卫生间等设施，每月邀请卫生院医生健康义诊进小区，为小区老年人定期开展健康诊疗服务。

二是护幼成长有力度。一方面，打造妇女儿童阵地。改造后的银河花园整合“4点半课堂”、共享书吧、求知乐园等设施，打造了“妇女儿童综合服务驿站”，设置游乐区、益智区和家长休息区，同时在北区增设了邻里放映厅，每周让孩子们点单放映；另一方面，通过招募小区内各年龄段儿童成立银河花园“儿童观察团”，定期开展讨论性活动，有助于倾听儿童声音、畅通儿童发声渠道（图4-163）。

图4-162 银河花园改造后的邻里食堂

图4-163 银河花园托育室改造前后对比图

三是全龄服务有热度。银河花园通过常态化开展“红色星期天”“科普在身边”“暖心职工”“巾帼服务”为主题的便民服务、举办邻里节等活动，丰富小区居民日常生活，吸引小区及周围居民参加，增加小区间的友好互动（图4-164）。

图4-164 银河花园改造后的共享书吧和百姓健身房

（4）长效管理，共建共享

改造后的银河花园小区突出党建引领基层治理，抓实抓好“1+3+X”组织体系，构建多元共治新模式，形成“社区党委＋党支部＋业委会＋物业＋小区居民”的“五方联动”共治新格局（图4-165）。注重培育辅治梯队，配强网格员、楼栋长等辅治梯队。通过“支部建在小区、党员亮在楼栋”织密小区自治网络，形成党建发挥明显、群众共同参与的“治理网”，成立以来，收集解决居民反映强烈的难点堵点问题80余个。

图4-165　银河花园改造后的党群之家

一是推行“一约两厅三员”。银河花园积极创新实践，切实打造基层社会治理新模式。“一约”即小区公约，修订完善小区业主公约，规范行为、传播文明新风；“两厅”即小区议事厅和乡贤参事厅。发挥乡贤、能人的感召力，协助小区党支部和业委会解决、协调小区事务，2022—2023年共开展小区议事18场次，解决33件关键小事、10项民生实事；“三员”即小区指导员、网格员、在职党员。

二是创新“银河积分”机制。根据“银河积分”模式，银河花园针对志愿者对小区治理贡献程度，兑换小区配套服务。住户可参与小区平安巡防、垃圾分类、绿化养护等志愿服务赚取积分，志愿累计积分可用于兑换日常生活用品、邻里食堂套餐、妇女儿童驿站和社区外出团建活动等。

三是创新“幸福合伙人”模式。银河花园发挥“睦邻和美”党建共建作用，以小区内场地补齐辖区内其他4个老旧小区无党建阵地场所的短板，提供共享电瓶车位300个，每周固定向周边小区开放，可提供各类型活动20余场次。

四是推行错峰共享机制。银河花园也充分发挥“睦邻和美”党建引领作用，联合乐怡社区党群服务中心、东浦二区小区等开放共享活动阵地12处，并建设共享电瓶车位300个，每周固定时间向周边小区开放，为辖区其他4个老旧小区补齐短板，让社区居民的生活变得更加多姿多彩。

3. 鹿城区清风碧波老旧小区改造项目

清风碧波小区位于温州市鹿城区南汇街道双龙路233号，共18栋855户，建筑面积约8.85万平方米。该小区过去存在管网设施老化、车辆随意停放、景观环境杂乱、活动空间不足、适老设施缺乏等老旧小区的通病。经前期调研反映，小区居民改造意愿十分强烈。鹿城区在对清风碧波老旧小区的基础配套设施、改造成熟程度、长效管理机制等方面进行竞争性综合评价后，于2020年正式启动改造试点项目（图4-166）。

图4-166 清风碧波小区改造后航拍图

（1）党建引领，打造基层治理“新体系”

清风碧波小区通过强化小区党建，建立了以小区党支部为核心，业委会、物业等共同参与的多元共治体系，大力推进“共享社·幸福里”社区服务平台创建（图4-167），重构友好邻里关系；其次，通过聚合共建资源，将小区闲置地下室改造成“红色引领、资源聚合、区域联盟”的服务平台，构建一核多元、多跨融合的党群微家，全面激活红色引擎新动能；再次，通过两轮在职党员“双报到双服务”，党员牵头推选出18位楼栋长和54位单元长，作为意愿调研、资金筹集、过程监督、矛盾调解等环节的中坚力量，并发动退休党员、干部组成改造小组，全程参与小区改造。

图4-167 清风碧波小区“共享社·幸福里”服务平台

（2）以人为本，打造全民共建“新格局”

清风碧波小区将以人为本的理念贯穿改造全过程。一是将群众参与作为主要力量。挖掘小区可利用资源，创新采用业主提前缴纳停车位费用方式，将小区部分停车位按位置好坏分档，以10年总价3.6万～4.2万元的价格出让使用权，共筹集资金360万元，占比10%。二是把群众认同作为根本需求。大力度实施惠民政策，率先实施400元/平方米的全市最高补助基数，创新性扩充民生必选类项目，采用居民自主“点单”的形式，从6个方面制定60项改造清单，由政府百分百出资。三是把群众满意作为基本要求。设立由部门、街道、社区、网格、小区党组织、业委会组成的矛盾调解小组，回应居民诉求，赢取居民支持。

（3）凝心聚力，打造多元共治“新模式”

首先，清风碧波小区创新采取“资格预审+评定分离”的招标投标模式，保障工程进度和质量；其次，严格把控施工工序，统筹工程进度与居民日常生活，最大限度减少居民出行影响；再次，发挥网格员关键作用，通过网格员下沉到基层，收集居民意见建议，第一时间发现、处治问题，并建立多方参与机制，引导居民积极参与改造后的自治行动，如聘请居民代表担任群众监督员，鼓励有技术特长、有号召力的居民参与工程监督；成立垃圾分类督察队，落实垃圾分类管理条例，居民轮流值日担任督察员，监督垃圾分类实施情况；成立“车辆调度小组”，定时巡逻、发布剩余车位，引导外出业主共享车位等。

清风碧波小区坚持党建引领，充分发挥基层党组织的战斗堡垒和党员的先锋模范作用，党员同志牵头出资，并发动居民群众参与，把党建引领贯穿改造全过程；遵循需求导向，充分遵循居民的“需求、体验、感受”，多次组织召开听证会、意见征询会，并通过问卷调查及实地走访调研的方式，深入了解居民改造意愿及改造诉求；推进多方共治。充分激发党组织、业委会、物业、居民等多方参与共建共治的主动性，引导小区建立业主管理规约、业主大会议事规则、车辆管理办法等管理制度，共助小区实现长效运营。

4. 鹿城区松园老旧小区改造项目

松园小区位于温州市鹿城区滨江街道，建成于1998年，占地面积约2.19公顷，总建筑面积约4.33万平方米，共15栋28个单元，为5～6层多层建筑。小区住户361户，在册、在职党员共59人。

松园小区改造前建筑存在屋顶漏水、外墙脱落、私搭乱建、外部悬挂物多等问题；基础设施不完善，垃圾房管理混乱、垃圾分类效果差，小区内飞线多；非机动车均无明确停车位置，地下车库未有效利用；内部道路部分破损；公共空间陈旧，儿童活动空间杂草丛生，设备损坏；绿化缺乏维护，影响低层住户采光等问题。

2022年4月，鹿城区启动松园小区老旧小区改造工程，以“基础设施完善、居住环境整洁、社区服务配套、管理机制长效、小区文化彰显、邻里关系和谐”为原则，“对症下药”治理小区顽疾，努力实现12个“一次性”基础改造目标（绿化一次性提升、安防一次性完善、空间一次性拓展、交通一次性优化、公园一次性改造、楼道一次性整修、屋顶一次性修缮、长效管理一次性建立、管线一次性下地、附属设施一次性装配、外墙一次性美化、道路一次性平整）和2个特色品牌创建（党建共享品牌、永嘉学派文化品牌）的落地生根，从而推动人居环境大提升。2022年，松园小区列入住房和城乡建设部发展工程联系点（图4-168）。

图4-168 松园小区大门改造前后对比图

（1）党建引领，统筹合力实现共建

松园老旧小区改造中，不断深化打造“党建引领、多元共治、邻里和睦”的基层治理新体系。

一是成立“1+1+N”工作小组，由街道党工委书记、办事处主任担任双组长，分管领导担任副组长，社区网格工作人员以及小区党支部共同参与，定期召开民情分析会，重点梳理旧改工作的堵点、难点。每周在街道党工委会议上研讨旧改工作，及时向区旧改办和上级党组织汇报情况，争取相关部门支持，商议下一步推进措施。

二是统筹专业单位出资。由区政府牵头，联系供电所、自来水公司、燃气公司、中国移动、中国电信、中广有线等单位到松园小区参与老旧小区改造提升工程，并主动分担一部分的整改费用。

三是建立健全“1+3+N”（网格长+网格指导员+兼职网格员）的网格框架。通过“网格吹哨，站所报到”机制，强化社区基层治理能力。例如，松园小区树木高大但缺少日常维护，肆意生长的树枝影响了居民采光，在收到业委会的报告后，园林管理所第一时间派出专业技术人员上门开展帮扶修剪工作，同时还对小区绿化养护进行专业培训指导，以巩固长期效果。

（2）打造示范样板，推动全面整治

松园小区根据不同楼栋情况“量体裁衣”实施改造方案，从根本上为居民带来舒适满意感。

一是样板示范打消顾虑。针对居民提出的“画出来的效果图好看，实际做出来却走样”问题，松园小区聚焦居民意见难统一的问题，创新打造“样品展示区”“样板楼栋”等“样板细胞”，利用最先启动的1号楼现场展示工艺用材、施工步骤等内容，通过提供看得见、摸得着的局部改造效果前瞻，使改造过程更直观透明，让居民对老旧小区改造做到心中有数，最大程度凝聚居民改造共识（图4-169）。

图4-169　松园小区样板展示楼栋

二是多方联动全面整治。经过全面摸排，松园小区内约有140户居民长期违规居住在小区地面停车库，存在极大的安全隐患。结合此次老旧小区改造契机，集中开展车库出租住人违规现象专项整治行动，联合业委会积极劝导车库租户尽快搬离。对于拒不整改的，由社区联合派出所、执法中队等职能部门开展联合执法，责令整改，车库住人乱象得到根治。针对防盗窗，街道、社区、业委会三方共同组建整治专项小组，一户一户上门沟通，防盗窗拆除334户，拆除率达到90%以上。此外，各个楼栋自主开展一楼、楼顶违章拆除和陈年垃圾清理工作，屋面和立面彻底告别脏乱差。

三是多管齐下细微入手。小区合理安排“上改下”“白改黑”工程，线路梳理约3230米、管网整治约10985米、道路翻新约7297平方米；建设非机动车智能充电区，消除飞线充电等安全隐患，迭代创新“精密智控”和“智慧安防”系统，统一更换小区监控系统（46个摄像头）和单元大门（28套门禁），在小区入口安装人脸识别闸机，严把安防“入口关”，通过由点及面的一系列改造，松园小区治理实现了从“治”到“智”的转换；探索老旧社区生态化改造，推进海绵城市建设覆盖，利用小区中心下凹式绿地打造雨水花园，优先采用环保生态的透水性铺装材料，因地制宜选配植物，维护土壤生态平衡，缓解老旧小区雨天排涝压力。此次改造完成绿化修复4500平方米、新增海绵城市295平方米（图4-170）。

图4-170 改造后的松园小区航拍图

（3）共建共享，加大居民出资力度

改变原来的政府作为改造主体的固化思维，鹿城区让居民由旁观者转变为环境提升的参与者、实践者和受益者。

一是实施竞争性申报机制。对同时申报的多个老旧小区拟改造项目，根据小区基本情况、改造成熟程度、长效管理机制等指标进行评价，将“最需要改、最愿意改、改了守得住”的老旧小区优先纳入计划，实现从“要我改”到“我要改”的积极转变。为了竞得改造的一席之地，在改造前期，松园小区业委会就自发制作旧改宣传PPT，以图文并茂的形式详细解读旧改政策，并邀请专人进行配音，通过集中讲解、入户宣传等方式加大宣传动员力度，最终松园小区改造意愿率超90%，居民出资256.06万元、自筹资金占比高达19%，户均出资达7091元。

二是壮大群众监督队伍。推行在职党员“双报到双服务”活动，并发起“群众监督员评选”活动，通过党员报到、社区推荐和居民推举，专程聘请5名热心居民代表作为群众监督员，业委会副主任兼任监督组组长全程参与现场过程管理，及时对施工质量和施工细节可能存在的问题进行记录并向街道反馈。此外，小区还自发推选了15位楼栋长共同加入群众监督团，建立松园旧改热心群，一旦发现问题，立即沟通、合力解决，争取问题不过夜。

三是搭建小区议事平台。专门设立由科室、社区、网格、居民代表组成的矛盾调解小组，对改造方案、施工计划、注意事项等内容进行实时协商，施工单位、监理单位、设计单位及时听取意见或在线答疑解惑，并每周定期召开旧改工作分析会议，不断改进方式方法，不断寻求“最优方案”。居民们提出“希望小区内的绿化能够再多点”“希望能将杂乱的电线、网线进行规范”，工作人员进行记录后融入设计方案。

（4）增设公共空间，增进邻里关系

根据旧改前期调研，增设公共活动场所成了小区最大意向所在。此次改造通过盘活松园小区原有的物业管理用房及非机动车停车库，整理出合计约400平方米的闲置空间，探索实践“共享社·幸福里＋旧改”的有机融合，着力打造面向全年龄段的复合型服务阵地，构建邻里交往新生态。

一是植入“轻松微享”空间。通过利用闲置非机动车车库的场地资源，增添“散讲吧台”“共享微厨”“志愿者学堂”等功能室，通过线上线下互动，居民可以在这里交流比拼专业技能、生活技能、文艺技能，小区也陆续涌现出了20余位拥有水电、烹饪、护肤、救护等各式技能的业主驻点交流，通过技能分享来串联彼此，邻里关系得以重新塑造。

二是服务“一老一小”，充分考虑老人与小孩的使用需求，分别在室内与室外打造老年活动与儿童游乐空间，对小区公厕进行适老化改造，沿河增设廊亭、石凳等景观小品和健身活动设施，在确保安全性的同时丰富体验感，让老幼皆得其乐。

二是党群联动心连心。社区定期联合小区党支部，邀请外部文艺团体或社会组织，走进小区给居民带来亲子互动、科普娱乐等公益文化活动，活跃小区气氛。一个个“微”场景和“微”活动拉近了楼与楼之间的距离，让居民有平台、有路径、更多地融入小区日常，更好地在这里体验欢乐、收获幸福，让小区成为大家的精神家园。

四、嘉兴市

1. 南湖区桂苑老旧小区改造项目

桂苑社区位于嘉兴市中心城区南湖街道，建造于1999年，共有44幢住宅楼，建筑规模10万平方米，1535户居民，约4679人。改造前，存在公共配套设施缺乏、社区文化活动和管理服务缺失等问题。桂苑社区牢牢把握未来社区建设的重要契机，以“党建统领、数字赋能、以人为本”为总思路，构建可持续“服务圈”、大邻里“文化圈”和家门口“生态圈”，实现“运营生春、文化生根、居住生趣”三大美好生活场景，成为嘉兴市首个老旧小区改造标杆，在2022年满意度调查中，居民满意度达95.62%。

（1）构建可持续“服务圈”

为满足辖区内居民的托育服务需求，提高对托育服务的认知度，桂苑社区在桂苑幼儿园内增设幼儿园托育部，空间面积为200平方米，托位共40个，配备拥有教师资格证的职工4人，保育员资格证的职工2人。托育部由嘉兴市桂苑幼儿园作为运营主体，为幼儿提供全日托、半日托、延时托、新生体验等服务。严格落实园长负责制，制定托育部健康教育制度、突发疾病管理制度等，并由园长统筹，积极演练预案，以防突发事件发生。桂苑托育部依托“浙里善育”智慧托育数字化平台，搭建社区育儿一件事掌上服务应用，衔接社区的托育教育资源，充分利用数字化手段实现社区适龄儿童托育学位覆盖。

长效运维方面，由嘉源水务集团、嘉实置业与南湖街道下属国资公司共同成立“浙江嘉兴温暖嘉物业服务公司”，对入驻改造后的桂苑社区进行运营管理，按照三年内物业费不变、维持改造前164元每户每年的标准，物业公司通过收取广告费、停车费等弥补物业费亏损，创新探索出了一条“政府监管、国企出资、自负盈亏”的老旧小区可持续运营模式，获得了小区居民的一致好评。

（2）营造大邻里“文化圈”

改造过程中，将居民中药种植区域打造为“百草园”中药科普基地，通过专属铭牌扫码识别、志愿者讲解等方式，让更多的居民认识并受益于中草药。截至目前，基地已经种植中草药60余种，种植面积达800多平方米。此外，社区充分挖掘本土文化，在周边建设非遗文化主题的“望湖路驿站”和桥牌主题的“三水湾驿站”，为市民提供休息休闲、医疗急救、饮水充电等不同形式的个性化服务（图4-171）。

图4-171　桂苑社区综合服务中心实景图

（3）打造家门口“生态圈”

改造中利用小区的空闲空间和毗邻平湖塘的生态价值，建设一条慢行系统，为居民散步、骑行、跑步等活动提供绿色空间。同时积极开展“左邻右舍”“网格体育健身”“社区运动家”等各类活动，盘活百草园、滨河景观步道、康健园等周边景观设施，打造多层级联动、多项目覆盖、全年龄段参与的家门口活动盛会。截至目前，已经举办活动23场，累计参与人员2200余人次。

2. 桐乡市先锋新村老旧小区改造项目

先锋新村小区位于桐乡市振兴中路南侧，始建于20世纪八九十年代，是桐乡最早的成熟小区之一，地理位置优越，地处市中心区域，交通便捷，共有730户居民，大多是小区建成伊始就搬进来的老居民，有着大多老旧小区都有的“通病”：基本功能设施破旧、墙体老化破损、道路狭窄不平、车辆乱停乱放、排水不畅、雨污混流、缺乏物业管理等，这些问题一直是影响居民生活质量的短板。

2019年，先锋新村启动改造，改造后的先锋新村备受居民称赞。居民纷纷表示：“小区改造后变美了，路也平整了。”“车子有地方停了，不用再抢车位了。”“我们都觉得住得更舒心了，大伙儿都挺高兴。”

（1）提升基础设施，实现综合改一次

小区改造与三拆一改、雨污分流等项目同步实施，最大限度减少对居民的影响。对内部道路统一铺设沥青路面，改造道路面积15070平方米，改造停车位359

个，并通过安装智能停车系统对小区规范停车位，小区车辆停放变得井然有序；利用碎片空间穿插口袋公园提升品位，从小区大门进来靠西边种了长约600米的四季玫瑰花，小区绿化有效改善；改造雨污水管网11416米，雨水管创新采用明沟化，有效监督预防污水串入雨水管现象；外立面统一粉刷，管线实行“上改下”地埋式。小区整体环境焕然一新（图4-172）。

图4-172　先锋新村改造后的道路和停车位

（2）整合公共空间，完善配套设施

小区配备了完善的医疗卫生、养老扶幼、文化健身场所；同时整合公共用房，建成睦邻站、居民议事厅、老年活动中心等，方便居民足不出户活动交流；深入挖掘小区周边空地建成公共停车场，切实解决停车难问题，同时小区还配备了非机动车车棚及公共充电装置，满足电动车出行需求和用电安全（图4-173）。

图4-173　先锋新村改造后的口袋公园和公共充电装置

（3）配合三拆一改，推动违建拆除

桐乡市将老旧小区改造和三拆一改推进工作同步推进，主要开展以居民自治推动拆违工作落实。2020年，梧桐街道结合先锋新村前期违建情况调研梳理，采用“政策支持＋柔性自治”的方式，开展了“先锋邻礼”围墙提升整治工作，并运用小区议事会、睦邻自治小组等载体，集中反映居民诉求，制定解决措施，做好居民安抚工作，最终对涉及的82户一楼围墙进行了为期一周的集中拆除整治，并逐步形成“不能违、不敢违、不想违”的良好氛围。

（4）街道成立物业公司，创新自治模式

先锋新村原来为开放式小区，延续原有情况，改造后很容易陷入“改造—破坏—改造”的循环圈，但社会上物业公司往往管理费用高，居民难以接受。为此，属地街道探索创新模式。一方面，由街道成立“初心物业”，并由财政补贴一部分费用，前期使得居民更容易接受，将小区内空余的停车位利用起来对外开放并按规定收费，用以增加小区的维护费用；另一方面，配套出台相应的《初心物业管理办法》，定期培训提高业务能力，使服务质量更加标准高效，便于提高居民物业收缴率，以服务换收益。目前，小区业主对物业满意率达95%，物业费收缴率达98%以上。

另一方面，引入“三治融合”理念，探索自治管理的做法。成立小区改造自治管理协调小组，组织小区内有威望懂技术的组长、党员和热心居民担任协调小组成员，协调小组起到上情下达、下情上传的作用，这让小区管理工作既多了些宣传员和社情民意收集员，又相当于聘请了一批监督员和居民矛盾调处员，从而把小区管理问题与居民之间出现的矛盾解决在萌芽状态，使得小区停车、卫生保洁和绿化养护等各项管理老大难问题在居民自愿、自发的自我管理中变得更加有序、更加顺畅、更加文明（图4-174）。初心物业这一模式还被运用于迎凤二期小区等老旧小区改造项目上。

2022年度“红色物业”优秀项目名单

序号	项目名称	所在社区	物业管理单位
1	富圣豪庭御珑湾	梧桐街道秋韵社区	嘉兴市恒凯物业服务有限公司
2	好来登花园	梧桐街道秋韵社区	浙江瑞源物业管理有限公司
3	盛大开元	梧桐街道凤凰社区	桐乡市初心物业服务有限公司
4	碧水雅苑	梧桐街道秋韵社区	浙江瑞源物业管理有限公司
5	金色家园	梧桐街道银菊社区	桐乡市巨匠物业管理有限公司
6	先锋新村	梧桐街道庆丰社区	桐乡市初心物业服务有限公司
7	同缘水乡	梧桐街道九曲社区	浙江瑞源物业管理有限公司
8	汇宇都市花园	梧桐街道振东社区	嘉兴叶通物业管理服务有限公司

图4-174　先锋新村入选桐乡市红色物业优秀项目名单

五、湖州市

1. 德清县宝塔山南社区老旧小区改造项目

宝塔山南社区位于德清县下渚湖街道，毗邻下渚湖湿地生态区。社区范围19.82公顷，包括建设于2000年的宝塔山小区和木桥港沿线区域，于2022年启动未来社区建设，实施单元内受益总人口为673户、1869人。结合下渚湖街道及宝塔山小区地方特色，宝塔山南社区建设致力于聚焦“一老一小”服务升级扩面，从“存量空间功能复合再利用”“下渚湖湿地生态循环再提升”“安置房社区数字赋能再整合”三个层面出发，打造“邻里共融、童创未来”的全龄友好型生态未来社区，全力提升居民幸福感和获得感，真正实现民生为本，共建共享共富（图4-175）。

图4-175　宝塔山南社区整体形象风貌图

（1）资源共享，激活社区“内生动能”

宝塔山南社区积极探索共建共享新模式，创新推出社企联盟“资源链接”、社校联盟“1+X”和社村联盟“抱团共赢”等共同富裕举措，为社区资源、科技、服务等多元要素架起融合桥梁，实现“资源共享”。盘活社区闲置土地资源23亩，种植瓜果蔬菜，创新打造悬浮农场，由社区统一运营种植，同时与周边景区开元森泊缔结联盟，谋划“悬浮农场—露天集市—开元森泊”链条式新供给，由开元森泊对宝塔山悬浮农场果蔬进行统一收购，进一步推动资源共享，打开经济增收新渠道。设立德清县职业中专、风栖小学校外实践基地，截至目前开展课程60余次（图4-176）。

图4-176　宝塔山南社区开展共同富裕主题露天集市

（2）**服务共享，打造第二个“温馨家园”**

宝塔山南社区在改造中坚持基础设施与公共服务同步提升，幼儿园提升改造增设2个托班，为社区居民及开元森泊员工提供普惠性托育服务。同时，全力打造一站式综合邻里中心，创新“一层一主题”建设，一楼主打“便民化服务”场景，二楼主打“自享自乐自愈”场景，三楼主打“嵌入式养老”场景，从“油盐酱醋茶”到“衣食住行闲”，满足小区居民办事、养老、健身等需求的一站式美好生活体验站，打造居民第二个“温馨家园”（图4-177、图4-178）。

图4-177　宝塔山南社区改造后新增公共运动场地

图4-178 宝塔山南社区改造后新增老年食堂

（3）数字共享，开启社区“基层智治”

宝塔山南社区通过打造“统一终端”数字化赋能应用场景，整合未来社区驾驶舱数据，接入浙里物业、浙里康养、浙住通等数字社会应用，将悬浮农场等特色应用接入统一终端“我德清”小程序，在手机端可调取监控随时查看农场作物培育情况，完成农业生产数字化管理。通过“我德清”小程序，社区居民可享受邻里活动报名、物业报修、兴趣课堂及百姓健身房预约、就医咨询等线上线下服务。

2. 长兴县北门社区老旧小区改造项目

北门社区位于湖州市长兴县雉城街道，社区单元面积23公顷，以20世纪八九十年代老旧小区为主，是省级第五批未来社区旧改提升类创建项目。辖区常住人口3790人，其中60周岁以上老年人占比34%，老龄化显著。由此，社区以“乐龄北门、焕新未来”为主题展开未来社区创建工作，该工作着眼于“一老一小”重点人群，围绕养老、托育等民生问题。通过腾挪空间、聚零为整的方式，实施更加完善的社区专项服务，补齐阵地短板（图4-179）。

（1）聚焦解难题，推动空间风貌更加精致

创改结合，优化人居环境。统筹将北门未来社区创建与老旧小区改造一体化推进，投资4700万元用于完善基础设施配套，提升社区风貌与宜居度。改造房屋外立面82幢、12.5万平方米，楼道提升4.65万平方米，绿化提升1.99万平方米，三线整治187.6公里，提升垃圾分类房5个、公共小品6处、休闲长廊3处。

聚零为整，拓展公共空间。通过盘活闲置空地、办公用房合并、绿化移位等方式腾挪让渡空间2300余平方米，用于补足社区配套短板。建设居家养老中心、托育驿站、幸福邻里中心、百姓健身房、口袋公园、新设标准化社区微型消防站等各1处，增加停车位103个，新建汽车充电桩2座，安装电瓶车充电棚6个。

图4-179　北门社区改造后整体形象风貌图

数字赋能，实现精细管理。依托“未来常兴”数字化平台的联动互通，各种惠民政务服务直达基层群众，形成一站式入口、一键式直达。平台已覆盖邻里、治理、服务等九大场景，有机嵌入了“社区学堂”“e家清”等多跨场景应用。多项治理应用共享于同一个平台，接入“浙里办”，覆盖社区政务服务、居家养老、物业管理、生活服务等各个方面，推进数字化治理服务一体化创新集成。

（2）突出惠民生，促进为老服务更加精准

本次改造立足实际需求，在打造全国示范性“老年友好型社区”的基础上，进一步做实为老服务。

一是搭建服务场景。落实便民服务措施，社区党群服务中心、业委会、物业公司实现“一体化办公”，建成650平方米高品质居家养老服务中心，配置长者食堂、康复中心等生活康养资源。协调加装电梯4台，为老年人提供全方位服务。配置多功能社区卫生服务站，实现社区康养一体化。

二是延伸服务触角。围绕养老、托育等民生问题，先后推动辖区阵地提升改造、建设便民理发室、共享书房、幸福影音室等活动空间，组织开展“老龄课堂”“老年歌唱班”、乐在“棋”中、“育”见成长等活动68场，打造“周周有活动，月月有节庆”的乐龄生活（图4-180、图4-181）。

图4-180　北门社区居家养老服务中心活动

图4-181　北门社区婴幼儿照护驿站

三是擦亮服务品牌。北门社区利用好辖区乡贤、党员、社工等资源力量，动员爱心人士，壮大“小棉袄”志愿服务队伍，采用“25＋N”的模式，即常驻志愿者25人、其他力量N人，常态化开展志愿服务，如跑腿助餐、爱心义剪、“幸福月餐”认领等活动，惠及居民3000余人次，旨在完善生活配套设施的同时引入专业多元的服务力量（图4-182）。

图4-182　北门社区“小棉袄”志愿服务队为老助餐

（3）注重谋创新，保障持续运营更加稳健

一是探索自我造血。推动“强社惠民”改革，抱团成立湖州首家社区服务集团，将睦邻集团作为统筹运营方，探索养老、托幼、健身等服务场所常态化运营。以“来料加工+产业培育”为路径培育“小棉袄”共富工坊，引入长兴制药、青岛顺达丰工贸等企业，为辖区困难群体打通增收渠道，目前每人月均增收300元左右。

二是实行自我服务。针对物业管理难、收费标准低等突出问题，构建三方协同机制，划拨经营性收入补充经费。2023年以来，社区指导城北小区业委会通过广告展位、车位出租等方式获得经营性收入70.41万元，以经营性收入的70%补差，兜底型小区成功贯通自我服务的可持续循环。

三是实现自我管理。坚持党建统领网格智治，将社区划分为5个网格、100个微网格，配置网格长2名，专职网格员5名，楼道长281名，实现“1+3+N”治理网格全覆盖。积极引导居民挖掘楼栋可用资源，加强自我管理、自我服务。从“楼道长”变身“共享庭院”主理人，从“老党员”化身“邻里活动室”管理员，将社区治理从“社区管”转向“大家治”，从“小切口”里寻觅“突破口”，引导居民走出小家，共建大家，让社区治理渐入“家”境。

3. 德清县金宇花园老旧小区改造项目

湖州市德清县武康街道金宇花园小区建于2000年，共有11幢，其中9幢纯住宅，1幢一二层为商铺，四五层为跃层住宅楼，1幢为两层物业房，涉及总户数283户。金宇花园老旧小区属于典型的老小区，其改造是很多县级城市大规模推进老旧小区改造的一个缩影，因此具有参考价值。

金宇花园是开放式小区，2010年引进物业，但由于缺少物业维修基金，改造前主要存在三方面问题：一是道路破损，小区内部停车位较少，乱停车现象时常存在；二是管网使用年限较长，存在雨污混流、排水管网倒流、管网堵塞等问题；三是部分沿街商户未设置隔油设施，路面油污泛滥，影响小区居住环境。

（1）科学制定改造方案，有效衔接专项规划

2020年，德清县住房和城乡建设局在充分征求民意的基础上，以居民最迫切的需求为切入点，统筹推进民意调查、制定方案、建设施工、工程监管、长效管理等工作，将二次供水改造、燃气改造、排水系统疏浚与改造、电力通信线路改造等专项规划与老旧小区改造工作有机结合和有效衔接，做到“项目统筹—管理统筹—实施统筹”，科学制定改造方案，减少重复施工和建设浪费，将改造工程对居民的影响降到最低。

改造工程包括道路修复、绿化提升、照明设施、雨污分流、管线入地等配套设施建设，改造过程中，重点实施排水、道路、停车、车棚等整治建设，结合小区和周边具体情况，废除原有破损管网，重新敷设雨污管网，雨水和污水将分开排放，减轻了市政管网压力，对应急防汛起到关键作用；统筹绿化、文体休闲等配套设施整治，努力提升整治成效（图4-183）。

改造实施中，金宇花园完成道路改造7493平方米，划分停车位108个；完成排水管网雨污分流改造7783米；完成中心花园修缮，并对绿化进行修整补植；增设电瓶车充电桩、车辆识别系统、人脸识别系统及监控设备，全面提升了小区居住环境，补齐了小区功能短板。

图4-183　金宇花园道路改造前后对比图

（2）依托居民力量，改善小区管理

小区将思想素质好、群众信得过、服务有本事、治理有办法的党员干部、热心业主吸收为业主代表，选出强有力的业委会班子，成立小区党支部。在小区主要出入口公开施工方、监理单位电话，鼓励和引导居民全程参与和了解工程施工进度、施工质量，共同参与项目监督。例如，在垃圾分类选址、停车收费管理等事务的推进工作中，实行业委会拟方案，部分业主提意见，经社区、小区党支部、社工组织、业主共同商议，提交业主代表大会表决的程序，既优化了方案，也减少了矛盾（图4-184）。

图4-184　金宇花园改造过程中发放居民问卷、开展居民座谈会

小区以居民兴趣团队——“茶友室”“戏曲艺术团”“门球队”等为依托，组建了以退休党员干部为主的“银晖”、以业主代表为主的“除杂草”等3支志愿服务队，定期举行义工服务和志愿活动。随着小区环境的日渐改善，居民上缴物业费积极性也随之提升，切实减轻了物业企业运维成本压力。

比如，在停车位问题上，金宇花园小区计划分了108个车位，据反馈表统计结果，居民常驻车辆可达200余辆，目前在道闸未启用的情况下，小区仍存在社会车辆停放的情况。为了准确获取小区内居民车辆与小区车位的配比程度是否合理，提升车位的利用率，提出启用小区门禁道闸，预留一个月的时间作观察期的建议。该建议在座谈会时获得居民代表的同意。

（3）鼓励多方出资，建立共建机制

积极探索合理的改造资金共担机制，鼓励居民、商户、社会资本、管线单位共同参与项目出资。

一是对金宇花园老旧小区改造项目的充电桩设施，由小斑马科技有限公司出资购买设备并负责运营管理。

二是在金宇花园老旧雨污分流改造过程中，部分餐饮业沿街商铺，由于小区道路设置管道、化粪池等，没办法集中设置隔油池，由店铺户内自行出资解决。

三是按照“包干制”的原则，落实县新闻中心、电信公司、供电公司、移动公司、联通公司为老旧小区“线乱拉”整治工作的责任主体，负责做好小区内的线路整治，并承担相应的整治费用，涉及改造费用约20万元。

四是提高居民物业费上缴积极性，提高物业管理费用5%，满足长效管理资金保障。

改造后的金宇花园，已经成为湖州市示范型美丽小区（图4-185）。

图4-185　改造后的金宇花园

六、绍兴市

1. 越城区快阁苑老旧小区改造项目

快阁苑小区位于绍兴市越城区北海街道，建于20世纪90年代末。小区占地面积约35万平方米，由吟春坊、仲夏坊、霞秋坊、阳冬坊、丽日坊和馨月坊六个坊组成；总建筑面积约43.639万平方米，容积率1.2，小区住宅共134幢，4208户，居住人口约1.2万人，其中60周岁以上老年人4204人，18周岁以下918人，18～60岁6878人（表4-1）。

快阁苑住宅及配套情况表　　表4-1

建成交付时间	区域	住宅数量	配套数量
一期 1997年建成交付	吟春坊	15幢	1个社区服务中心、1个配套用房（供销超市）
	仲夏坊	24幢	1个快阁苑小学
二期 1997年建成交付	霞秋坊	30幢	1个快阁苑幼儿园、1个配套用房（牙科诊所）
	阳冬坊	16幢	—
三期 2001年建成交付	丽日坊	26幢	—
	馨月坊	23幢	1个元培幼儿园红苹果分园、1个配套用房

快阁苑小区改造项目投资3.8亿元，是绍兴市越城区2022年投资最大的老旧小区改造项目，也是绍兴市首个未来社区建设旧改示范项目。依托“旧改提升+未来社区”双效举措，改造成为风貌改造靓丽、空间挖潜有力、综合全域治理、单元新老融合的旧改绍兴样板（图4-186）。

图4-186　改造后的快阁苑小区

（来源：记者梁永锋摄）

改造前期调研中，快阁苑小区主要存在立面破旧、道路拥堵、停车困难、空间混乱、管网不畅、设施缺乏、配套不足、文化活动缺失等问题。本次改造以全国老旧小区提升样板为目标，以“鉴水画卷·乐享快阁”为主题定位，提出交通成网、景观成环、建筑成圈的核心“三成”理念，致力重塑快阁苑人文特色，创建专属文化IP，提升居民归属感。

（1）规整建筑立面

此次改造将小区分成两大组团，遵循原有建筑的色彩记忆，东组团大面采用米黄色，西组团大面采用蓝灰色，并通过层间横向线条增添建筑色彩，住宅外立面出新134幢，屋顶修缮8.7万平方米，统一序化整治外立面，安装雨棚17071平方米、花架7093个、晾衣架4042个，涉及防盗窗面积约1.8万平方米。同时对小区内1个小学、2个幼儿园进行立面翻新（图4-187）。

图4-187　快阁苑改造前后对比图

（2）新增服务设施

此次改造充分利用现有宅间空地，打造休闲娱乐空间。绿化改造提升17.3万平方米，提高整体空间利用率，重新激活绿地空间的活力。改造现有活动用地，高效利用空间，增设足球、篮球、羽毛球、乒乓球等活动场地。设置2.8公里慢行步道，环通小区空间，丰富小区居民饭后运动。合理优化宅间空间，原有509个停车位，新增至1328个停车位。同时，新改建2900平方米邻里中心，服务半径覆盖整个社区，服务全体社区居民；挖掘并整合小区场地碎片，凸显水岸风情、文化印记、健康生活，打造独具特色的文化空间和载体（图4-188）。

快阁苑小区以“社区营造”为切入点，将儿童教育、医疗养生、邻里活动和服务配套4类生活场景融入邻里中心。打造健康小屋，引入智能健康管理一体机，将能够为居民提供全面、便捷的健康监测服务，借助数字化手段，实现15分钟智慧医疗服务平台；同时落地手工教室、亲子活动室、书房等场所，寓教于乐，为儿童提供成长乐土。

图4-188　改造后的快阁苑小区邻里中心和户外活动场地

（3）强化智慧建设

项目致力于打造社区专属的未来社区平台，构建多跨协同、资源共享、信息互联的格局[63]。融合邻里、教育、健康、创业、建筑、交通、低碳、服务、治理等未来社区九大场景，整合现有软硬件设施，实现小空间、大聚集；衔接区四个平台、雪亮工程、智慧养老平台、阳光厨房等多部门平台，实现小切口、大应用；解决社区实际问题，实现小载体、大创新；汇入专门为未来社区打造的华数云，实现对接城市大脑、安全扩展，并打通了服务端、治理端和运营端，致力通过人性化设计和数字化技术，最大限度满足人们对美好生活的向往。改造内容包括新增监控458只、新增道闸系统3套，及以快阁苑小区为基础的北海街道全域未来社区服务平台底座，承载了街道、社区各类未来社区相关数字化应用，并为各类服务提供基础支撑平台。同时创建“幸福快阁”微信小程序，实现党建引领、物业服务、小区治理、健康养老、百姓安居、公共服务等多方面的应用（图4-189）。

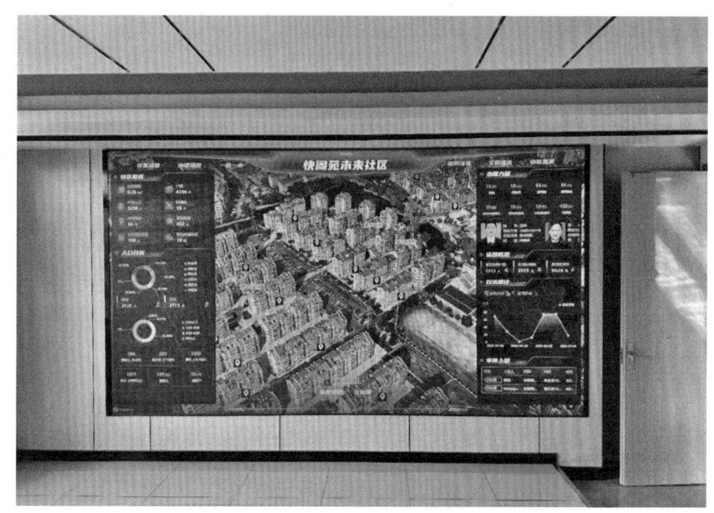

图4-189　“幸福快阁”微信小程序界面截图和社区数字平台页面

（4）推动文化供给

改造后的社区邻里中心，内设“四点半课堂”，填充父母下班前的“管理真空”；设置复合型幸福学堂，满足多龄段学习需求；设立文化活动室，新建共享书吧，为丰富群众文化生活提供阵地。同时，构建学习积分等积分应用机制，激发社区全民学习积极性，打造智慧型、学习型文明社区（图4-190）。

图4-190　快阁苑小区打造智慧型、学习型文明社区

（5）搭建邻里桥梁

邻里中心围绕木兰拳协会、墨香书法队社团、乒乓球队、梨韵风华戏曲队、空竹队组织等10个主力社团，建立社群孵化载体，并通过“幸福快阁”小程序线上平台，包括快阁邻里、快阁服务等应用板块，不断丰富居民线上线下生活体验，营造邻里生活新形态，打造全方位的幸福生活（图4-191）。

图4-191　快阁苑小区开展丰富多元的邻里文化活动

2. 柯桥区新未庄老旧小区改造项目

新未庄小区建成于2002年，位于绍兴市柯桥区柯岩街道柯岩风景区东侧，是鉴湖渔歌风貌带的起点。由当时的4个村迁居集聚而成，以鲁迅笔下“未庄”为原型，建有仿清代江南民居宅邸471幢，住宅919套，1041户居民，占地面

积约30.9万平方米，建筑面积约22.4万平方米，是我国最大的仿古水乡民居村落。但因建成时间较早，随着时间的推移，小区内各方面设施逐渐老化，停车位紧缺，道路破旧，绿化稀疏，外立面褪色等众多问题凸显，亟须改造提升（图4-192）。

图4-192 新未庄老旧小区航拍图

为改善居民居住环境，提升小区整体品质，柯桥区以完整社区创建试点工作为契机，推进新未庄完整社区创建和老旧小区改造工作。2022年5月，新未庄启动改造，投入各类资金5000余万元，根据居民诉求，对社区各类基础设施进行提档升级，直接受益居民人数达4755人，改造后新未庄小区在人居环境、基础设施、功能配套等各方面都走在全区前列。2023年7月，新未庄入选全省首批浙派民居建设典型案例。

（1）聚焦“一老一小”，完善服务配套

立足新未庄设施老旧、不足等现状，聚焦拆迁社区老年人和儿童两大群体，织补公共服务设施，重点打造5分钟品质生活圈，将家宴中心优化改造为1600平方米的社区邻里中心，配有社区书房、老年餐厅、老年学堂、婴幼儿照护驿站等20余个功能空间。另外，新建三星级卫生服务站，定期为居民特别是老年人群体，提供医疗服务和健康管理等个性化、多样化服务，真正实现老有所养、幼有所育。目前，小区家庭医生签约率已达100%（图4-193）。

图4-193　新未庄老旧小区改造后的社区邻里中心和托育驿站

（2）强化数字改革，实现数字赋能

经过统筹规划，在立面、交通、环境等提档升级的基础上，软硬结合，投入650万元加强数字赋能。增设智能道闸、智能门禁、视频监控等数字化硬件设施，成功破解小区安全治理难题，大大提升居民的安全感；集成落地“浙里未来社区在线”标准应用（图4-194），利用公共服务设施“一张图”，依托“浙里护理”提供预约护理、线上诊疗、医保结算配药等暖心服务；在邻里中心增设2台“一网通办”自助服务终端，提供人社、便民、档案、民政等10余个高频服务板块，可当场办结50余项民生业务，实现了居民办事不用出小区。

图4-194　新未庄老旧小区改造后贯通“浙里未来社区在线”应用

（3）打造特色品牌，推动共同富裕

新未庄联合各级党校积极开展合作，联合推出“重走初心路”系列红色研学路线，给前来研学的学员们提供教育活动、党员培训教育等有偿服务，与柯岩风景区、文广旅游局进行抱团，开辟“新未庄未来社区—叶家堰未来乡村”水上游线，点亮共同富裕的渔歌星火，今年以来已累计接待各类团队游客约2.5万人次，实现营收20余万元（图4-195）。

图4-195 新未庄老旧小区与文广旅游局等联合打造初心使命馆

（4）建立联动机制，搭建共治平台

由社区党委牵头，建立“一集四会小基金”联动机制，以“公益集市”融合四村居民，形塑居民行动，引导村民变市民，促成小区共建共治共享的治理格局。通过“四会”即“茶话会”“吐槽会”“板凳会”“联席会”和“小基金”，以及乡贤基金、助学基金，撬动社区议事协商，提升社区不同行动主体协同行动、集体行动的能力。截至目前，新未庄“公益集市”已有社工室1个、备案型社会组织16家、慈善服务点1个、公益服务项目7个，“四会”开展协商活动50余次，乡贤互助基金和孙恪瑄助学基金各1个，共筹得基金约100万元（图4-196）。

图4-196 新未庄社区便民服务中心和孙恪瑄助学基金捐赠仪式

3. 越城区华通花园老旧小区改造项目

绍兴市越城区城南街道高立社区华通花园建成于1999年，共25幢建筑，总建筑面积99148平方米，改造惠及618户。改造内容包括立面整治、市政设施、配套设施、景观绿化四大类。

打造“儿童友好型”社区是华通花园本次改造的特色亮点之一，为儿童和社区营造安全、包容的公共空间和绿色空间，让儿童能够自由自在地在户外聚会和活动。同时融入未来社区设计理念，完善监控系统、无障碍坡道、科普花园、童趣玩乐公园、社区书房、加装电梯与大自然接触等设计内容。以加装电梯为例，小区为此进行了整体规划，有序完成房屋的电梯加装工作。

此外，小区排水不畅，遇到雨天时常积水，影响居民出行，小区便对道路实施改造，增加透水砖，提高排涝能力；屋顶露台的违章搭建，凸保笼等问题得到了妥善解决；小区绿化也有了提档升级，修剪影响居民采光的乔木，更新小区健身设施，改善口袋公园环境，增设公共休憩座凳等。

在小区治理方面，新增门卫、岗亭，加强小区安保，同时健全了物业管理机制、健全长效管养机制，守护一方平安，提高住户生活质量。

华通花园改造后新增停车位259个，现阶段华通花园总停车位有464个，新能源充电桩3个。提升道路3829米，改造立面约69148平方米，加装电梯1台，增设匝道1台，监控增加15处，信报箱更换78处，口袋公园增加1处约130平方米，防盗窗拆除273平方米，垃圾分类点增加1处，车棚增加约4320平方米，健身设施增加6组健身器材。

华通花园老旧小区在改造前，将设计方案进行公示，并在改造过程中设置了红色监督小组，对改造涉及的防盗窗、雨棚、花架等相关成品进行了公示。设置老旧小区改造咨询点，把反映的问题及时进行处理。改造过程中，结合小区改造进行地下管道更新、对有加装电梯意愿的单元进行电梯井管线提前迁移布设，加快电梯加装施工进度，解决老年人上下楼困境，实现便利化提升。利用小区内闲置土地，建设口袋公园，配套部分座椅、小品设施及长廊等，并结合观花观叶类植物配置，打造休闲、娱乐一体的小区会客厅。此外，还将现状废弃社区用房改造为邻里中心，功能上增加书房、书咖、蛋糕店等业态功能，租金收入可用于小区管理，实现该老旧小区面貌和整体功能的焕新升级。改造前后对比见图4-197。

图4-197　华通花园小区改造前后对比

（来源：绍兴建设）

4. 越城区秀水苑老旧小区改造项目

绍兴市越城区稽山街道秀水苑老旧小区建成于2001年，共计楼栋81幢，建筑面积约20.3万平方米，改造惠及居民1637户。改造内容包括:外立面墙面和防水改造、污水零直排改造（房子外立面雨、废水管分流及场外雨水、废水、污水管翻建）、路面整修（小区主要道路拓宽、小区园路改造）、增加停车位、增加及改善居民活动空间等（图4-198）。

图4-198 改造后的秀水苑

（来源：绍兴建设）

秀水苑老旧小区改造后新增停车位350个，设置新能源充电桩2个，建设游步道约400米，提档升级社区道路约5000米。改造立面约21万平方米，防盗窗凸改平约2000平方米，安装雨棚约5200平方米，安装晾衣架约1300个。增设道闸4个，增补消防设施约900个、监控10台、信报箱8个、健身设施45个。

秀水苑老旧小区基础设施、公共服务设施老旧，停车难问题突出，经过改造后基础设施、公共设施均得到提升，小区建筑立面焕然一新，解决了外墙脱落的安全风险，提升了小区整体风貌。增加了固定停车位378个，临时停车位150个左右，有效缓解停车难问题。重新规划设计了口袋公园、健身步道，提升了周边景观，为居民休闲健身提供了好去处。中心广场进行了海绵城市改造，使小区蓄水排水能力得到提升。改造完成后，社区组织居民成立了业委会，同时引进物业公司，对小区进行长效管理，居民幸福感大大提升（图4-199）。

图4-199　秀水苑改造前后对比

（来源：绍兴建设）

5. 柯桥区后梅小区老旧小区改造项目

后梅小区位于柯桥区柯桥街道，东临百舸路，西靠万纤路，北临青峰路，南靠生态河道，占地面积82368平方米。小区共有41幢房屋，1042户人家，建筑面积约12.49万平方米。改造内容包括：建筑顶层外立面粉刷、底层钢砖修补、设备平台栏杆更换、建筑屋顶修漏、屋顶破损烟道口更换、道路绿改停（非机动车停车位）和车位划线、沥青路面翻新、楼栋及单元楼号牌更换、绿化地被补种、桂花迁种和部分零星工程，总投资约1000万元。

（1）改造内容基础完善

一是拆违治乱。未改造前，消防通道有乱堆放的杂物，小区内存在非法张贴的广告。经过改造后，所有上述问题均妥善解决，具体改造情况如图4-200、图4-201所示。

二是民生设施。未改造前，电动自行车停放杂乱，停车泊位紧缺，垃圾分类站点缺失，消火栓缺水，经过改造后，所有上述问题均妥善解决，具体改造情况如图4-202～图4-207所示。

图4-200　后梅小区杂物改造前后对比

图4-201 后梅小区环境改造前后对比

图4-202 后梅小区电瓶车存放改造前后对比

图4-203 后梅小区停车泊位改造后

图4-204 后梅小区信息设施改造后

图4-205 后梅小区环卫设施改造后

图4-206 后梅小区服务设施改造后

图4-207　后梅小区改造后消防设施

三是房屋整修。未改造前，屋面渗水，建筑檐口瓦片脱落，外立面粉刷层渗水，楼梯间脏旧。经过改造后，所有上述问题均妥善解决，具体改造情况如图4-208～图4-210所示。

图4-208　后梅小区墙面改造前后对比

图4-209　后梅小区楼梯间改造前后对比　　图4-210　后梅小区檐口屋面改造前后

四是管线整治。未改造前存在私拉乱接的各类飞线；室外横七竖八的立管，供水管网、燃气管网、电力设施、路灯等有所欠缺。经过改造后，所有上述问题均妥善解决，具体改造情况如图4-211～图4-216所示。

图4-211　后梅小区私拉飞线改造前后对比

图4-212　后梅小区杂乱立管改造前后对比

图4-213　后梅小区供水管网改造后

图4-214　后梅小区路灯改造后

图4-215　后梅小区改造后电力设施

图4-216　后梅小区改造后燃气设施

五是污水零直排。未改造前，阳台的污废水合流。经过改造后，所有上述问题均妥善解决，具体改造情况如图4-217所示。

图4-217 后梅小区管网改造前后对比

六是绿化提档。未改造前，小区门头不够显眼，绿化稀疏，步道缺失。经过改造后，所有上述问题均妥善解决，具体改造情况如图4-218所示。

图4-218 后梅小区门头、步道、 公园节点改造后

七是排涝优化。未改造前道路破损，经过改造后，问题妥善解决，具体改造情况如图4-219、图4-220所示。

八是电梯加装。整体规划设计和方案实施已完成，具体情况如图4-221所示。

九是治理机制。物业管理、长效管养，具体情况如图4-222所示。

图4-219　后梅小区改造前现状路面

图4-220　后梅小区改造后图片

图4-221　后梅小区改造后电梯加装

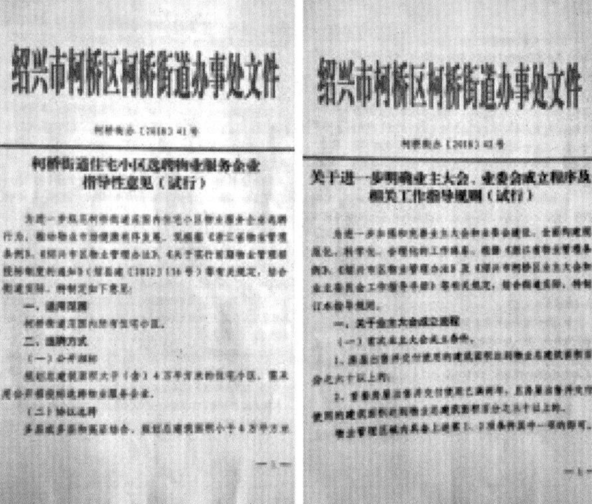

绍兴市柯桥区柯桥街道办事处文件

柯桥街道住宅小区选聘物业服务企业指导性意见（试行）

绍兴市柯桥区柯桥街道办事处文件

关于进一步明确业主大会、业委会成立程序及相关工作指导规则（试行）

图4-222　后梅小区物业服务指导性文件

（2）群众工作顺心安心

一是营造氛围顺势推进。为使居民真正理解、认识、支持改造工作，街道和相关社区层层发力，从充分尊重居民意愿的角度出发，做好前期动员、组织和宣传工作。通过召开社区居民、党员代表和物业公司等座谈会、张贴布告栏、现场咨询、上门入户宣传等方式，广泛征求居民意见，了解居民利益诉求，让居民有充分的话语权，赢得居民的理解支持，顺势推进改造。

二是多方联动合力推进。建立完善的工作机制：街道专门成立以书记、主任为组长，班子成员为副组长，相关社区主职干部、街道机关干部为成员的改造工作领导小组，并实行组长负责制和工作任务包干制，形成多方联动、相互配合、分级管理的高效运行机制；调动各方参与改造：各相关社区充分发动社区党员、居民代表、热心人士义务参与工程监督协调工作。如为防止改造过程中偷盗行为的发生，社区物色了20名热心居民每晚10时到凌晨5时开展夜间巡逻工作，确保安全。

三是深入现场一线推进。改造工作关键在第一时间发现和解决问题。工程实施以来，街道坚持“情况在一线发现、问题在一线解决、作风在一线体现”原则，工作组人员“5＋2”“白＋黑”长时间守在工程项目改造现场，第一时间听取居民意见建议，帮助解决存在问题。如在改造过程中大部分居民提出防盗窗式样、雨篷材质、空调移位等问题，街道在充分调研论证基础上，多次到现场进行调查，及时对部分设计方案进行了优化。虽然增加了预算，但赢得了居民的理解和满意，使这项惠民工程才真正办成了民心工程、放心工程。

四是坚持导向共同推进。在老小区改造过程中，街道坚持把好事办好、实事办实的原则，本着一切有利于改善居住环境，提高生活品质的宗旨，树立鲜明的利益导向，对一些因个人目的阻止改造的居民，采取有力的行政措施，强势推进改造。如在一期改造工作中，大部分居民配合施工单位拆除了防盗窗，但仍有50多户居民拒不配合，提出无理要求。对此，街道及时组织城管、公安等执法单位，对此类对象的防盗窗进行了强制拆除，赢得其他居民的好评。

（3）项目成效特色显著

一是城区整体面貌大幅提升。通过优化老旧小区的外环境，规划整齐的小区外立面使其较好融入城市整体格局，极大地提升城区的整体面貌，增加了城市的吸引力。

二是小区物业价值大幅增加。老旧小区因原物管基础不扎实，居民以各种理由不缴纳物业费，物业管理很难开展。通过改造，大范围增设更新了小区的基础设施，为后续物业管理进场提供了基础保障。同时，大量的基础设施建设，有效提升了小区整体物业价值，居民资产大幅增值，据测算，改造后小区内房价平均增幅超过20%。

三是小区居住环境大幅改善。包括小区内雨污排水通畅，改变了原来管道时常堵塞、污水外溢的现状；包括小区内车辆的有序停放，改变了原来车位不足车辆乱停放现状；包括道路平整通畅，改善了原来路面坑洼不平的现状；包括小区内空间的更新扩展，改变了原来陈旧拥堵的空间布局。居民对改造后的小区居住环境满意率达90%以上。

（4）项目价值全新有效

一是提供了城市化建设的新路径。中国城市化进程起步于20世纪80年代，一大批当年的城市新小区已经成为现在的老旧小区，基础设施落后，环境脏乱差已成为标签，同时带来城市城区的环境品质下降、空间秩序混乱等问题。通过老旧小区的“微改造＋”，改善小区内居住环境及小区外部面貌，以“小动作”换“大成效”，优化老城区的居住功能，实现新旧城区功能互补，有效提升整体城市面貌，增加城市吸引力，是统筹兼顾城市化进程的有效手段，为城市化建设提供了新的路径。

二是提供了促进社会和谐的新举措。老旧小区内居住的大多是年老或经济条件不佳的家庭，是需要社会关心和帮助的群体。通过改造，提高这部分群众的居住条件和生活环境，提高了居住质量，提升了资产价值，缩小了城市贫富差距，同时保留了老城区历史风貌。

三是提供了化解城市管理难题的新办法。如何做好老城区的城市管理是每个城市遇到的难题。通过改造，以“改”代“管”，通过改善基础设施，消除产生管理难点的土壤，从源头改变城市管理难题；以“管”促“改”，通过改造后提升物业管理，用管理来维护改造的成果，打造共建共治共享的社会治理格局。

6. 越城区乐苑新村老旧小区改造项目

乐苑新村小区建于1996年，由桃园、柳园两个组团构成。总建筑面积约11.7367万平方米，小区住宅共48幢，1320户，居住人口约0.3万人，一个典型老旧小区，存在建筑老旧、设施不完善、环境品质差等问题。

本次改造总概算投资约0.66亿元，改造主要内容包括立面、污水零直排、路面整治、绿化种植等方面，总投资约6000万元，目前项目已完工。通过本次改造，乐苑新村将形成“湖心花园模块+四大功能模块+一环串联”的小区新布局，同时为未来社区的创建打下了基础（图4-223）。

图4-223　乐苑新村建筑立面改造前后对比

（1）坚持民意导向

本次改造始终坚持以人民为中心，从群众最关心、最操心、最揪心的事情着手，在创建之初，通过发放总计1320余份调查问卷，了解居民在立面、配套设施、物业等方面诉求最多、改造呼声最大的问题，将居民意见充分融入方案，并在实施中建立样品展示区1处、咨询室1处，搭建居民良好沟通“桥梁”，同步对项目改造施工全过程进行监督，做到问题早发现、早处理，切实保障小区建设改到群众心坎。

（2）注重统筹联动

针对老旧小区“水、电、燃”等管线破损、老化严重的问题，协调市水务集团、电力、燃气等有关单位参与到老旧小区改造中，按照“最多改一次”原则，综合考量老旧小区历史存在问题和后续加装电梯等需求，力求一次改到位，避免重复建设。

（3）突出党建引领

建立党建引领的“指挥部”，成立红色监督队，开展党员教育培训、党员活动阵地等系统化建设，带领推动全区域群团组织和各类统战对象、小区团体向小区延伸，开展未来社区创建宣传倡议活动，召开民意纠纷专项协调会，累计展开30余次宣传活动，化解矛盾200余起，真正为小区居民搭起红色“连心桥”。

（4）凸显人文景观

改造对小区现有的2.03万平方米的绿化进行提升，种植更多的绿植、花卉，增加绿化层次感，提高整体空间利用率。定期维护和修剪绿化，保持绿地的整洁和美观。对原有的停车位进行合理优化，将原有的405个停车位增至460个，同步建立相应的停车管理制度，规范停车行为，一定程度上缓解小区停车难的问题。

同时充分利用现有的活动用地和宅间空地，增设篮球场、羽毛球场等健身活动场地，配置相应的休闲座椅、儿童游乐设施和健身器材等，满足居民的健身需求（图4-224）。

图4-224　乐苑新村公共活动空间改造前后对比

在小区内设置环通小区的慢行步道，串联休闲活动空间，同时在步道两侧设置座椅和照明设施，提高步道的实用性和美观度，方便居民出行（图4-225）。

针对小区地势低洼的现状，合理设置强排水措施，建设排水沟、水泵等，以排除小区内涝隐患。同时，定期检查和维护排水设施，保持其良好运行状态。

图4-225　改造后的乐苑新村休闲空间和慢行步道

乐苑新村西北角原为实体围墙，导致昌安街与龙洲路交叉路口的视觉盲区，存在较大的安全隐患。改造充分考虑居民意见，采用镂空形围墙，提升车流视线，消除安全隐患。同时在栅栏围墙上开一扇小门，方便北侧居民出入（图4-226）。

图4-226　乐苑新村西北角围墙改造前后对比

（5）强化生态塑韵

从居民需求出发，通过空间优化，将停车位数量增加111%，插花式设置电瓶车集中充电区域。结合绿地进行整体生态环境提升，新建雨水花园、生态停车场、透水铺装等设施4万余平方米，使得面源污染削减率达到43.8%，构建"湖心花园模块＋四大功能模＋一环串联"。具体包括湖心花园模块、儿童游乐区、老人健身区、雨水花园、邻里互动区，打造独具特色小区文化空间和载体，留住城市印记，构建生态宜居家园。

七、金华市

1. 兰溪市枣树社区老旧小区改造项目

枣树社区于2023年3月列入省第七批未来社区创建名单，为旧改类未来社区。社区位于兰溪市老城区云山街道，创建范围北至凯旋路，南至工人路与金千铁路，西至兰江，东至石门路，社区总面积约0.96平方公里，总户数3101户，常住人口7773人。社区以兰溪早期工业企业宿舍为主，建设年代较早，多为开放式小区。枣树未来社区聚焦于“一老一小”公共服务设施提升以及社区文化活力轴线的塑造，打造以“枣树幸福里、工业印象坊”为主题的未来社区（图4-227）。枣树社区先后获得“星级社区服务综合体”“全国科普示范社区”“全国综合减灾示范社区”等荣誉。

图4-227　枣树社区整体形象风貌

（1）完善公服配套，百姓共享“幸福枣”

一是“三心引领”打造高标准公服集群。枣树未来社区拥有党群服务中心、黄大仙文化公园、新北门菜场三大高标准公服核心。枣树未来社区依托城投物业用房建设了工业风党群服务中心，总建筑面积约1800平方米，设置有便民服务中心、幸福学堂、百姓健身房、电子书吧等多个功能板块（图4-228）。位于社区西侧的黄大仙文化公园占地面积8.3万平方米，是兰溪市区范围内最大的城市公园，公园主打体育运动特色，建有阳光草坪、儿童游乐场、篮球场等，可满足市民多层次的休闲健身需求。新北门菜场总建筑面积近5万平方米，是兰溪市内唯一一家四星级菜市场，该市场集婚宴、美食、农贸市场为一体，依托互联网+智能化管理，为兰溪人民打造了一个便捷、现代、智慧的“菜篮子”。

二是“代际融合”打造有温情老幼节点。枣树未来社区在现有“3+3”一老一小服务设施体系的基础上，填补了居家养老服务中心和社区食堂短板，盘活枣树村原办公楼闲置资产，新增居家养老服务中心，引入第三方运营企业，重点打造便捷、实惠的社区食堂。同时重点改造提升了农灵幼儿园与老年活动中心的共享公共空间“老幼同乐坊”，为老年人与儿童创造安全、共融且富有创意的停留与交流空间（图4-229）。

图4-228　枣树社区党群服务中心

图4-229　枣树社区“老幼同乐坊”改造提升

三是“软硬结合”打造智慧化服务平台。枣树社区依托金华数字家庭，完善人房数据库，重点建设健康检测、可视门禁、智慧停车等硬件设施，与此同时植入未来社区智慧服务平台，重点打造积分商城、场馆预约等应用，提升社区志愿者组织的活动召集能力与活动开展水平，让社区居民更加积极主动地参与社区活动。

（2）擦亮工业记忆，百姓共享“光辉枣”

一是“工业邻里”彰显兰溪光荣岁月。在通过对照老旧图纸、倾听老国企员工口述等方式精准摸排枣树社区各个国企工业宿舍的分布情况后，对枣树路两侧的七个工业宿舍片区路段进行整体提升，在各个宿舍的出入口统一增加企业名称标识，并结合宿舍墙面色彩对各个宿舍区的围墙进行美化，强化居民、游客等人群对枣树社区工业邻里的认知。

二是“工业年轮”塑造特色步行街道。应麟路工业年轮展示带以兰溪工业志为蓝本，将兰溪老工业大事记、兰溪本土品牌企业上墙，通过绿皮火车的设计语言娓娓道出兰溪工业的发展历程，应麟路沿线穿插植入工业景观小品，结合道路两侧绿树成荫的行道树，形成“可游、可观、可感”的“工业风”宜人步行街道（图4-230）。

三是“工业橱窗”强化社区中心标识。为了进一步强化枣树社区党群服务中心的标识性，在社区入口植入工业文化橱窗，体现枣树未来社区党群服务中心的工业文化特征，诉说着枣树过往的辉煌和对未来的期许。

图4-230 枣树社区“工业年轮”改造提升

（3）开创品牌服务，百姓共享“暖心枣”

一是“枣字头”队伍响应民生（图4-231）。为突出“便民、为民、安民”的宗旨，社区围绕“枣树下・幸福里”这一社区品牌，结合现代社区创建要求，开创了“孺子牛”解民忧、“枣妈妈”暖民心、“枣榜样”树新风等特色做法，在此基础上，社区依托人才资源库建立了“枣师傅”“枣管家”“枣创队”“银乐队”等一批“枣字头”的小巷队伍，及时解决居民急难愁盼问题。

图4-231 枣树社区“枣字头”服务队伍开展活动

二是“三清单”模式落实诉求。面对数量庞大的老工业企业退休职工，枣树社区定制“需求、资源、项目”三张清单，精准对接退休居民的迫切诉求，在老旧小区改造提升过程中逐一落实。

三是“共富坊”节点创造价值。分布于枣树社区各个楼栋底层的来料加工点为退休老年人提供了广泛的灵活就业机会，不仅拓宽了老年人的增收渠道，同时也为部分独居老人提供了交流与互助空间。

2. 永康市公安邮电老旧小区改造项目

公安邮电小区建设于1997—1998年，共19栋，位于永康市卫星路。随着城市发展时代变迁，小区存有问题如外立面墙体脱落、配套设施老化、路面破损、绿化缺失等日益凸显，小区改造提升工作已刻不容缓。

根据永康市“十四五”城乡建设计划及卫星社区居民调研结果，公安邮电小区改造被列入永康市2023—2025年城镇老旧小区改造工程。改造前期，由市住房和城乡建设局牵头、街道社区配合，征求居民改造意见，以“一小区一方案，一楼一策”合理确定改造内容。改造涉及建筑共19幢，用地面积29884.32平方米，建筑改造立面面积为49029.12平方米。改造的主要内容包括外墙修裂补漏、空鼓铲除修复、涂料翻新、保笼凸改平、设置空调冷凝水管、檐口翻新、防雷修复、小区入口提升、小区绿化提升、道路提升改造、车位规整、消防设施及安防设施更新、垃圾分类设施配置、楼道整改、弱电上改下、雨污零星改造等（图4-232）。

图4-232　公安邮电小区改造前后对比

（1）“对角线”改造形式

改造时间紧、任务重，为有力提升小区改造的速度和质量，经讨论研究，采取“对角线”改造形式，从小区的西北角和东南角分别依次推进路面破除、雨污管道埋设、沥青路面改造和外立面整治、防盗窗拆除、空调外机移位等工程，沿对角线由外至内进行改造，在短时间内实现“颜值”和“内在”共同提升，推动小区“华丽转身”。

（2）“多位一体”反馈渠道

针对施工现场可能产生的矛盾纠纷，市住房和城乡建设局会同东城街道卫星社区、城投集团等部门建立临时处置工作机制，由卫星社区每日派遣专员“进驻”小区，为居民答疑解惑，遇到重大问题，相关部门到现场协调解决。并公布联络员联系方式，及时响应居民诉求，着力实现矛盾不上交（图4-233）。

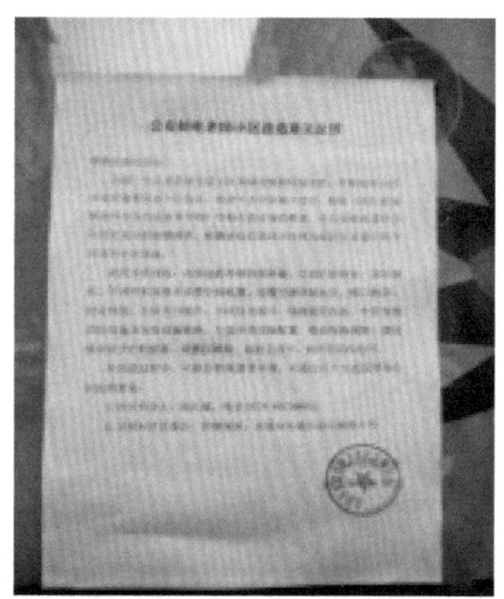

图4-233 公安邮电小区联络员联系方式公示

（3）“临时场地”多面配置

在老旧小区改造过程中，为缓解因破除路面而导致的道路拥堵等问题，安排施工方平整九松区块约1000平方米的级配石填埋临时停车场专用于居民停放；同时协调其他相关部门，开放松石西路，用于公安邮电小区内部居民临时通行，避免早晚高峰拥堵。

公安邮电小区改造以居民实际需求为出发点，共改造房屋19栋、拆除防盗窗1536个、改造建筑外立面49029.12平方米、改造道路10468.77平方米、铺设雨水管2200米、铺设污水管3500米。小区安装了新的电动车充电桩，新增了儿童游乐设施和体育活动场所等“一老一小”设施，设置了多个垃圾投放点，小区绿化也重现生机（图4-234）。通过本次改造，实现了小区居民生活品质的提升，增强了居民的幸福感。公安邮电小区也将成为样板，继续指导永康市的城镇老旧小区改造工作。

图4-234　公安邮电小区新增儿童活动空间

3. 东阳市园丁新村老旧小区改造项目

园丁新村位于金华市东阳市吴宁街道，建成于1998年，小区内共有建筑10栋，住户265户，常住人口1060人，总建筑面积40000万平方米。小区改造前失修失养失管，存在管网堵塞、雨污混流、私拉电线、楼道脏乱等诸多问题（图4-235）。为切实解决老旧小区建筑物和配套设施破损老化、市政设施不完善、环境脏乱差、管理机制不健全等问题，2020年，园丁新村正式启动老旧小区改造项目，总投资965万元。依据群众需求和实际情况，针对性地制定具体改造内容和改造清单。目前已完成地面和楼面违建拆除，对小区内的地下管网（给水排水）进行改造，加设雨水管网，做到雨污分流。小区内的强弱电线缆实施迁改入地，完成整体管线上改下3500米，清除了空中线路“蜘蛛网”。

图4-235　改造前的园丁新村实景图

此次改造过程中，园丁新村坚持细节把控贯穿小区改造全过程，坚持“面子”和“里子”并重，在内外墙改造、道路提升、小区亮化、智慧安防等基础设施提升的基础上，进一步开展电线杂缠外露等安全隐患及适老化改造等精细化工作，更好满足群众对美好生活的期待。

针对部分老旧楼院道路路面破损的情况进行面层改造提升，道路白改黑8200平方米，规整停车位、规划消防通道，增设停车位179个；完成道路标志线施工，疏通人行交通空间，增加智慧安防设施，完成市政配套设施更新。完成消防设施改造升级，增设消防设施54处。针对老旧小区核心绿化空间进行了梳理提升，累计提升绿化1800平方米，还增设了休闲凉亭、座椅（图4-236）。

图4-236　园丁新村改造后的道路与健身场地

在对小区基础设施和配套服务设施改造的同时，对小区内公共区域也进行了修缮改造，对原有建筑物进行了屋面防水、外墙保温及粉刷施工，在保留街区历史风貌的同时，根据城市颜色规划进行色彩统一（图4-237）。

图4-237　园丁新村改造后的小区大门和休闲场地

园丁新村紧密结合全国文明城市创建工作，积极开展文明秩序规范、垃圾分类宣传等系列活动。将老旧小区改造与加强基层党组织建设、居民自治机制建设、社区服务体系建设有机结合，发挥“社工委”作用，在街道党委的统筹部署下，小区居民与社区工作者形成合力，园丁新村开展集中环境整治和创文宣传活动共计23次，形成上下同心、齐心协力的浓厚氛围。针对老旧小区保笼林立的历史遗留问题，街道、社区党员代表按照“分片负责、按幢包干、责任到人、统筹推进”原则，施工前公开征集群众意见，施工中设立小区现场指挥部，常态化入户进行政策解读，细致做好服务工作。改造完成后，积极引导小区居民共参与、同维护，通过居民自治管理的模式维护改造成果。

八、衢州市

1. 柯城区书院社区老旧小区改造项目

衢州市柯城区信安街道书院社区地处老城区，辖区常住人口2033户、5497人，是一个开放式老旧小区多、沿街商铺多、流动人口多的“三多”融合型大社区，辖区主要有实验小学、书院中学、衢州市柯城区教育局、移动公司、书院菜场、两个加油站、明州医院、城中村、单身公寓等重点场所，还包含有伊甸苑一区、二区、衢政小区、书院小区等4个老旧小区，以及北门、东门2个城中村，和个别次新小区。

2022年，书院社区列入浙江省第四批未来社区项目建设名单，书院社区将老旧小区改造项目纳入未来社区创建项目范畴，于同年开始推动老旧小区改造和未来社区建设一体化实施，坚持党建统领、资源融合和居民参与三大特色，在做好未来社区“三化九场景”的基础上，围绕“共建、共享、共富”三大主题，打造了一个具备更高融合度、更广参与度、更强获得感的幸福社区（图4-238）。

图4-238　书院社区整体形象风貌

书院社区老旧小区改造的特色亮点有以下几点：一是它把周边城中村改造一起纳入其中，实现片区统筹规划，同时实现了社村共建共享模式，也为“村转居”奠定了一定的基础，推动了城乡融合发展；二是书院社区未来社区建设以共同富裕为目标，公共服务配套和设施提升不仅考虑本地居民，同时也充分考虑了流动人口的生活、就业需求。以上的经验能够为具有相似地理区块、人口结构属性的老旧小区改造提供经验。

（1）大党建引领大治理，推动社村共建

我们坚持党建统领，建强社区大党委，整合辖区部门、驻社企业等有效资源，搭建运营委员会，形成齐抓共管、共治共建的治理格局。

一是建立社区议事协商机制。明确“大事共议、要事共决、实事共办、急事共商”的原则，同时注重群众意愿，在开展社区党群服务中心空间布局改造提升工作时，线上开展问卷调查，线下邀请居民调研，多种方式收集民意、反映民声，群众呼声最高的项目优先实施。

二是社村联合运营委员会。书院未来社区的部分场景使用了北门村的集体资产，然而建设配套则会辐射到周围老旧小区居民，因此为了更好地平衡社村居民和村民的多种需求，由属地信安街道牵头，成立社村联合运营委员会，通过加强耦合联动、系统布局、集成推进，实现九大场景建设运营协调有序、相关主体各司其职，将托育服务、共享食堂、养老服务、幸福学堂等场景分别委托第三方实现可持续运营。明确运营收益归北门村所有，服务由大社区共享，管理由委员会负责。

三是推动社区三方协同。社区通过小区业委会、物业、村经合社，开展邻礼节、户主大会、红色议事会等方式解决了居民急难愁盼事项，包括八角楼小区地下车位的改造、阳光紫郡小区外立面鼓包、伊甸苑三区修树、祥和二期垃圾桶撤桶并点等一系列民生实事，切实做到民呼我为。

（2）大整合推动大融合，实现全龄共享

书院未来社区地处老城区，公共空间稀缺。社区以居民需求为导向，利用现有空间合理腾挪，规划布局各类公共服务设施，在老城区构筑起现代化的幸福生活链圈。

一是场景上做加法。利用现有空间打造了共享老年食堂、居家养老服务中心、托育中心、幸福学堂、老年大学、青少年活动中心等室内公共服务场景3176平方米，文体口袋公园、夜幕观影广场等室外活动场景4000平方米以上，完善民生服务基础，为周边社区的居民提供优质的民生服务，全力构建“10分钟社区服务圈”（图4-239）。

图4-239　书院社区口袋公园

二是资源上做乘法。聚焦“一老一小”，联动协同各方资源，整合书院中学、江南琴行、老年学堂等体制内外教育资源，传承赵忭文化，打造全龄学堂“清献别院”。在教育局指导下，组成由中学、小学党组织书记带队的优质讲师团，针对未成年人家庭教育过程中遇到的最普遍问题，开展讲座，为家长提供家庭教育学习平台。下设“清心社”心理工作室，由书院中学名师定期到社区“坐诊”，关心关爱未成年人心理健康，开展一对一心理辅导；“清讲团”邀请辖区校长开设讲师团，上党课、开讲座、谈亲子教育；开设“清松班”“清果班”“清亲班”，与区老年教育联盟、市青少年宫、培训机构等牵手搭桥，让更多青少年、儿童、老人在家门口享受丰富的教育资源，实现资源共享、文化共育（图4-240）。目前，书院社区已经开展全龄覆盖的兴趣培训和文体活动50余次，参与人数1500余人。

图4-240　书院社区老年学堂和青少年宫课堂

（来源：浙江在线）

（3）大服务助力大民生，激发强社共富

书院未来社区以流动人口就业难问题为切入口，以“邻礼通”数字应用为支撑，持续深化就业创业服务。

一是线下留住城市烟火。书院社区共完成了3万平方米的老旧小区外立面改造、3.5万平方米的道路“白改黑”、359千米的飞线序化、41个店招的更换，景观铺装10700平方米，通过有机更新整体风貌，打造焕然一新的街区空间。

二是打造多元就业场景。通过打造零工市场、共富工坊、烟火市集等场景，建设“创业e站”，由社企党建联建企业组织免费培训，通过开设直播间每天带货拓销路，原本赋闲在家的居民实现“家门口”灵活就业，促进更高质量充分就业。由于书院菜场周边常年“白天繁忙，夜晚冷清”，书院社区联合执法部门、菜场业主，充分利用菜场周边空闲场地，开办了烟火集市，并给困难群体和周边农户免费提供摊位，提高夜间商业氛围的同时，促进就业增收。目前设有17个摊位，仅开业2天里，吸引客流量2500余人，摊主人均营收500余元，同时带动周边水果店、杂货铺、糕点铺等商户收入小幅增长（图4-241）。

图4-241　书院社区烟火市集和创业e站课堂

三是线上拓展就业服务。依托衢州市“邻礼通”基层智治平台，社区通过标签化管理，开展更为精准的服务（图4-242）。以就业帮扶为例，社区把失业、工作不稳定、已就业人员分为红黄绿三色，重点帮扶红色人员，服务黄色人员，一年来共帮扶就业困难群体62人，失业再就业人员增长人数超40%。此外，在“邻礼通”建立了商圈“数据库”，一方面网格员可以更加直观地了解商户信息，对于消防、治安、安全生产等重点场所也可以进行标记，更加便捷地记录走访情况。另一方面打通了商户和社区、居民之间线上沟通的渠道，不仅给商户的用工需求和居民的求职需求搭建了平台，居民可以更直观地了解商户的情况，商户遇到问题也可以通过“邻礼通”向社区求助。在更好地服务商圈的基础上为居民提供更完善的就业服务。

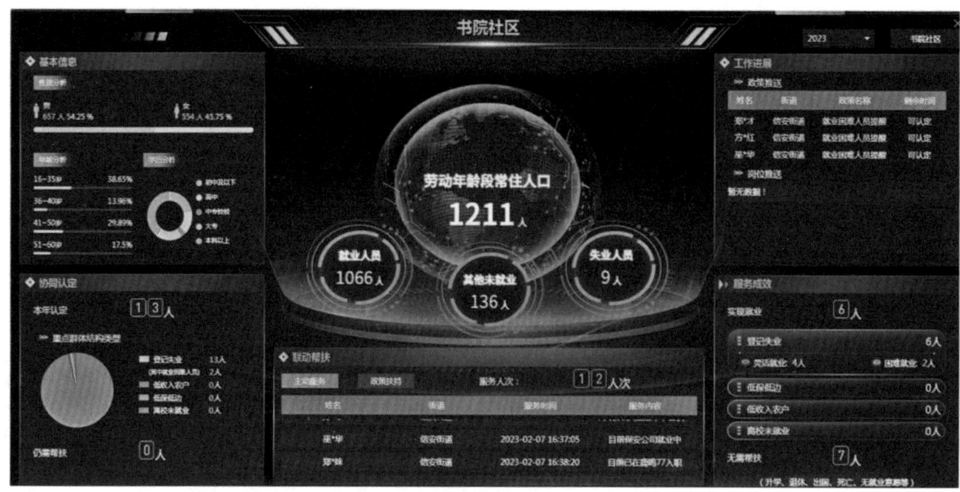

图4-242　书院社区“邻礼通”平台情况

2. 江山市湖溪里片区老旧小区改造项目

江山市湖溪里片区位于老城区的最北部，北至北环路，南至江城北路，西至环城西路，东至江滨路，该项目涉及城北社区范围内的5个小区，分别为站前里小区、湖溪里小区、江滨四区、城北广场小区、北关里小区，共121幢房屋，约2382户居民，总建筑面积约387892平方米，实施范围面积约70万平方米（图4-243）。

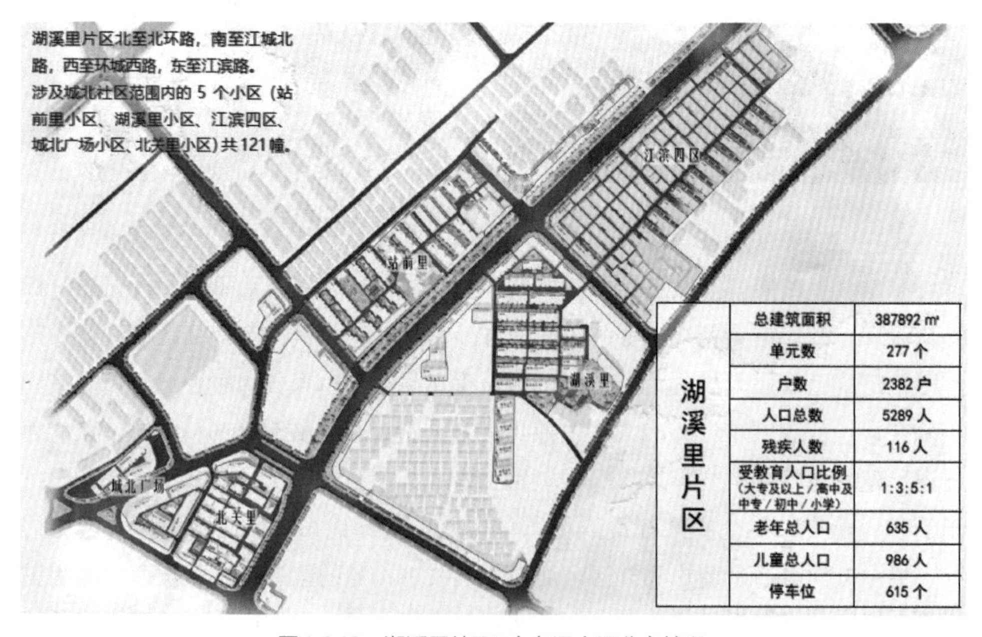

湖溪里片区		
	总建筑面积	387892 ㎡
	单元数	277 个
	户数	2382 户
	人口总数	5289 人
	残疾人数	116 人
	受教育人口比例（大专及以上 / 高中及中专 / 初中 / 小学）	1:3:5:1
	老年总人口	635 人
	儿童总人口	986 人
	停车位	615 个

图4-243　湖溪里片区5个老旧小区分布情况

整个片区存在着如下问题：城市形象不佳，由于建筑年代不同，存在商品房、自建房、房改房等，建筑风格各有差异；基础设施落后，消防设施、安防设施缺失，垃圾桶裸露放置，停车位严重不足；服务设施缺乏，片区内养老、托育、医疗等设施严重不足；公共空间较少，功能单一，健身设施布局杂乱，绿化品种单一等，居民对改造的愿望十分强烈。

2021年1月，湖溪里片区启动改造，历时近1年半时间，改造内容包括：小区雨污水管网改造、消防道路及设施改造、停车位改造、垃圾收集点改建、绿化提升、路灯改造、单元楼道整修、外立面整治、弱电上改下、无障碍设施改造、智能安防改造、健身活动设施改造、养老托幼设施改造等；周边道路雨污分流改造、路面白改黑等。

湖溪里片区改造针对原有老城区开放式居住区的现状，以片区化理念统筹规划，推动小区、社区和街区提能升级，激活了老城区商业活力，提升了居民生活品质，对于改善城市风貌具有十分重要的意义。

（1）改善空间布局，重塑城市风貌

湖溪里片区改造以“百里江山披锦绣，熠熠星光落湖溪”为设计理念，理念生成是以衢州市以及江山市的城市名片“衢州有礼”“锦绣江山”为灵感，由于江山港流经江山市内总长度为105里，因此引出“百里江山”，城市更新的开展与实施为江山市披上了一层锦绣的外衣，是为“百里江山披锦绣”，湖溪里片区各个小区改造后由内而外焕然一新，如点点星光，因此叫作“熠熠星光落湖溪”。本次改造目标是将湖溪里片区打造成“基础设施功能完善、社区服务配套齐全、社区文化特色明显”的片区。

一是形成“1244”的空间布局。以中央景观生态轴为一轴，以湖溪休闲带、北关休闲带为两带，以城北广场片区、湖溪里片区、站前里片区、江滨四区作为四个居住区，以“樟前礼遇、江城颂歌、友邻港湾、松园留念”作为四园。

二是推动商业街区提档升级。本次改造对片区的商业街进行了外立面整治和店招整改，沿街建筑外立面结合江山市当地城市色彩与城市肌理进行整体翻新改造，体现片区整体形象的同时充分展示江山风情。同时结合业态规划引导空置店铺招商，使得沿街商铺业态丰富多元，推动商铺提档升级（图4-244）。

三是打造最美归家路。在城市方面，强化鹿溪北路城市绿化廊道的定位挖掘存量用地，改造两个城市公园；在片区层面，将鹿溪北路打造为核心绿色廊道，强化其生态串联功能；在社区层面，重点治理“社区—组团—单元”三级公共景观廊道和节点。

图4-244　湖畔里片区沿街商铺改造后

（2）完善片区基础设施，消除安全隐患

从建筑本体外立面渗漏修补、市政道路改造、实施雨污分流、弱电上高桥等工程，充分释放物理空间，彻底解决了老旧小区渗水积水、消防安防等难题，得到了群众真心拥护。

针对老旧小区普遍存在的电线暴露隐患、管网老化隐患等，积极协调水、电、气、电信等多部门，下功夫整改“看不见”的隐蔽工程，开展“飞线”整治，加强老旧小区消防隐患排查，增配消防器材，打通安全应急通道，全力以赴改出景观美感、空间秩序感和生活安全感。

针对湖溪里小区内部现状未规范划分停车位，现有车位数量未满足停放等问题，通过重新挖潜，改造后拥有停车位275个，新增无障碍车位4个、助力车车位4个。

针对片区内道路不通畅问题，完善了小区内部消防道路，打通了小区内的“生命通道”，保障消防车的顺利通行，同时对整个片区交通道路进行梳理，使其充分衔接城市道路（图4-245）。

图4-245　湖溪里小区建筑改造前后对比图

（3）聚焦全龄需求，打造两大层级休闲体系

湖溪里片区以全龄安康为主题，进一步打造儿童友好型、老人关爱型社区，构建了两大层级的就近公共休闲圈。

一是构建公共休闲公园。通过挖掘存量用地，融入山水元素，改造两个主题公园，构建辐射全片区的五大公园体系，打造一个儿童友好、老人关爱、邻里和谐的空间，建设全龄活动场地，场地内设置多种活动器材，针对不同年龄段的孩子，还设置了科普认知区，同时设置健身器材，让老年人在看护的同时可以锻炼，增设和睦亭，为居民提供休憩交谈的有“顶”空间，植入邻里和睦文化（图4-246）。

图4-246 湖溪里小区站前里公园改造前后对比图

二是打造社区休闲中心。根据公园布点和服务范围，改造小型的社区级休闲中心，为全区居民共建便捷的休闲体系，结合社区服务中心建设休闲场所。通过利用街角空间放置休闲器材，结合社区服务中心建设休闲场所。

（4）健全推进机制，提高居民参与

在开始方案公示及居民宣讲工作前，江山市住房和城乡建设局先召集相关街道、社区举行了“四问四权、三上三下”工作推进会，并取得了98%的居民支持老旧小区改造的同意率。在方案公示和居民宣讲会进行过程中，由江山市住房和城乡建设局把握工作方向，各街道、社区工作人员全程参与，设计单位充分配合。

在展板公示与居民宣讲会后，居民配合积极，对改造方案表示热烈的赞同，反响强烈。同时通过推行全过程工程咨询，优选设计、施工、监理单位。由于整个片区改造时间跨度长，通过合理安排时序，并制定老旧小区改造提升工程质量安全、文明施工管理办法，加强对片区施工扬尘、噪声等方面的管控。此外，江山市加大现场检查和随机抽查力度，严格执法，确保工程质量和施工安全，减少给周边居民带来的不便和影响。

3. 荷花街道荷花小区老旧小区改造项目

荷花小区改造工程共涉及48幢房屋108个单元，小区用地面积为78900平方米。常住户1259户，总计3894人。该项目主要是完善基础功能设施、完善小区适老设施、增加居民公共休息空间、打通小区生命通道、新增附属用房。整个工程投资3000万元，工期4个月（图4-247、图4-248）。

图4-247　荷花小区局部围墙拆除前后对比

图4-248　荷花小区西大门改造前后对比

（1）红色物业联盟架构

荷花街道荷东苑社区荷花小区老旧小区改造工作通过街道大工委牵头，社区大党委具体实施，织密党建之网，强化引领作用，“红色物业”软实力助推老旧小区改造工作，大力提升小区治理能力和治理水平，群策群力，着力解决居民的操心事、烦心事和揪心事，切实提升居民的获得感、幸福感、安全感（图4-249）。

（2）事前沟通，打好改造“前哨战”

一方面对接部门单位。先后走访所涉及的23个部门、单位，做好“事前沟通”，各部门、单位纷纷表示会服从政府统一规划，并全力支持；另一方面同步做好基础数据的摸排。通过入户摸排、不动产中心核查等，共摸排出73套公房，为后续工作的推进打下扎实基础。

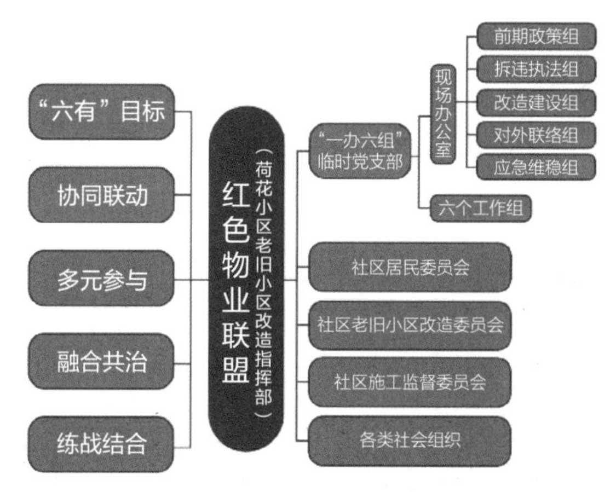

图4-249　荷花小区红色物业联盟组织架构

（3）入户征集民意，夯实改造“奠基石”

涉及改造的总户数为1209户，108个单元楼道。前期入户发放意见征求书1193份，意见征求率达98.67%。后续收回有效意见征求书1170户，同意改造1125户，改造支持率为96.15%（图4-250）。

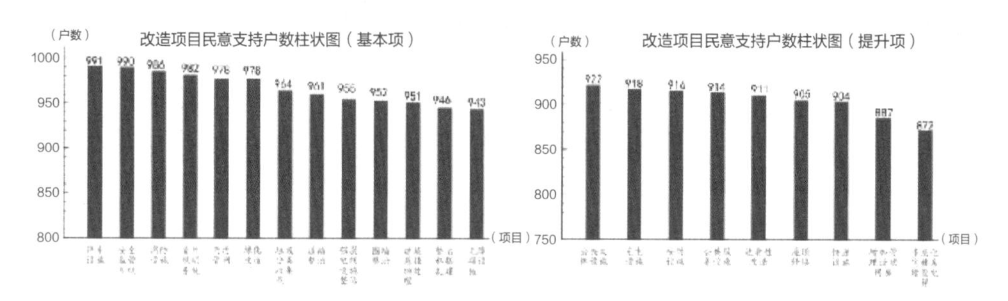

图4-250　改造项目居民意愿支持户数

（4）建立“社区老旧小区改造委员会”，出好居民“自治拳”

街道始终坚持“居民的问题居民来主导”的重要工作思路，特别是在处理历史存量违建拆除改造“老大难”问题时，街道党工委组织居民代表建立老旧小区改造委员会，张贴《推选办法》及《推选公告》，并组织开展第2次入户，发放业主推选表1119份，意见征求率达92.5%，共推选出老旧小区改造委员会成员48名。老旧小区改造委员会，目前共召开协调会10余次，为上级决策提供建设性意见21条，第三工作组在本区块召开了小区改造“集体征询会”，街道、社区、相应楼幢老旧小区改造委员会成员、居民代表等前来参加，面对面征询意见、面对面答疑解惑、面对面沟通情感，努力把工作细节做到居民的心坎上（图4-251）。同时，老旧小区改造委员会成员还主动开展宣传政策、改造意愿征询等相关工作，充分发挥社区居民主人翁意识，形成行动自觉。

图4-251　老旧住宅小区改造委员会工作情况

九、舟山市

1. 岱山县蓬莱老旧小区改造项目

蓬莱社区位于舟山市岱山县高亭镇老城单元，极具岱山老城特色风貌。社区常住人口约9092人，其中户籍人数3928人，常住户数2841户，60周岁以上人口占总人数的30.96%，老龄化现象严重。规划单元总面积约153公顷，北至长河路、南至蓬园路、西至蓬莱路、东至岱山新天地和南岙村，总面积约17.8公顷，直接受益居民数约1万人（图4-252）。

（1）党建先锋联盟筑城，提升基层治理能力

一是强化组织引领力，推动共建共享。通过大力推动社区党组织体系向下延伸，推动党组织嵌入社区生产生活全服务链。充分利用已建成的公益性、惠民性空间，集成城市书房、幸福学堂、党建客厅、民安救援、东海渔嫂等公益组织，由组织部牵头，乡镇部门、社会组织共同参与，成立“蓬莱未来社区党群服务中心”，全力打造“党建引领、多元融入、专业管理、群众自治、社会共享”的现代化社会治理新格局。

图4-252 蓬莱社区整体形象风貌

二是发挥群众创造力，实现共商共治。通过设置社区客厅、社区议事厅、居民调解站建设线上线下结合的参事议事新模式，构建党建引领的“政府导治、居民自治、平台数治”三治融合未来社区治理模式。把未来社区建设往哪改、怎么建主动权交给市民，在规划阶段，利用座谈会、上门走访等形式聆听群众的意见和诉求，累计收集建设意见1400余条。此外，针对蓬莱社区“一小”，由社区牵头组织，学校、大龄学生、志愿青年共同发起，联合社区居委会、托育机构、统筹运营单位共同承办“蓬莱儿童议事厅”，组织社区青少年对社区治理贡献创意，让儿童对社区家园治理有更强的归属感和责任感。

三是汇聚先锋凝聚力，促进共创共赢。建立以社区党组织为核心，党员志愿者组织为主体，居民群众广泛参与的志愿队伍，逐步形成“事务共议、难题共解、发展共促”的良好格局（图4-253）。扶持社区内群众自治社会组织，并与其他社区进行联动扩大社群组织影响力。

图4-253 蓬莱社区邻里中心、邻里议事厅开展党员会议

（2）关注“一老一小一新”，创建全龄友好型融合社区

一是打造健康发展“生态圈”。充分挖掘社区建筑存量空间，改建原中心幼儿园为2800平方米的一站式邻里中心，设置少儿成长驿站、老年日间照料中心、健身房、幸福学堂、屋顶运动场地等功能场景。考虑海岛城市小而精的带状发展结构，从社区居民实际需求出发，因地制宜建立“5-10-15”分钟生活圈，合理嵌入生活配套，如共享食堂由高亭镇居家养老中心集中配送，减少重复建设。此外，为加强邻里互动，实现老幼新共享，社区增设1160平方米的童乐公园、1065平方米的飞鱼森林，增加智慧化健身步道532米，截至目前，社区邻里中心累计客流量达14.3万人，获得社区居民一致好评。

二是构建全龄友好“服务圈”。场景建设完成后已陆续组织开展邻里节、传统节日等社区活动，便民生活、知识讲座等邻里活动，以及同心社、书画社、民安救援队等社团活动超90场次，覆盖5000余人（图4-254）。

图4-254　蓬莱社区改造后的邻里中心外景和幸福学堂开展多元活动

三是营造大邻里型“文化圈”。通过梳理社区发展沿革、挖掘海岛文化历史记忆、提炼文化元素等方式聚焦文化认同，在邻里中心设置社区文化展区，引领社区居民提升思想共识。邻里中心以山海元素为设计思路，融入岱山特色海洋、仙山、仙茶、木偶戏等自然人文要素，打造富有海岛浪漫、山海文化的蓬莱社区核心区域。

（3）坚持数字赋能，打造蓬莱特色智慧生活

一是依托数字平台，服务场景应用。改造后打通岱山社会治理大联动平台系统，居民可通过“智享蓬莱”微信小程序和浙里办APP实现线上一站式服务。基于社区CIM底座，打造可视、可感、可用的高效未来社区服务平台。如运用智能算法研判公园内老人活动的异常情况，当出现人员摔倒5秒内没有起来，系统会自动报警到社区管理服务平台，提示社区工作者及志愿者前往查看；针对幼儿托育场景，部署长效流媒体服务实现“家长在线看宝宝”功能。

二是保障硬件设施，优化功能配套。针对社区停车难、活动空间小等难题，有机植入智能化硬件设备设施，打造智慧卫生服务站、智慧书屋、智慧跑道等功能设施；优化交通与停车设施，通过镶嵌排布，增加16个非机动车位，缓解社区非机动车散停乱停不文明现象；通过统筹冗余土地、科学漆画停泊车位，新增车位152个，并植入智慧停车、一键移车等数字功能，解决社区停车出行难题。

三是创新乡社联动，实现资源交互。将蓬莱未来社区邻里中心作为始发站，连接岱山县域7个乡镇未来乡村及外市未来社区，将文旅思路导入未来社区运营。深入拓展研究未来乡村与未来社区的联动，探索挖掘未来村民与未来居民之间相互的生活向往和资源交换的需求，逐步构建村社联动实施路径的可行蓝图，探索破解老旧小区运营期资金平衡难题；利用存量空间实现场景服务商磋商招引，以商业收费服务收入反哺公益普惠服务支出，实现资金收支平衡。目前，蓬莱社区邻里中心成长驿站空间已通过市场拍租，引进1家优质托育机构，有效盘活社区空间，促进社区可持续运营。

2. 普陀区莲花公寓老旧小区改造项目

莲花公寓地处舟山市东港街道，属于东港第一批商品房小区，于1996年建成，总建筑面积约1.487万平方米，包括11幢建筑单体。小区改造前建筑外墙为瓷砖，存在着外墙老化、屋顶漏水、球门型衣架较多，空调外机支架、防盗窗的位置不统一，安装不规范；小区环境较差，绿化带侵占、道路狭窄，通车难；无物业管理，安防不到位等问题。

小区于2020年完成了改造，并成为舟山市普陀区修缮实践样板点（图4-255）。

图4-255 莲花公寓建筑本体改造前后对比

（1）设计师进小区，保障按需点单

设计单位根据莲花公寓小区特点及居民诉求，进行方案设计。方案初稿形成后，邀请小区业委会和居民代表参加讨论，征询修改意见。之后，设计单位将修改充实后的方案效果图和改造内容张贴在小区醒目处，广泛征求居民意见，并邀请了设计师、规划师等一起讨论，对居民反映较多的问题进行逐一研究，有重点、按时序解决居民痛点。如重新规划绿化、拓宽路面，彻底解决拥堵问题；针对外墙瓷砖雨天渗水问题，在瓷砖外墙外再刷一道涂料，增加一道防护。此外，改造内容还包括对屋面防水隔热层修复，阳台落水管更换；防盗窗拆除，增设晾衣架及雨棚；楼道公共部位整修；弱电管线整治；小区道路提升、雨污分流改造、绿化修整、路灯更换；停车设施、快递设施、公共晾晒区增设等。结合智安工程建设，小区在公共区域安装车辆识别道闸4个，封闭式电子门9个，还引进第三方公司安装了57套智慧楼宇门，保障居民的人身财产安全。

（2）探索多方出资模式，实现共赢

小区的智慧管理设施，如智慧楼宇门、封闭式电子门等相关费用，由政府和第三方公司各承担50%，合计50多万元。与此同时，小区将楼宇门上的广告位10年经营权，转让给第三方公司，实现了共赢。

为解决小区内一直无管道燃气的问题，通过多部门协调，最终达成“居民承担一部分、街道补助一部分、燃气公司让利一部分”的出资模式，居民承担改造费1200元/户，街道出资52万元，燃气公司让利27.5万元，最终顺利引入了燃气管网。

莲花公寓引导业主出资，如楼道墙面的粉刷费用，采用一楼由政府出资，二楼以上由居民和政府按1：1分担。

（3）三方协作，实现业委会自治管理

莲花公寓业委会成立于2018年，小区根据业主的实际需求在改造后采用了业委会自治管理模式，自行添置公共设施设备、服务人员。莲花公寓大户物业费为350元/年，小户物业费为320元/年，相对于商品房物业缴费较低，因此业委会自管模式能够在资金有限的情况下实现更好管理，物业服务主要包括聘用门卫对进出人员及车辆进行管理；小区内的卫生保洁，委托于环卫公司负责，垃圾清运一天3次；绿化整体打包给绿化工，由专人定期负责养护；安排维修工对公用设施设备进行维修。同时改造为业委会自治管理提供了硬件条件，为提升片区安全，还在各出入口安装了摄像头，并与公安系统相连，结合序化员动态巡查，实现小区治安常态管理全覆盖，基础设施的提升降低了管理过程中产生的费用支出，物业费可以更多用于其他方面服务小区业主（图4-256）。

图4-256 业委会管理成效

小区还组建了兼合式党支部，推选了楼道长，联合业委会通过三方协作，共同管理小区。楼道长协助业委会了解每幢楼居民的心声，协调楼栋居民矛盾，作为代表反映一些楼栋问题，做好楼栋卫生检查等工作；兼合式党支部则会每月定期开展全民清洁日，组织热心业主对小区环境进行大清扫。

十、台州市

1. 黄岩区江城未来社区老旧小区改造项目

江城未来社区位于黄岩区新前街道，属于旧改类项目，社区创建工作于2023年3月启动，社区创建单元80.3公顷，涉及总户数4288户，受益人口6715人，2023年11月完成创建并顺利通过验收。黄岩经开集团依托江城未来社区现状区位、配套设施、绿道等基础优势，聚焦“和悦江城·美好共聚”主题，以“‘和悦’优场景 、‘和悦’合民意、‘和悦’铸共富”为创建着力点，瞄准居民需求，征求居民意见，织密服务网络，强化社区建设，全力打造共治共享、老少共融、睦邻友好的美好生活共同体，让共同富裕惠及社区的每一位居民。

（1）坚持以人为本，建设品质“和悦”优场景

黄岩江城未来社区坚持党建统领，以“党建统领、凝结邻里、活力健康”为特色亮点，厚植文化底蕴，不断优化居民生活体验，打造“党建有高度、治理有深度、服务有温度”的美好生活共同体。针对居民生活配套痛点，积极盘活存量空间15000余平方米以上，通过打造一套“全方位红色治理体系”、一处“全要素邻里中心”、一条“全天候健康生活轴”来实现一心多点的配套空间格局，为居民高品质生活丰富了载体、拓宽了空间，使得居民幸福感和满意度显著提升。

一是党建引领，打造一套“全方位红色治理体系”。围绕“党建有高度”，打造江城未来社区“红立方”党建品牌，构建全方位引领、全领域统筹、全覆盖推进的大党建格局；围绕“治理有深度”，通过社区治理“1346”工作法，进一步推动基层治理的深度，不断增强人民群众获得感、幸福感、安全感；围绕“服务有温度”，依托“邻里悦享、康养悦情、童心悦育、青创悦动、平安悦护、医养悦心”六大“和悦”图景，打造邻里和谐、和美、愉悦的融合型社区。

二是凝结邻里，打造一处“全要素邻里中心”（图4-257）。江城邻里中心位于绿城宁江明月红枫苑，面积约2800平方米，一层配置有居民会客大厅、共富工坊、日间照料区、江城书吧等功能，为居民提供一处便民服务、邻里交往空间；二楼配置有幸福学堂、百姓健身房、婴幼儿照护驿站、老年书画室、党建会议室等功能，为社区居民“15分钟生活圈”注入更多选择。

图4-257　江城社区打造“全要素邻里中心”

三是活力健康，打造一条“全天候健康生活轴”。以滨江体育公园为核心，推进“绿园＋绿道”工程，修缮提升沿河健康步道3043米，更新活动广场面积4542平方米，新增垂钓平台、智慧步道等设施，全面满足社区居民多元的健康健身需求，实现“健康生活就在家楼下”。

（2）坚持需求导向，强化服务“和悦”合民意

江城未来社区创建过程中，始终坚持“需求导向”考量，在做好软硬件提升的同时，注重建好社区居民精神家园，打响“和悦江城”品牌。

一是活动组织方面，未来社区建设工作开展以来，社区以邻里中心、滨江体育公园等为载体，分别以“欢享春”“奇妙夏”“喜乐秋”“温暖冬”为主题开设巧手“生花”•指尖非遗、小橘灯手工制作、凌云武术电影节、木荷计划、泡泡趴和幸福市集等各类邻里活动近60场（图4-258）。

图4-258 江城社区依托新建场地开展丰富的邻里文化活动

二是关怀关爱方面，江城未来社区依托“红动永宁”共享计划服务载体，成立专业服务团队进驻邻里中心开展各项咨询服务，同时联动绿城物业、社区商家共建“江城同盟”，通过商家联盟、资源共享、活动联办等方式，统筹辖区资源，打造出“党建引领＋商家联盟”的特色服务品牌，推动社区和机关单位双向互动，机关资源下沉社区一线，把服务送到群众家门口。

三是智慧管理方面，在邻里中心、社区卫生服务站、小区出入口等公共空间植入客流分析、适老化设备、AED紧急救援设施、浙住通门禁和监控等数字化设施设备，构建智慧驾驶舱，实现公共资源的有效调度。社区居民通过“数智黄岩”小程序，享受邻里活动报名、物业保修、兴趣课堂预约、创业咨询等各类线上线下服务。截至2023年底，共计上线应用45个，其中数字社会应用15个，平台累计注册用户3002人，线下空间场景日均客流210人次，数字化运营工作取得明显成效。

（3）坚持文化植入，打造精神“和悦”铸共富

江城未来社区聚焦“和合城•幸福里”建设，坚持党建统领，突出发展“凝聚文化”，聚力打造江城美好幸福家园。保护社区原有宋韵文化、橘文化、黄岩武术文化，展示推广新时代“凝聚文化”，重塑经典记忆和历史面貌，打造特色微邻里活动场所。

沿朝元南路联动天佑城、宁江明月农贸市场打造“共富生活市集”，举办特色节庆活动，开展共富夜市、四季民俗体验等活动。此外，江城未来社区，距离模具小镇仅2.3公里。社区通过搭建线上线下社群平台，打造生态、舒适的生活环境，强化对模具产业人才吸引力。同时，以“小橘灯”共富工坊为基地，建立了“青创江城”服务品牌，发动辖区内企业高管、新乡贤、高知分子等组建“江城导师”队伍，培育“江城创客”队伍。

2. 椒江区云港未来社区老旧小区改造项目

云港未来社区位于台州市椒江区白云街道，由多个小区构成，人口约3495户、8870人。创建范围北至体育场路，南临一江山大道，西接中心大道，东靠东环大道。云港未来社区以党建统领为核心，从老百姓实际需求和提升居民生活体验出发，立足社区的核心任务，以功能植入与空间联动的方式，强化全维健康养老、睦邻友好共融和老少共建特色，打造特色鲜明、活力健康的旧改典范社区。

（1）社区生活“多一点”，居民“乐一点”

一是充分利用邻里生活空间。云港未来社区里邻里空间布点数量多，位置遍布整个社区，除去邻里中心，包括多处文化家园，葭沚泾口袋公园，架空层活动场地、议事厅、商业室外活动空间等，为不同位置的居民提供邻里交互的空间。在“硬装”上，通过对云港未来社区系列串联整体空间，打造集康体健身、邻里休憩、文化景观、亲子互动等多功能于一体的社区综合型邻里文化广场，为居民休憩、游乐、运动提供充足的土壤。

二是打造“一老一小”时光。云港未来社区打造社区居民最后一公里的完善服务，为“一老”建设病有所养、食有所给、闲有所适、行有所便的和谐社区；为“一小”实现兴趣培养、幼有依托、关爱儿童、亲子交互的完善场景。在各个区域组织各种主题教育课程，涵盖各色人群，兼顾各年龄段的不同需求。建设老年儿童的自由活动空间，以不同环境作为承载，提升“一老一小”生活的幸福感，使全龄居民动态互联，共筑生活交互健康融合。

三是发展社区文化。云港未来社区提炼自身文化资源，承袭葭沚水文系统，延续传统文化；以垦二代居民为引领，宣扬垦荒精神。根植文化沃土，提炼特色文化主题，社区结合传统节日和空闲假日，规律性组织特色文化主题活动，如邀请专业人士开展制作团扇、香囊等，联合社区儿童社团开展舞狮表演等活动，将特色文化主题融入邻里生活的方方面面，实现文化精品化打造。

（2）15分钟生活圈“近一点”，居民生活“便一点”

一是满足健康需求。云港未来社区设立了卫生服务站、邻里中心、怡家食堂、健康绿道、架空层运动空间等设施，全方位打造了普适全居民的乐活健身空间。设立专业便利的医疗卫生服务中心，提供优质的医疗服务。联动专业医疗资源，实现便捷就医、自助取药、健康管理。组织多项社区活动，既有专业健康的卫生服务活动，同时也注重整体兴趣导向的休闲活动，综合性为社区居民打造立体生态的健康空间。

图4-259 云港社区邻里中心的社区食堂

二是满足商业需求。云港未来社区以线上线下交互服务为优势，以商业核心万达广场为亮点，以社区应急与安全防护为保证，整体且有特色地做好商业服务。社区通过多点布置，统一设计的各色底层商铺改变了部分低小散的服务业态，统筹性规划了社区商业氛围。而万达广场集中式商业又可以集中式解决居民单点复合式的需求。同时以集中商业客群为依托，也可以兼容其他场景，如文化、创业、教育等等信息，具有高效性。

三是满足教育需求。云港未来社区以打造全龄教育为核心，完善教育布点，积极依托社区内的教育资源，加强校社联动，在邻里中心打造全龄学堂，为全体居民提供学习沟通的场所，并设有明和雅苑托育中心，为社区家庭提供一个靠谱、专业、普惠的托儿场所。在义务教育资源上，通过文渊小学、白云中学达到了学区全覆盖，两处幼儿园也做到15分钟步行圈的可达性。

（3）社区管理“优一点”，居民生活“美一点”

一是党建统领。云港未来社区突出党建聚邻，统筹党员干部领导基层党员、居民代表、物业管家等，细化管理颗粒度，积极推进居民区党组织全覆盖，通过“定格+管理”服务，常态化开展上门走访等活动，增进与居民的联系和沟通。同时以社区党组织为基础，做到党课联上、活动联办、工作联抓，构建专区单位党组织共同参与的“区域统筹、利益共存、资源共享、共驻共建、双向服务、双赢共进”区域化党建工作新格局（图4-260）。

二是数字赋能。云港未来社区充分融入数字化服务，实现智慧生活、乐享邻里，以重点地图为基底，融合多元场景服务，契合未来社区九大场景创建需求。数字化服务依托省通用版平台实施落地，搭建了治理端、居民服务端、运营管理端三端入口。其中，居民服务端配置了省标配应用、数字社会应用、场景个性应用共计48个应用，场馆预约、活动报名、报事报修等高频服务应用得到居民的一致好评。

图4-260　云港社区服务大厅

三是联动运营。云港未来社区以综合联通和扩大联动范围为特色开展运营。在公共服务供给上，地方政府、专班组织开展多部门协调，通过政企高效合作组织，推动跨场景运营合作落地。椒江区社会事业发展集团有限公司统一联动全区未来社区运营，总结前序经验，联通各色资源，利用不同场景空间，复合高效运营未来社区各项活动，使各种文化娱乐、达人活动、居民决策都有序在社区进行，同时在后续运营中可达到整体的普及和持续[64]。

3. 三门县西山小区老旧小区改造项目

西山小区位于台州市三门县海游街道，由西山小区、教师宿舍、物资局集资房组成，共16幢，建筑面积5.13万平方米，受益居民324户，实际完成投资1726.33万元（图4-261）。

西山小区改造前外立面脱落、渗水，道路破损坑洼，绿化带杂乱，小区居民停车难，无公共服务设施。西山小区采用“业主+部门+街道+物业+企业”五方共建模式，业主主导、部门联动、街道参与、物业保障、企业配合，发挥各方优势，汇聚强大合力，通过老旧小区改造，拓展了居民们原有的生活空间，群众的幸福指数得到了较大提高。

图4-261 西山小区航拍图

（1）环境革命：小区环境大提升

西山小区改造坚持以人为本，按需“点菜”，把“群众满不满意、高不高兴、答不答应”作为工作标准，做到改造前“问需于民”、改造中“问计于民”、改造后“问效于民”。

本次改造内容涉及污水零直排、外立面改造、绿化带修缮、停车位增设、垃圾分类等，增加了297个公共停车位、56个太阳能一体化路灯、3处共12项体育设施、11个机动车充电桩、23个非机动车充电位。同时根据居民意愿，新建“睦邻点”休闲广场、凉亭等公共空间，拓展了居民们原有的生活空间，并在广场内配备休闲座椅，保证居民既有休闲聊天的地方，又能在这儿做点手工活，在娱乐的同时也增加了收入（图4-262）。许多基础设施实现从“无”到“有”，从“有”到“优”，不断擦亮居民的幸福底色。

图4-262 西山小区建筑立面改造前后对比

“一老一小”方面，积极推进适老化及适儿化改造，打造双龄共养新模式。在小区500米范围内设幼小托育园，实现教育资源共享。在小区老人养老环节，充分整合医院、社区、养老机构等资源，以数字化改革为牵引、康养联合体为支点、智慧服务系统为中枢、民政部“虚拟养老院”为延伸，链接智慧平台，推进西山小区居家养老服务“云模式”。“健康各项指标都可以线上监测，平时有啥需求，一个热线电话，志愿者就会上门提供服务，别提多方便了。”西山小区的王大妈说起“虚拟养老院”不禁竖起了大拇指。虚拟养老院模式赋能优质医康养护，开展健康监测和日常服务，为老年人提供实时、便捷、高效的养老服务，构建医养护“一体化”健康养老新模式，实现老有所养、老有所医、老有所乐，让幸福养老在家门口落地，同时获得副省长王文序批示肯定并入选全省共同富裕最佳实践案例。

（2）楼道革命：消防隐患全清零

在着力消除安全隐患方面，通过消防宣讲、增设楼道消防设施、配置小区应急物资储备室等措施，确保消防基础设施建设落到实处，消防知识宣传深入人心，切实提升居民住宅抗御火灾的能力（图4-263）。

图4-263　西山小区楼道改造前后对比

健全与县人武部、消防救援大队建立救灾物资共享机制，与相关企业、商超和大型机械的个体户签订抢险救灾装备物资代储协议。完善应急物资储备。规范重要应急救援物资购置、仓储、调拨、轮换、使用等管理办法，谋划“一盘棋”物资储备布局，变“单打独斗”为“聚力聚智”，确保应急物资备得足、找得到、调得快、用得上。

在扎实抓好“楼道革命”的基础上，通过添加楼道文化，设书香楼道、温暖楼道、和睦楼道、健康楼道等，努力创造特色廊道文化，美化居民居住环境，引导居民养成文明、和谐、有序的生活习惯。

（3）管理革命：多元治理新模式

三门县委托国投公司对老旧小区进行统一管理，打造“共享物业”，西山小区实现了第一个开放式小区成立物业管理，物业费每户仅收0.5元/平方米，成本低、服务优的打包运维模式实现了无物业老旧小区的治理从“无人管”向“专人管”转变。同时建立居委会、业主委员会、物业公司“三位一体”社区管理体制，推动西山小区环境保护志愿队、党员志愿者协会、调解委员会、邻里协商议事中心等各类自治组织发挥作用，形成了“政府主导，民主协商，多方参与，各司其职”的治理模式，实现“一元管理”向“多元治理”转变。

西山小区充分发挥了小区居民的主观能动性，从前期线上、线下公示到现场监督、竣工验收等环节，鼓励和引导居民群众积极参与老旧小区改造的全过程。改造期间累计开展居民代表会议14次，组织邻里调解15次，收集群众改造意见57份，小区改造从以往“政府干群众看”的被动局面变成了“政府群众一起上”的和谐画面，居民由“配角”变“主角”，思想意识从“要我改”转变为“我要改”（图4-264、图4-265）。

图4-264　西山小区调解委员会现场协调小区具体改造事宜

图4-265　西山小区邻里协商议事中心

4. 温岭市南屏小区老旧小区改造项目

南屏小区（一期）是温岭市区第一批安居试点工程，地处城市中心南侧，四面环路，于1997年交付使用，共17幢，建筑面积约5.28万平方米，涉及住户582户。由于建成时间较长，加上当时技术条件等限制，致使小区房屋多年来存在屋顶渗水、墙体开裂脱落、污水管网堵塞、停车难等问题，特别是梅雨季和台风天，漏水、渗水等问题严重影响了居民生活。同时小区原有门禁形如虚设，对于小区停车管理、安全管理均造成了影响。

为一次性解决小区面临的各种难题，提升居民居住环境，提高居民获得感、幸福感和安全感，2023年温岭市启动南屏小区（一期）改造，主要改造内容为建筑外墙面、楼梯间、屋面、单元门及门禁系统等改造以及室外围墙、路面及铺装、植补、夜间照明、停车位、充电桩、污水零直排、室外强弱电总线、垃圾分类收集点等改造，并增设宣传布告栏、休闲座椅、健身器材等（图4-266）。

图4-266　南屏小区外立面改造前后对比图

（1）摸清人群画像，精准植入配套设施

南屏小区聚焦“一老一少”功能需求，落地适老化、适儿化建设，通过充分利用周边空地、边角地、废弃绿化带等闲置空间资源，新增口袋公园、休闲健身场地、儿童游乐场地等，增添大型游乐器材和健身器材，重点布局“一老一小”配套设施约1000平方米，为居民提供老幼结合活动空间。

南屏小区居民有1800多辆车，改造前却只有300个停车位，同时，针对小区内停车位紧张、居民停车难问题，利用污水零直排改造后，对道路全面进行“白改黑”改造，改造道路面积11105平方米，并对停车位进行重新划线，合理布局停车位183个，增加新能源汽车充电桩位18个（图4-267）。

图4-267 南屏小区活动场地改造效果图

（2）细化设计方案，实现最多改一次

南屏小区将“最多改一次”理念融入全程改造中。改造前期做细沟通服务工作，一是按照“一区一策”为小区量身打造“旧改套餐”；二是由街道提前对南屏小区进行走访调查摸底，通过发放调查问卷、召开业主代表会议、民主恳谈等形式，对改造内容广泛征求居民意见和建议，并对改造方案在小区内进行公示，同时征求管线、电力、燃气及供水等相关部门的意见，修改完善设计方案。由市住房和城乡建设局协调组织发展改革、财政、自然资源等相关职能部门，电力、水务、燃气、通信、广播电视等相关管线单位以及居民代表对改造方案进行联合审查，出具审查会议纪要，做实做细改造方案，合理制定改造方案。

（3）三级联动推进，实现长效管理

按照“党建引领、基层推动、民主协商、专业把关”的思路，持续推进街道“大工委”、社区“大党委”、小区“大支部”建设，实现街道、社区、小区党员及居民三级联动，积极参与协商老旧小区改造工作。在改造过程中，党支部发挥带头作用，紧盯时间节点、工程质量，及时收集反馈居民意见，协调推进改造工作。同时，发动居民参与改造项目的实施、验收、整改全过程监督，并邀请业主委员会、居民代表组成监督小组，及时沟通化解项目推进中的困难和问题，确保改造成效，实现老旧小区长效管理质的飞跃。开展各项小区治理工作时，楼栋长联合业委会通过召开小区各类组织和业主代表参加座谈会、听评会、恳谈会，为常住居民提供“家门口式”党员志愿服务，满足民众服务需求。2022

年12月，南屏小区引入新的物业公司，负责楼道杂物堆放、垃圾清扫清运、车辆停放、公共基础设施设备维修养护等方面工作，物业管理在全市取得了较好成绩（图4-268）。

50	太平街道	南屏公寓	浙江大源物业管理服务有限公司	82.5	
51	太平街道	南屏小区	浙江大源物业管理服务有限公司	87	
52	太平街道	轩庭苑	浙江鼎益物业服务有限公司台州分公司	75	

图4-268　全市物业住宅小区考核中南屏小区的得分情况

十一、丽水市

1. 松阳县教师新村老旧小区改造项目

教师新村位于松阳县西屏街道城西社区，小区建于1997年，共有房屋4幢，居民144户，总建筑面积1.3万平方米。由于建成年代较早，随着时间的变迁，教师新村普遍存在屋面渗漏、外墙破损、管线老旧、绿化养护缺失、道路狭窄、停车位不足、设施设备老旧破损、相关功能配套不完善等问题。

为改善这些重点问题，由县住房和城乡建设局牵头，县城投公司会同街道、社区对教师新村进行了大量的走访调研，积极引导小区居民参与项目方案设计。经过反复修改方案，最终确定了涉及屋顶修缮、建筑外立面整治、楼道整治、景观改造提升、管线整治、停车位改造等改造内容（图4-269）。

图4-269　教师新村改造前后对比图

（1）多方参与，科学制定改造方案

在项目前期规划设计阶段，联合小区所在街道社区，全面了解教师新村的基本情况，坚持“政府主导、尊重民意、科学统筹、共同缔造”的原则，以居民最关心、最迫切的需求为导向，结合老旧小区实际情况和居民意愿，选取小区代表召开座谈会，听取居民意见，充分征询改造区域居民群众意见，科学制定改造方案。开工前将小区改造方案及效果图现场展示，随时解答小区居民对改造方案的意见，对居民反响较大的问题，及时做好沟通协调和方案调整。

（2）统筹协调，合力推进小区改造

改造中成立老旧小区改造领导小组，建立问题多方共商机制，全面凝聚建设部门、街道社区、施工单位、业主代表等多方力量，统筹推进民意调查、制定方案、建设施工、工程监管、长效管理等工作，确保项目有序推进。在推进中充分发挥居民自治的优势，及时帮助居民解决关键小事，形成“齐抓共管、协同推进”的良好氛围。

（3）党建引领，完善长效管理机制

改造过程中，充分发挥街道社区基层党建引领的优势，充分利用小区中退休老教师、老党员认知水平较高、沟通协调能力较强的有利条件，引导建立业主代表团队，充当施工单位和居民之间的润滑剂，在小区改造完成后，引导小区居民选举成立了临时物业委员会，认领日常管理，加强居民自治管理。

（4）因地制宜，突出小区文化优势

改造前期应坚持因地制宜的原则，对小区情况全面摸底，充分挖掘特色亮点和小区文化，在改造过程中加以运用和创新。教师新村原为松阳县教师的宿舍，大多住户为教育工作者，因此在老旧小区改造方案制定过程中，充分展现了教育文化主题，加强教育文化打造这一举措得到了居民的一致认可。

2. 莲都区白云小区老旧小区改造项目

白云小区位于大洋路以西、人民街以南、丽阳街以北，共70幢房子，约1965户。改造前的白云小区大多数建于20世纪80年代，由于各区块分批建设，建设年代不一，建筑风貌差异大，基础设施较为薄弱，部分路段路面存在泥土裸露、路面裂缝较多、高低不平、排水不畅等现象，公共设施破坏严重，小区内车辆较复杂，小区周边城中村较多，缺乏必要的公共休闲区域，存在部分废弃建筑，如垃圾房、水泵房等。

2017年，为改变城市“二元化”现象，改善居民居住区，白云小区旧住宅区改造工程启动，总改造面积为112327.9平方米，涉及道路工程、雨水工程、污水工程、绿化工程。其中，道路改造面积59366平方米（沥青道路面积21868平方米，高压水泥砖道路面积29800平方米，人行道花岗石铺装6600平方米），绿化面积10526平方米，建成雨水管18.5公里、污水管15.9公里。项目于2017年1月开工，2018年底竣工。

（1）响应民意，充分征求居民意见

在改造方案的编制上，反复研究斟酌，并通过现场踏勘、专家评审、居民反馈等，听取居民意见建议，完善改造方案。由于白云小区基础设施普遍破旧、问题众多，居民生活环境较差，卫生水平普遍较低，居民反响强烈。

这次改造中，针对垃圾房的拆除、废弃建筑物的利用、底层住宅公共通道乱堆放等多次召开专项内容改造讨论会；并以住宅的建设年代分区块分别召开街道社区、楼道长、业委会和居民代表以及全体业主代表的居民意见征求会，确定民意得到充分体现，改造后得到大部分业主的充分肯定。

改造后对环卫设施进行重新布置，改造设计时将原有的10多处影响道路通行的垃圾房予以拆除，系统规划移动垃圾桶的位置，消除未硬化卫生死角，消除单元楼道的垃圾通道，改变小区原有的脏、乱、差局面，群众生活环境大幅提升。同时对原有绿化进行调整，尽量保留原有乔木，结合居民意愿，重新规划绿化种植，对部分居民违章侵占的绿化进行清理，提升公共绿地的品位。

由于早期规划的局限，改造后打通了部分小区的断头路，拓宽了原有道路，形成更加完善的路网结构，小区主道路采用沥青或者混凝土结构，支路采用透水性较好的高压水泥砖路面，基本消除了雨天路面积水现象；改造后增设部分停车位，乱停车现象得到了有效控制。

充分考虑旧住宅区居民电瓶车充电的需求，充分利用小区边角公共用地，新增部分电动自行车的充电设施，改造时充分考虑管道共建、光纤共享等节约资源的措施，在各楼道处设置“三合一”多媒体箱，确保今后新用户线统一从楼道口处接入，减少改造后新飞线的产生（图4-270）。

图4-270　白云小区飞线整治前后对比图

（2）强化多方合力，实现系统性改造

白云小区联动周围城中村对雨污分流、上改下工程、燃气管道工程实施同步改造。由于改造涉及电力、弱电、供水等多个单位和部门，在施工中要求所有单位同时进场、同步施工，才能确保工程顺利推进。此前曾出现各家单位各自为战、配合不力状况，路面反复开挖居民怨声载道。莲都区建设分局会同各街道办事处召集市政、电力、通信、燃气、供水等管线单位沟通协调，在项目开工前，邀请各运营商到现场踏勘，查明管线地埋影响施工路段，并对管网进行详细标注；在施工过程中，要求各运营商共同参与，避免路面重复开挖，以最短时间完成管线改造，尽量减少路面开挖对居民的影响。

改造后重新设置了地下雨污分流管网系统，合理增加化粪池等设施，消除了明沟暗渠自然排污，解决了暴雨期间严重积水、涌井等历史问题，收集的雨、污废水分别排入市政管网；改造后电力、通信线路重新布设，对小区和周边有条件的城中村的管线基本下地，对架空线路重新整理，消除乱拉乱设造成的安全隐患；并对道路、管网、绿化、路灯等实现系统性的改造，通过整体的配套更新，实用效果显著（图4-271）。

图4-271　白云小区绿化改造前后图

在改造项目实施过程中，通过与社区共同谋划、共筹资金，将原有废弃多年的水泵房改造成小区颇具特色的阅读书吧，成为小区居民自建自管的阅览室；通过与小区业委会的共建共管打造一个具有示范标杆的公共休闲区域，小区居民自发贡献自家闲置的休闲设施，建成一个开放式的休闲茶吧，把原来的卫生死角改造成为周边居民休闲、聚会的休闲聚集地。

（3）新技术+严监管，提高施工质量

在改造中，区建设分局做到严把“三道关”。一是材料配送到场，严把材料质量关，杜绝不合格产品进入工地；二是工程施工到场，严把施工质量关，工程监管要求施工无遗漏、无死角、无空隙；三是竣工验收到场，严把整改关。对验收中发现的问题及各单位反馈的意见建议督促施工单位进一步落实整改。

白云小区改造中积极引入新工艺新设备，不仅大大缩短了施工时间，也提高了污水治理成效。目前改造项目全部引入了成品化粪池和成品窨井，化粪池施工时间由原来的12小时缩短到3小时左右，且管道连接后可马上投入使用，安装方便施工快捷，减少了工程施工对居民生活干扰。

第二节　自主更新型城镇老旧小区改造案例

一、杭州市拱墅区浙工新村老旧小区改造项目

浙工新村位于杭州市拱墅区朝晖六区西北角，共14幢建筑，其中住宅13幢，非住宅1幢，现为浙江工业大学退休教职工活动中心。13幢住宅中，除浙江工业大学专家楼建于2000年以后，其余12幢住宅建造于20世纪八九十年代，涉及住宅548套，建筑面积3.77万平方米。大多数楼幢由于建筑年代久远，房屋主体采用预制多孔板及条形基础，无抗震设防及配套用房，安全隐患较多，其中4幢住宅经鉴定为C级危房，建议立即加固或作其他排危处理。鉴于对上述危房进行拆建将影响周边同时期建造房屋的结构安全性，拱墅区提出了拆改结合方案，即对浙工大专家楼实施整治改造，对其余12幢住宅及退休教职工活动中心进行拆除重建（图4-272）。

图4-272　浙工新村改造前

浙工新村产权情况复杂，房改房、商品房并存，且涉及利益主体较多，老年群体占比较高，各方诉求较为复杂，这导致小区自主更新时在居民意愿比例、出资额度、户型设计和楼层分配等问题上存在共识困难。特别是在居民意愿比例问题上，根据《中华人民共和国民法典》（简称《民法典》）第二百七十八条规定：

“业主共同决定事项，应当由专有部分面积占比三分之二以上的业主且人数占比三分之二以上的业主参与表决，且应当经参与表决专有部分面积四分之三以上的业主且参与表决人数四分之三以上的业主同意。”这一过程中一旦缺乏强有力的统筹组织，多方博弈时间拉长，统一产权人的意见会成为阻碍居民自主更新的关键因素。

而浙工新村居民自主更新项目的顺利启动实施，一方面是浙工新村居民组织形成内生动力，居民自主更新意愿比例达到百分之百，使得其在较短时间内得以顺利启动实施；另一方面是政府引导形成外在保障，政府各条块配合协调达成了统一共识。此外，该项目在立项申请、方案设计、政策研究、居民出资等多个方面也实现了创新和突破。

1. 成立居民自主更新代表组织

居民“自更会”统一改造意愿。项目申请立项阶段，在社区党委引导下，浙工新村经过公告、报名、联审、公示等程序，以“一楼幢一代表”为原则，选出居民正式代表13名，成立“自愿有机更新委员会”，推动形成改造统一意愿。居民自更会通过线上线下多渠道沟通的方式，开展意见收集、沟通协商、答疑解惑、政策宣导等工作。此外，浙工新村还组建了由楼道长、党员、社团达人、居民等成员组成的“邻里帮帮团”。在自主更新过程中，“邻里帮帮团”积极开展小区服务日、民情恳谈会等社区活动，与居民自更会形成了良好配合，成为自主更新中重要的补充力量。

政府“一事一议”接受委托实施。居民自更会在全体居民100%同意的情况下，主动向属地政府提出项目正式启动申请。作为首个自主更新项目，杭州市、拱墅区两级政府按照“一事一议”原则，建立了党建引领下的联席会议制度和专题会商制度，并坚持以“居民主体、政府主导、住建主推、街道主抓、街校主责”的原则推进。浙工新村条件适宜且满足“拆改结合”“留改拆”相关要求，属地政府批复立项通过，并接受了居民委托，负责推动整个项目实施。

“专项工作组”协调多方利益。针对浙工新村自主更新实施方案设计，拱墅区政府成立专项工作组，并召集发改、住建、规资等职能部门及水电气等专营单位，对自主更新过程中的政策突破、资金平衡、资金统筹等问题进行多次协商，并与原产权单位浙江工业大学多次对接沟通；街道联合社区组织开展群众走访、居民意见收集，引导居民自更会进行筛选房产评估机构、收集居民个性化诉求等工作。专项工作组还围绕小区困难群体的实际情况和诉求，提供针对性兜底服务：对因经济原因无法支付相关费用、存在房屋抵押情况、对过渡房源有要求的各类人员，提供金融救济政策扶持、周边区域保障房源租赁等，切实解决居民差异化难题。通过多方协调，浙工新村在85天内实现签约率99.82%，项目得以顺利启动，并最终实现了100%的签约同意率。

2. 精准研究确定规划设计方案

减少复杂户型，提升住房舒适度。浙工新村本次自主更新的12幢住宅楼原有户型多达54种，且60平方米以下的户型占比较高，难以满足现有居住需求。小区居民自更会牵头组建“新村新未来”议事平台，就自主更新方案中房屋户型、面积、公共配套等问题充分征求居民意见，召开各类别、各层面、多轮次的议事会议，形成了民情民意“收集—议事—解决—反馈”的有效闭环机制。最终，浙工新村以“套内面积不减少”为原则，确定新房置换面积，充分考虑楼层、朝向等因素后进行面积补差，规定每户扩面以20平方米为上限，并设计出9种标准户型，居民可以根据自身经济、人口等实际情况进行选择，最大限度保障和提升居民的居住权益（图4-273）。

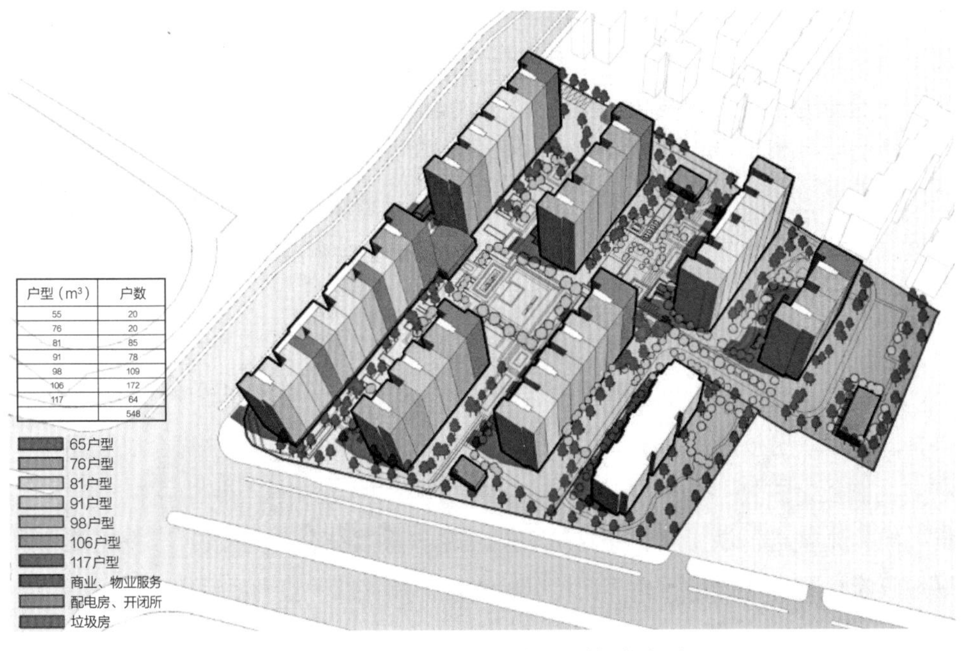

户型（m^3）	户数
55	20
76	20
81	85
91	78
98	109
106	172
117	64
	548

图4-273　浙工新村新建房屋9种标准户型

融入完整社区和未来社区创建理念。浙工新村在方案设计中融入完整社区和浙江省未来社区的创建理念，对原配套公共设施严重不足的情况做出提升。新建社区用房、物业用房、老年活动中心、婴幼儿照料中心、健身场所和文化休闲空间等配套设施超2000平方米，设置地下车位近500个，道路实现无障碍建设、人车分流。实施自主更新后，小区居住环境也将极大改善（图4-274）。

图4-274 浙工新村绿化规划

传承历史文化，增强居民认同感。浙工新村作为具有浓厚历史与学术背景的老旧小区，不同于以往的旧改、拆迁项目，本次自主更新项目竣工后居民将全部回迁，原有的社会结构和人际关系得以保留。因此，浙工新村的更新设计除了需要达到商品房的品质要求外，还充分依托场地记忆和人文特色，融入了大运河文化、工大校园文化等元素展示在地文化，打造一个既具有人文气息，又能兼容个性化生活方式的“城市花园”，增强小区居民的认同感和归属感（图4-275）。

图4-275 浙工新村新建房屋外立面和屋顶曲线借鉴运河水系文化

3. 守住底线争取最大政策支持

放宽指标控制标准。此前，浙工新村自主更新之路存在较大的政策阻力：危旧小区的日照、间距、退界、容积率、绿地率、车位配比、配套设施等技术指标，比照现行规划建设标准均存在不同程度的差距，若按现有的规划控制、供地方式等政策，极有可能限制小区新建、扩建的更新举措。面对这一难题，浙工新村在遵循规划刚性要求的基础上，按照对内对外“两个不恶化”原则，灵活平衡现状条件与标准要求，与审批部门达成一致，按照不低于现状标准控制，通过政府让渡部分权益的方式为项目实施提供用地和空间保障。改造后，日照、绿化率和车位配比将明显改善。

条块配合联动破难。杭州市住房和城乡建设局、规资局、园文局、房管局等多个部门共同配合，市区两级政府大力协调，化解浙工新村自主更新项目实施中产生的问题。浙工新村小区内原有大量的乔木，需迁出苗木的数量大，基于《杭州市城市绿化管理条例》“因城市建设需要，严重影响居民采光、通风和居住安全，对人身安全或其他设施构成威胁确需迁移树木的单位或个人，应当向所在地的区城市绿化行政主管部门提出申请，由市、区城市绿化行政主管部门根据市人民政府规定的职责分工作出决定”的要求，浙工新村的乔木异地迁移难度较大。在市园文局的支持下，经过区政府的统筹协调，达成了“30厘米以下树木在全市范围内调剂，30厘米以上树木在全区内范围内调剂”的共识，并在办理审批手续后成功启动了树木迁移工作。

简化审批办证流程。浙工新村结合现有老旧小区的改造政策，以居民产权办证为目标，由市城乡建设委员会牵头，市规资、市园文、市房管等部门共同研究项目立项、联合审查、施工许可、联合验收、产权登记、税费结算等问题，最终确定采用“联审联验”模式简化项目审批流程。项目腾房时由建设单位提前收缴房产证、不注销，按照“带押过户”原则，更新房建成后采取“旧证换新证”，即通过居民补交扩面费用的形式办理新的不动产证。

4. 居民主体出资政府适当补贴

资金平衡一直是老旧小区改造和危房自主更新难以突破的困局。其中，老旧小区改造针对改造内容由不同主体出资，但由于投资回报周期长、政策支持力度小，社会资本缺乏参与动力；而危旧小区由于尚未建立明确的资金筹措渠道和机制，涉及责任主体复杂，一般由政府进行兜底解危工作，但长此以往，政府也难以担负大规模的危旧房改造费用。浙工新村坚持“居民适度投入、政府政策补贴、努力实现资金基本平衡”的原则，解决资金难平衡的问题。

居民主体出资。浙工新村危旧小区自主更新的资金来源主要通过合理修正确定扩面单价、车位价格等方式，由全体居民自筹组成。其中，原有住房面积的部分按建安成本出资，扩面的部分按市场评估价出资，并根据不同的楼层、户型、朝向略有浮动。按面积计算，居民出资总额近4亿元。此外，浙工新村自主更新后将新建400多个地下车位，面向小区全体居民销售，总计销售额约1亿元[65]。由此，居民出资共计5亿元。

政府政策性补贴。浙工新村自主更新项目中，政府通过整合基础设施建设、电梯加装和未来社区建设等多项补助资金予以政策性补贴。除资金补贴外，政府坚持规划的刚性与弹性相结合的原则，在改造后户数不增加的基础上，依据小区新增公共服务面积等因素，对项目给予容积率支持[66]，由于浙工新村老化的小区环境抑制了住宅价值，自主更新后将有效提高居住品质和住房价值，政府额外的政策支持也能够大幅度提升居民改造和出资意愿。

资金平衡测算（图4-276）。据资金测算，该项目总支出包括建设投资、居民租房补贴、第三方服务费用、拆房费用、临时住宅过渡用房装修费、管线及苗木迁改费、周边住宅检测加固费、原房装修补贴及财务成本等，合计后的居民出资总额大约占重建总费用的80%再加上政府政策性补贴投入，实现了项目资金平衡。该项目还能够撬动内需，实现经济内循环。

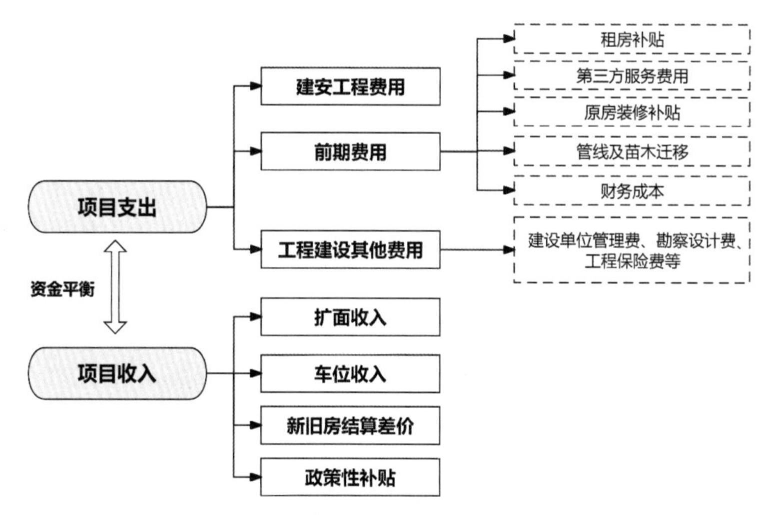

图4-276 浙工新村自主更新项目资金平衡测算

浙工新村危旧小区更新项目落地实施，既得益于广大居民对自主更新的积极参与，也受益于政府根据“一区一方案”原则提供的多方面政策支持。但基于全国城镇危旧小区改造的复杂情况，居民自主更新还处于探索阶段，实际操作层面仍面临着重重挑战。未来，城镇老旧小区改造的自主更新模式仍需政府统筹规划，积极引导广大人民群众强化主体意识，变“要我改”为“我要改”，营造社会各界支持、群众积极参与的浓厚氛围（图4-277）。长此以往，居民自主更新将是城市更新的必然模式。

图4-277 浙工新村施工中

二、衢州市江山市永安里片区老旧小区改造项目

永安里片区位于江山市虎山街道，始建于20世纪90年代，大部分为单位集资房。由于当时的规划条件、建筑要求都比较低，部分楼幢出现了老化严重、渗水等情况，在改造前已被鉴定为C级或D级危房。仅仅依靠简单的环境提升改造模式，已无法解决其危旧难题，只能进行整体拆除重建。该项目主要涉及虎山街道安泰社区永宁里、永安里、航埠山小区，项目共分三期实施（图4-278）。

图4-278 永安里片区老旧小区建筑本体改造前后对比图

一期项目改造从2017年9月开始，于2022年1月底完成业主入住。改造涉及老旧房屋12幢，住宅364户，建筑面积3.5万平方米；改造后建设成3幢17层住宅，建筑面积5.7万平方米，住宅套数404户，改造后多出40套住宅，增加停车位146个。

二期项目改造从2023年1月开始，目前正在建设中（已完成主体结构60%），预计2025年6月完工。改造涉及老旧房屋4幢，业主160户，建筑面积1.65万平方米；改造后建设成2幢17层住宅，建筑面积3.17万平方米，住宅套数203户，改造后多出43套住宅，增加停车位159个。

三期项目正在筹划中，改造范围更广，将改造永宁里、永安里、航埠山三个片区，共涵盖39幢老旧房屋，1018户住户，建筑面积11.15万平方米。计划新建房屋23幢，建筑面积21万平方米，住宅1334套，目前已在积极筹备前期工作。

一期和二期改造共惠及524户居民，居民满意度较高，主要体现在三个方面。

1. 居住环境更舒适

改造过程坚持以满足居民需求为目标，改造后每户面积增加10～20平方米，户型布局由原来的两室一卫扩建至现在的三室两卫，并新增电梯、管道燃气等基本设施，增加停车位305个，实现了储藏室配备率100%。

2. 小区功能更齐全

项目在方案设计时对标未来社区建设标准，增加了“一老一小”社区卫生站、党群服务中心、百姓健身房、共享食堂等服务设施，不断强化社区为民、便民、安民功能，实现居民就近就便享有优质普惠公共服务。

3. 社区治理更和谐

改造后的永安里，社群关系更加友好，居民获得感、幸福感显著增强。同时，小区指导居民成立业主委员会，选聘物业服务公司进驻社区，构建了“社区居委会、业主委员会、物业服务企业”三方协同管理机制，实现了社区单元良性自治。

一期和二期项目的成功实施，让江山市委、市政府更有信心和决心深入推进自主更新工作，并以此作为城市更新改造的主要模式，不断推进城市高质量发展，提升城市能级和核心竞争力。按照“居民主担、政策助推”的工作思路，以试点先行、全面推广的方式，全力推进第三期自主更新改造。计划分4个步骤实施：

一是项目前期工作。2024年4月底前完成信息摸底、原房屋价值评估、社会风险评估等系列前期工作，按照《民法典》要求，指导成立业主自主更新委员会，研究制定政策标准。

二是业主签约腾空。2024年6月中旬前完成政府自主更新指挥部成立工作，构建办公室、政策方案组、项目实施组、宣传报道组的“一办四组”运行机制，组织开展政策专题培训讲解活动，推进居民签约腾空工作，实施老旧房屋拆除。

三是推进项目施工。及时做好土地供应、方案审批等工作，规范办理施工许可，尽早开工建设。压实各方主体责任，对标对表推进施工进度，强化全过程、全链条监管，计划2026年12月底前完成竣工验收。

四是业主选房入住。公开公正进行选房活动，计划2027年2月底前完成业主选房。协助居民做好回迁入住、房屋装修等“最后一公里”服务，确保居民实现幸福回迁，计划2027年8月底前完成居民回迁。

三、杭州市拱墅区东清大厦高层住宅改造项目

浙江省城镇老旧小区以多层住宅为主，也有部分建于20世纪90年代的高层住宅，由于我国《高层民用建筑设计防火规范》GBJ 45—1982［于1995年废止，并由《建筑设计防火规范（2018年版）》GB 50016—2014］最早于1980年开始实施，晚于一些高层住宅建造年代，因此这些高层住宅不仅存在着建筑老化、功能配套落后等问题，还存在着消防安全隐患，同时一些高层住宅产权较为复杂，用途和功能较为广泛，增加了改造难度。近两年，以杭州为代表的城市，开始探索高层住宅有机更新。

东清大厦位于杭州市拱墅区庆春路52-74号，共分为A、B、C、D、E座5幢，整体呈“L”形，楼幢之间由裙房相连，地上18层，地下2层，建筑面积7.8万平方米，其中A、E座为高层商务大厦，B、C、D座1～4层为大厦商务裙房，5楼以上为高层住宅。1994年东清大厦开工建设，1996年投入使用，房龄超过27年，是杭州最早的高层建筑之一。整个东清大厦共有商铺、企业约118家，包括办公、娱乐、教育等多种业态，住户约275户、680人。消防隐患多、服务场地少、活动空间小、养老托幼难、三方管理缺失等问题较为突出。

此前，东清大厦消防问题也备受关注，如防排烟系统瘫痪、防火门被拆除、采用不合格防火门、疏散指示标识损坏破损、室内消火栓损坏、灭火器过期等，也曾发生过火灾，虽经历多次安全整改，但受限于经费不足，问题依然层出不穷。2022年8月，东清大厦启动自主更新，消除旧有安全隐患，并对建筑安全、小区环境到产业布局实现全面整治（图4-279）。

图4-279　东清大厦外景改造前后对比

1. 科学规划，多部门协同推动

东清大厦在更新行动中，制定了科学的更新方案。一是由拱墅区委区政府牵头，消防救援支队组织人员对东清大厦进行逐幢、逐层、逐项系统清查，共梳理出111处消防隐患，住建、公安、消防、市场监管、商务等多个职能部门联合参与推动整治，把握执法尺度，明确执法的“红线”——问题会造成消防安全隐患，如果业主拒不配合，屡劝不听，会依法处理；若不涉及消防安全隐患类的问题，以街道、社区等人员沟通、劝导为主，倾向于“柔性执法”[67]（图4-280、图4-281）。

图4-280　拱墅区消防救援大队根据东清大厦建设图纸研判消防安全风险

图4-281　长庆街道组织研究东清大厦消防隐患整改方案

多部门联合执法的整治成效十分显著，按照房产证红线范围，共还原被侵占的980平方米公共区域（涉及商户19家），取缔存在安全隐患的经营户5家，清退胶囊旅馆、密室逃脱4家，拆除违法建筑36处，清除违规广告15块。

二是由属地政府长庆街道统筹安排，确保东清大厦的自主更新能够充分而又准确地保障业主权益和利益。在改造过程中，长庆街道高度重视业主、居民的更新意愿，充分走访、上门入户，征求全体业主、居民意见，促成全体业主就更新方案、安排达成一致。如为了最大限度减少对居民和商户的影响，长庆街道科学规划施工程序，按照分段施工、逐步推进的更新方式，统筹推进各项工程，将原本为期六个月的改造，压缩在三个月内完成，同时将对商户经营的受影响时间压缩至一个月内；如为了实现更新“一步到位”，长庆街道引入了先进物联消防系统，建设、布局了消防前端物料感知设施、设备，同时改造大楼的监控系统，形成了一整套楼宇安全消防数字化体系。

三是组建的专业律师顾问团队对项目所涉及领域的法律法规进行系统性梳理，梳理汇编全过程中所依据的各项法律规定，其中仅关于“消防设施维修经费”事宜就汇总了6大类12条28款相关法律法规。由于现行的《建筑设计防火规范（2018年版）》GB 50016—2014（以下简称《规范》）等文件中的消防安全标准和东清大厦这类老旧高层的可执行情况之间存在偏差，以疏散楼梯宽度为例，按照《规范》要求，5幢楼宇的疏散楼梯需要拆除重建。2022年11月，为创新适应城市更新过程中既有建筑改造利用的建设工程消防设计审查验收工作机制，杭州市城乡建设委员会颁布了《杭州市既有建筑改造消防技术导则（试行）》（以下简称《导则》）。该《导则》尊重既有建筑无法改变的结构性问题，但对既有建筑的建筑防火、灭火救援设施等常见相关消防问题，给出了明确的审查验收标准。根据《导则》相关条款，既有建筑疏散楼梯总净宽度及其计算方法可适用原标准，不需要拆除重建[67]（图4-282）。

图4-282　东清大厦改造后的消防疏散通道和消防水管

（来源：《钱江晚报》）

2. 多方出资，建立整改资金池

此前的零星整治均因为资金预算问题难以彻底解决东清大厦的弊病，这次整治项目资金非常庞大，按责任划分，业主是第一责任人，整改资金应由全体业主筹集。整治专班召开多次“红茶议事会”“三和楼事会”，通过民主协商的方式，与开发商、商业和居民业主等多个利益方多轮商谈，秉着求同存异、共赴利好的协商原则，达成共识，最终形成了“四个出一点”的方式：即业主“筹集一点”、开发商“分担一点”、经营主体“出资一点”，并结合旧改项目“解决一点”，形成整改资金池，确保综合整治顺利推进。

东清大厦商业部分由产权单位出资承担；住宅部分则纳入全市老旧小区改造序列中，解决了部分资金；在协商经营主体、居民业主出资的过程中，作为全国首个楼道党支部诞生地的王马社区，第一时间组织党员骨干、楼道长、网格员进楼入户，上门征求全体业主意见建议，通过物业维修基金筹集，经营主体、居民业主也承担了部分公共区域的改造资金。

3. 因势利导，打造持久生命力

东清大厦的自主更新不仅包括硬件改造、更换等阶段性行动，还包括建立楼宇长期自我更新的能力与机制。此前，由于建筑老旧、配套缺失，东清大厦税收峰值不到400万元，商业空置率较高，楼层租金极低，与其所属区域位置和经营面积并不匹配，整个东清大厦的自我造血能力被严重削弱了。而健康发展的产业才是商业楼宇生机的源泉，是楼宇长期维护的受益方和出资方。

在本次整治中，长庆街道通过全盘梳理，利用大厦靠近浙一医院、浙大二院、省中医院等多个三甲医院的区位优势，引进医疗健康产业，引入数字化业态模式，布局“庆春之心”生命健康产业园，长庆街道也委托杭州凤凰谷创业投资公司对产业园进行运营，运营方根据产业发展意向名单与街道一起密集走访企业，邀请意向企业到东清大厦实地调研。原庆春电影大世界二楼最先完成“换装”，整层打造产业园体验中心，为楼宇企业提供共享办公、会议室、路演厅、一站式服务中心等配套服务。2024年1月，英特医药健康、京东大药房、友华普惠眼科医院等医疗相关产业纷纷入驻东清大厦，在满足周边居民健康需求的同时放大产业聚集效应，实现协同发展。据估算，产业园正常运转后，东清大厦的年纳税额将有效提高。

4. 长效治理，推行楼宇社区化

在长效治理方面，长庆街道在东清大厦设立了商务社区，实现了实体化办公，搭建树状组织架构，配齐配强“1+3+N”专属网格力量，建成三位一体的综合服务中心，在为楼宇企业提供综合化服务的同时，便于政府各部门开展有针对性的管理工作。东清大厦的商务社区将在商户管理、楼市运营以及产业招商方面发挥重要作用，同时作为周边居民的公共活动空间，商户之间沟通合作的桥梁，社区吸纳楼道支部、共建党组织等多方力量，成立“三和”楼事会，建立健全联席会议、红茶议事会等制度，推进驻楼联企、楼事楼议、楼社联动等工作（图4-283）。

图4-283　东清商务社区公共空间

（来源：潮新闻）

东清大厦有效推动整治改造，为当前高层老旧楼宇系统改造提升工作找到突破点，对于更多老旧高层有机更新提供了具有借鉴意义的参考样本。

四、杭州市西湖区建工新村老旧小区改造项目

建工新村位于西湖区西溪街道下马塍社区，整个区块包含建工新村1～17幢、日晖新村1～4号楼、文二路3～15号楼等多幢住宅，占地约3.43公顷，建筑面积约4.9万平方米，涉及住户1130余户。这些住宅建成年代久远，建造质量较差，安全隐患较大，配套设施不齐，提高居住条件的呼声一直十分强烈。

为彻底解决建工新村区域房屋安全隐患，2007年起，西湖区在经过多轮方案调整后，谋划启动建工新村改造。2015年西湖区经向市政府请示，决定对建工新村实施危旧房改善原址重建。2018年11月，完成整个区块控规调整工作。2019年，经市政府协调后明确了相关政策。2020年4月，正式启动建工新村9～14幢，日晖新村4幢，文二路3～15号等危旧住宅的连片改造，实行整体拆除、就地重建居民住宅楼，涉及住户326户、占地约0.98公顷、建筑面积约1.8万平方米。其中，文二路3～15号位于规划城市公共绿地内，原有住户80户，在往年征迁过程中，66户已签约搬离，剩余14户居民按照本次危旧房改造政策，统一纳入改造范围，文二路3～15号房屋拆除后按照规划建设公共绿地。目前项目已正式开工，计划2024年交付。

政策方面，建工新村原拆原建项目坚持居民100%签约启动、100%原地回迁

安置。按照居民住房使用面积不减少的原则，回迁安置多、高层的扩面系数为10%、15%；居民获得过渡费、装修补偿费、签约腾空奖励等搬迁补偿款，同时要承担安置面积的建安成本，超出安置面积部分按市场价一定折扣梯度回购（按市场评估价的10%、20%、30%）。

资金方面，项目总支出约2.2亿元，包括搬迁补偿0.8亿元（居民过渡费按36个月计算）、工程建设费用约1.4亿元。项目总收入约2.1亿元，包括购房款约0.8亿元（安置面积回购款、市场折扣价扩面款），持有资产价值（包括按8万元/平方米估算的16套多余安置住宅、50万元/个的车位）约1.3亿元。

五、杭州市余杭区桃源小区老旧小区改造项目

桃源小区位于杭州市余杭区，建成于20世纪80年代，为开放式小区，面积约6.4万平方米，涉及房屋38幢，户数566户，居民1560余人。改造前小区呈现三大特征：一是权属复杂，包含单位集资房、自建房、房改房；二是现状问题繁多，存在物业管理缺失、基础设施陈旧、公共配套少、交通无序等问题；三是老幼占比较高，其中60岁以上占21.47%、0～18岁占16%。

项目于2022年12月进场施工，目前已基本完工，总投资概算10029万元，其中投入社会资本约4400万元。改造内容聚焦“楼道革命”“环境革命”“管理革命”，挖掘空间完善公共配套设施4500平方米，完成电梯加装35台，改造地下管网11公里，完成外立面整治6.9万平方米，屋面修缮2.3万平方米。

1. 强化工作集成，落实项目推进“一体化”

一是推动部门多跨协同，盘活闲置国有资产。项目采用“区级统筹、镇街实施、部门齐抓、社区联动”工作模式，利用余杭、临平两区国有资产置换契机，经多部门协同，打通资管堵点，在两个月内将近1000平方米闲置用房置换纳入余杭国资，并结合小区车库重新布局打造集多功能于一体的社区邻里中心（图4-284）。

图4-284 桃源小区将闲置用房打造成多功能社区邻里中心

二是打包专项改造内容，实现“综合改一次”。建立“1+N”统筹机制，以旧改为主线，联动完整社区建设、电梯加装、管网改造、危旧房治理等专项同步推进。通过集中签约，拆除储藏间112间、汽车库30间、各类违建20余处，不仅打通生命通道，彻底消除安全隐患，还为提升小区绿化、增设停车位和加装电梯等提供改造空间（图4-285）。

图4-285　桃源小区架空管线整治前后对比图

三是把握“拆”“留”关系，传承创新文化历史。精准把握“拆”与“留”，拆除存在安全隐患、不方便居民日常生活的老旧设施，对有生活记忆的元素予以保留，在小区雕塑、墙绘、展板等细节处理中，融入大量良渚文化元素，重现“文脉越千年”的生活方式与生活美学，呈现出“良渚韵味、余杭文化”。

2. 精准聚焦需求，功能设施效用“最大化”

一是深挖存量空间资源，有效改善居民生活品质。项目重新布局打造1560余平方米的社区邻里中心；充分利用低效空间，推进“国球进社区”，提升改造200余平方米垃圾回收用房，引入第三方运营成功打造供居民健身的室内场所，实现运营收支平衡；改造现状停车场，保留原25个车位基础上，增设二层600平方米健身休闲空间。

二是充分解读人群画像，精准植入老旧小区配套设施。通过盘活社区用房、租用国有资产等方式完善公共配套设施5400余平方米，聚焦养老、托幼等功能需求，结合适老化、适儿化建设，重点布局“一老一小”配套设施1200余平方米。深入推进无障碍设施建设，完成电梯成片加装35台（图4-286）。

三是实行片区化改造，联动实现服务差异化供给。整合推进桃源小区及其周边老旧小区片区化改造，聚焦居民需求，实现“5-15”分钟生活圈设施差异化供给。如桃源小区内设置邻里中心、活动室、便民商超等设施，在外部小区设置卫生服务站、养老服务中心等设施，突破单点改造，追求整体最优，实现片区服务设施共享、功能互补。

图4-286 桃源小区电梯成片加装前后对比图

3. 创新治理模式，多元参与带动“新突破”

一是畅通参与渠道，引导居民主动参与旧改工作。项目成立“桃源宣讲团”“桃源帮帮团”“桃源监督团”等居民自治组织，定期召开圆桌会20余次，20多位居民代表发挥重要作用，引导居民参与施工监督管理。最终由居民自筹资金400余万元，参与老旧小区电梯加装，并100%自主承担危房拆除重建成本。

二是坚持党建统领，实现老旧小区物业管理质的飞跃。项目贯彻“管理革命”改造理念，抽调镇（社区）精干力量成立10个工作小组，开展30余次入户走访，召开7次座谈会，发放566份调查问卷，收集116条意见建议，逐步引导居民树立“花钱买服务”理念，明确由居民每月缴纳每平方米0.5元的物业管理费，并引入定酬制职业经理人，以“企业化、市场化”模式开展小区日常管理，实现了物业管理质的提升。

三是全域长效运营，多元主体协同共建实现可持续。构建区域大物业服务模式，建立基础物业费用缴存与服务托管机制，推动片区统筹调配小区物业管理服务，大幅降低物业成本，推动区域内小区“无物业清零”长效落地。引入综合运营商，前置参与更新设计与施工，通过跨区资产置换、场景功能转化等手段，有效挖掘空间3400余平方米，预计带来经济收益20万元/年。建立以居民需求为导向的服务供给体系，目前已定制房屋置换、装修、研学、兴趣培训等增值服务20余项，增加运营收益，反哺公共服务。

六、杭州市建德市田坞区块老旧小区改造项目

田坞区块老旧小区自主更新项目位于建德市新安江街道田源路西侧，范围东至田源路、南至人才楼、西至财富城小区后山体、北至新安花园小区，均为新安江股份经济合作社原住居民，现有住房部分为20世纪80年代所建的预制板房，部

分为20世纪五六十年代的民房，房屋破旧，居住环境较差，居民要求住房改善的意愿强烈（图4-287）。

图4-287　改造前的田坞区块

项目为原址重建，原用地面积15287平方米，容积率1.8，建筑密度35%，绿地率18%，土地性质为国有划拨，原建筑面积10941.95平方米，涉及居民约32户（106人），户均建筑面积约342平方米，均为新安江股份经济合作社（以下简称“经合社”）原住居民。新建项目总建筑面积28776.45平方米（其中，住宅面积18314.8平方米、地下建筑面积4210.11平方米、配套设施6351.54平方米），除去经合社持有用于后续安置的房产外，居民户均安置建筑面积约439平方米。建筑密度39.59%，容积率1.63，规划建筑限高33米，绿地率≥18%，总套数125套，估算投资1.577亿元。自主更新效果见图4-288。

图4-288　田坞区块老旧小区自主更新效果图

1. 组织机制

经建德市住房和城乡建设局与发展改革、规资、街道等部门多次专题研究，明确创新采用自主更新模式，由经合社作为实施主体开展建设，代表居民统一拆除、统一设计、统一施工、统一建设，并充分发挥经合社自身组织居民优势，代表全体居民承担意见统一、资金筹措等工作。政府方面由住房和城乡建设部门牵头建立部门和建设主体联动推进机制，提供政策和建设流程协调方面的支持，同时保障项目周边市政管网配套提升。

2. 规划支持

田坞地块较狭长且紧邻山体，考虑城市风貌、日照等方面因素，同时也为满足居民高品质的居住需求，项目采用了联排楼加小高层公寓的模式。鉴于区块周边均已建成，综合考虑西侧山体治理、东侧道路拓宽因素，建德市政府给予了控规调整的政策支持。2023年4月，建德市规委会审议通过项目选址及控规局部调整论证报告；6月，建德市政府批复同意该地块总用地面积1.52公顷，用地性质二类居住用地（R21），容积率1.8不变，建筑密度由35%调整为40%，绿地率由25%调整为18%，高度由24米调整为33米。8月，建德市规资局明确划拨建设用地使用权人为经合社，并下发建设用地规划许可证。

3. 项目实施

项目于2023年3月进入实质启动阶段，居民与经合社签订更新协议，明确原房基本情况、家庭人口情况、更新房屋面积、更新款缴纳标准、支付金额及时间。在签订自主更新协议时，居民同步上交原产权文件，由建设单位统一办理注销登记手续。2023年7月底项目完成居民签约和腾空，在居民100%签约及100%缴纳首批更新费用后开展实施。12月项目正式开工建设，目前正在进行联排施工，计划2024年底主体结构基本完工，2025年底全面完工。

4. 资金平衡

田坞区块自主更新改造项目总投资15770万元，均由居民及经合社出资，其中居民出资4320万元（按照公寓3500元/平方米、联排楼2800元/平方米标准缴纳，公寓建筑面积5000平方米，联排楼建筑面积9180平方米），经合社出资11450万元。建成的多余房屋产权人为经合社，其中多余住宅40套，4100平方米后期可由政府回购方式作为安置房源或保障性住房。6300平方米配套用房作为公共服务配套设施及经合社运营使用。

第五章

浙江城镇
老旧小区改造的公众视野

城镇老旧小区改造已经成为民生热点话题。在社会层面，浙江省城镇老旧小区改造营造了良好的舆论氛围，媒体的关注不仅能起到政策宣导的作用，赢得居民的理解和支持，同时还能协调和化解矛盾，起到监督作用；对社区组织和企业而言，媒体报道让他们更深入地了解老旧小区改造相关产业和市场，从而参与其中。

《人民日报》《浙江日报》《杭州日报》《钱江晚报》以及杭州市电视台等国家、省市级媒体对城镇老旧小区改造全过程都作了大量的文字和视频报道，不仅让居民代表发表意见和看法，同时邀请了城市管理者、行业专家和研究学者共同探讨城镇老旧小区改造相关议题。

第一节　杭州电视台《小区大事》

杭州电视台《小区大事》是聚焦市民与公共领域对话、探讨城市治理与公众利益的节目。栏目围绕城市的热点问题，邀请城市管理者、市民与专家学者进行平等对话与沟通交流，化解一些有代表性的矛盾。该节目在探讨城镇老旧小区改造中，总结出了一些杭州经验。

一、面子工程要做到里子里

杭州市城镇老旧小区改造做到了四个最：一是改造成效最显著，二是群众主体最突出，三是各方参与最广泛，四是政府主导最有力。杭州市在推动老旧小区改造中没有停留在做表面文章，而是在保持特色经验上关心里子。针对如何做好“里子面子兼顾”，杭州经验如下：

一是建筑外立面和城市风貌的协调推进，在老旧小区建筑外立面改造时，不能将其作为独立个体，而是和城市风貌整体相匹配。

二是小区环境不能局限于绿化提升，而是根据区域规划补齐环境短板，完善一老一幼设施建设，提升无障碍建设水平。如杭州市翠苑一区“一老一小”比例高、服务资源和空间有限，其属地政府翠苑街道通过改扩建、维修改造、功能置换等方式，进行资源整合，为不同年龄层的居民提供更多生活服务便利性。通过新建翠乐园托育中心，为小区及周边提供幼儿托管服务；社区里持续迭代老年食堂，面积从最早的50多平方米扩展到300多平方米；利用数字化手段为老年人用餐提供健康指导，并对特殊老人提供免费送餐服务。

三是做到统筹推进，政府职能部门能够协同推进做到综合改一次，才能将对居民的影响降到最低。杭州市房屋安全和更新事务中心表示，在老旧小区改造时，如涉及加梯、管线设计会预留空间，从而能够避免二次开挖，“保证10年内不开挖，是老百姓最想听到的话。”

二、零碎空间利用打造配套设施

老旧小区空间有限是共性问题，而增加公共服务配套、建设未来社区场景都需要一些空间。杭州市不少老旧小区在改造时通过利用边角地、零碎用地，以及拆除围墙等手段，打造了嵌入式配套设施，以及社区配套用房。

如杭州市上保社区就在整合利用零星空间、拓展空间上下了功夫，由于上保社区多个小区楼栋少，一栋即为一个小区，且小区与小区之间存在着两道内围墙，在改造过程中社区将大量的工作花在推动居民拆除围墙上。社区支部书记表示：“我们做的工作不仅仅是拆除围墙，而是打破隔阂，这些内围墙打破了，大家伙的生活就更加敞亮了。”围墙拆除后，不仅拓宽了道路，满足消防通道需求，同时也在原小区和小区之间增加了多个嵌入式配套设施，如非机动车停车库、休息亭等。又如杭州市大关西苑片区也通过拆除围墙，增加了室内可变的活动场地——西艺空间，能够提供给居民用于健身、舞蹈、会议等。

杭州市不少老旧小区在改造过程中通过空间优化，以新建、改建、扩建等方式新增用于公共服务的社区配套用房，然而社区在配套用房运营中面临着产权办理难的问题。针对这一较为普遍的现象，2023年5月，杭州市出台了《杭州市城镇老旧小区改造项目社区配套用房产权办理办法(试行)》，以妥善解决城镇老旧小区改造项目社区配套用房“办证难”问题，让老旧小区居民享受更好的公共服务，不断满足人民群众日益增长的生活品质需求。

三、平衡好多元化的居民需求

城镇老旧小区改造是居民关心的小区大事，目前老旧小区管线老化、楼道黑暗、路灯破损、文化缺失、环境较差等问题较为普遍。老旧小区改造过程中受空间突破、资金投入等因素制约，且由于不同居民的利益诉求不同，难以满足居民百分之百的需求，这就需要社区基层出面协调。杭州市濮家联合社区的书记表示，2020年濮家联合社区通过“微更新”后，在居民满意度调研中满意度达到83.67%，在后续改造中还需逐步提升。

目前城镇老旧小区改造中协调居民矛盾，关乎着居民是否满意，这部分工作占用了社区很大精力，平衡居民需求对于改造成效至关重要。长期从事社区基层工作的专家表示，由于改造工作较为繁重，影响居民满意度的因素主要有几点：

一是平衡绿化和道路拓宽、停车位增设的问题。如老年人对小区绿化需求高，而年轻人汽车保有量高，则对停车位有强烈的需求。

二是居民私搭乱建以及窗户凸保笼拆除的问题。像杭州市艮园社区做了大量的居民工作，才得以在艮园小区改造中拆除2600多个保笼，既提升了外立面美观度，也减少了安全隐患。

三是部分老旧小区适老化改造设计中没有完全做到位。在这方面反映较多的是加装电梯问题，部分老人需求较为强烈，而低层居民则认为自身权益受到影响，导致加装电梯难以推进。如杭州市陀寺路8号小区6个单元楼的电梯加装工作中，因房子是东西朝向，安装电梯对低楼层采光有一定影响，居民间意见统一的难度较大。社区结合群众需求，经过十几轮的调解，最终妥善解决了各种矛盾，顺利在整个小区推进了6部电梯加装工作，在方案设计中如在单元楼有限空间内新建非机动车停车棚，并优先给一二楼居民停放和使用；因家庭导致晾晒位置减少，则开辟专门的晾晒空间给居民使用。

第二节　杭州电视台《我们圆桌会》

《我们圆桌会》是杭州电视台综合频道的一档互动交流谈话类节目，秉承着民主促民生的理念，就城市共同关注话题，邀请专家、官员、市民等社会各界代表共聚一“桌”，对话、沟通、交流、理解、共赢。节目立足交流、注重沟通、关注民生，聚各方之声于圆桌之会，城镇老旧小区改造作为近年来重要的民生实事之一，经常作为议题被搬上圆桌探讨。

一、解决老旧小区加装电梯管理问题

加装电梯是我国老旧小区改造中重要的专项改造工作，也是我国面临人口老龄化压力之下的有力举措。2024年两会政府工作报告提到，“推动解决老旧小区加装电梯、停车难等问题”。自2017年以来，截至2023年底，杭州加梯项目累计加装5338台，位居全国前列，为6.4万户住户带来便捷，然而加梯工作持续发力的同时，后续管理难题也逐渐呈现出来。

对杭州而言，由于加梯工作启动早，覆盖范围广且分散，在实施加装电梯工程之前，居民尚未考虑后续故障问题，等到电梯真正投入使用后，大家对这个问

题的关注度快速提高；同时加装电梯存在的管理问题会提高加装电梯的门槛，继而导致居民加装电梯需求无法被满足，由此该问题也成为当前城镇老旧小区改造亟待破解的难题。

1. 电梯管理面临的困境：使用和管理衔接不畅

目前，电梯建成后的管理分为两个层面：一是综合管理和日常管理，二是专业化的维保管理。专业化维保管理方面，国家有强制规范，且由厂家进行收费维保，因此较为积极。但日常管理层面，环节琐碎、事项复杂，应急性较强，维保单位难以义务接管，这也成为当前电梯管理的一大短板。

2022年夏，由于天气炎热，杭州市求是村小区因跳闸导致电梯失灵，有部分居民被困在电梯轿厢内，紧急呼叫按钮处于失灵状态。有专家表示，电梯出现故障，除了上述原因，还有是因为加装电梯之后，加速了业主装修房子的意愿，会提高电梯的故障率，还有一个可能是一些业主没有正确地操作、使用电梯。

对很多居民而言，加装电梯的启用代表着该项改造工作的结束，从此就能享受电梯带来的出行便捷，甚至部分居民有这样的观念，“物业会帮我们接受”“政府应该兜底管理”……然而现实情况是，加装电梯和后期管理难以严丝合缝，每个单元各自为政，且对物业而言，参照的收费标准没有明确，因此很难介入其中实现统一的物业管理。

2. 管理模式的选择：维持长效是检验标准

据杭州市住房保障管理局安全中心副书记表示，杭州市已经完成交付的电梯管理模式主要有4种，51%由业主自管，32%由物业、准物业或者社区接管，16%是委托给第三方机构管理，还有一小部分是购买综合保险（图5-1）。

图5-1 回迁房小区连片加装电梯

（1）业主管理

每个单元楼加装电梯需要牵头人作为实施主体，同时保障电梯日常运行和管理。求是新村业主表示，自己作为牵头人，电梯的电表登记在自己名下，电费从自己银行卡里代扣，同时五方通话的电话卡也需要登记在其名下，一旦出现欠费等情况，会影响电梯的稳定运行。同时由于这关乎居民安全，一旦出现困人情况，牵头人是否要承担责任等问题，都给自身造成较大的管理压力。

有部分小区推行轮流值日制，每户人家负担一个月，一个星期保证至少打扫一次，但是居民很难做到24小时响应，且居民自主管理的可持续性、稳定性依然难以保证；此外，以单元楼为单位的加装电梯，体量小，也难以聘用钟点工清洁。

同时，行业人士表示，业主代表可能花费半年时间推动了电梯加装，但需要花15年时间去管理电梯，这中间会出现房屋交易、业主变更等情况；同时有些加装电梯申请人已经七八十岁，没有精力也很难承担起管理责任；此外管理的收费问题，一旦有业主没有承担理应承担的部分费用，最后由谁兜底也成为一个问题，以上都是影响后续管理的种种现实因素。

律师也解读了2021年4月开始实施的《杭州市老旧小区住宅加装电梯管理办法》，第二十五条规定："老旧小区住宅加装电梯申请人为电梯使用单位，负责加装电梯的日常使用和运行管理。"律师认为，日常管理的主体就是申请加装电梯的普通业主，但由于业主并非一个组织，不能形成横向的联系，制度设计较为分散，难以形成统一的集体行动。

有业主建议是否由物业出面雇佣一个定期清洁工做电梯的日常保洁，或者委托给物业代管，这样此前难以界定的电梯走廊上的保洁问题就不再成为无人管理的地带，而楼栋业主则和物业进行费用结算。

（2）物业管理

有居民认为，电梯是特种设备，一旦发生意外，应由物业提供应急响应，督促维保单位到现场维修，且物业对现场情况更熟悉，因此物业应该免费接收并提供管理服务。但律师表示，法规仅仅是鼓励老旧小区住宅加装电梯申请人委托的物业服务企业、其他管理人对加装电梯进行管理，但加装电梯是否由物业管理牵涉到物业合同签署，包括物业服务范围和费用等问题，目前还没有一个标准强制要求物业接管加装电梯管理工作。

从实际情况而言，由物业接管也存在着不少阻碍，不少加装电梯的实施主体分散在各个单元楼里，如果由每个单元楼的业主代表和物业谈，每个单元楼诉求不一，物业难以应对；且一些小区电梯加装数量少，管理收费上缺乏明确的市场指导价；不少老旧小区是准物业管理，收费不高，缺乏电梯相关的技术手段和能力，上述因素都会导致物业缺乏承担管理责任的积极性。因此物业方就认为应该由政府出面制定一个加装电梯物业管理指导意见，一旦缺乏相关条例，物业则缺乏主动承担该方面责任的意愿。

此外，由于小区加装电梯是根据每个楼栋居民意愿进行的，不少小区难以达到100%的加装率。因此，由物业出面服务加装电梯的楼栋，对于其他居民而言是不公平的。

一些小区实现电梯全部加装，委托物业管理则变得顺理成章。比如杭州市钱塘区截至2023年底，共加装电梯313台，由于部分街道推行了一些激励措施，一些小区实现成片加装，像钱塘区钱民花苑实现了小区电梯全覆盖，在物业服务合同上就明确表示要把电梯纳入管理中，写进合同款项里。一个接管加装电梯管理的物业负责人表示，由物业负责电梯日常的保洁和运维，而电梯每年的维保费用也是包含在物业费里一并缴纳，业主们比较省心。电梯加装好后，电梯的紧急按钮连接到物业消控室，物业都有24小时值班，一旦电梯出现紧急情况，物业会马上安排保安紧急处理，并通知维保单位。目前这一管理方式也得到了居民的认可。

（3）社区管理

部分居民认为加装电梯应该由社区管理。但加装电梯是居民个人意愿，政府能够提供一些指导作用或者财政补贴，但难以介入后期的管理。有居民认为应该由社区实现托底管理，但是目前主要在一些回迁房小区，村集体经济能够担负电梯管理责任。所在社区表示，加装电梯项目实施时，就实现了统一规划、统一建设、统一管理，管理费用由村经合社承担，居民不需要在加装电梯之后多支付相应的费用。同时社区把居民的力量也集结起来，并对一些管理做了清晰的界线划定，比如物业主要负责消防、应急、维修、日常保洁问题，而电梯维护管理的一些人为情况，比如挡门、卡门这些行为则要靠居民的监督。

但大部分城镇老旧小区所在社区缺乏集体经济收益，这一模式并不适用。

3. 创新模式：连片托管、电梯保险和智能管理

（1）智能管理

有电梯厂家表示，目前在管理层面可以对电梯加装一套物联网系统，实现电梯24小时监测。电梯的运行情况、人的行为情况等数据都能传输到系统后台，一旦平台监测到异常情况，则可第一时间通过系统派单给附近的维保人员。电梯厂家可以根据区块范围配备安全管理员和日常的巡检与保洁。电梯安全管理员需要持证上岗，执行一些日常巡查的工作。同时，厂家能够配备结构工程师，对外部井道做定期巡检。

除此之外，业主也可以通过厂家提供的APP，充分了解电梯的运行情况，同时业主能够通过APP自主交费后乘坐电梯，一旦不缴费，系统也可以通过技术手段限制其乘坐电梯。

（2）连片托管

个人委托需求分散，给委托谈判带来了一定的困难，而一些老旧小区加装电梯是成片连片的，则可以推行片区托管模式。对于连片托管，则需要政府指导，推动出台加装电梯的维保和管理规则。杭州市住房保障和房产管理局安全中心副书记表示，此前连片托管的机制是在联审之前要求住户约定分摊比例，但是未明确具体委托给哪家单位托管和托管费用。关于加装电梯连片托管委托对象和委托费用的问题，以杭州市上城区为试点正在逐步推进，试点时明确加装电梯后续维保责任、价格指导、接管流程等，并希望将这一系列动作前置到加装电梯联审之前。以此通过上城区的实践摸索出连片托管的经验，并在全市进行推广。

目前，上城区有很多老旧小区已经实现了街道整体托管。而政府则通过搭建一个平台，把老旧小区分散的需求集中起来，托管的对象可以是物业公司，可以是第三方企业，甚至可以是电梯生产厂商。杭州西奥电梯服务事业部部长陈达表示，西奥电梯作为电梯生产厂商，目前已经有100台电梯作为试点进行全面托管，并且业主对整体托管效果满意度较高。

有律师建议，目前加装电梯的20万元补贴，是否能够拿出5万元用于补贴托管的第三方，从而降低谈判的成本。这种激励政策由此能够孵化更多加装电梯三方维护公司，真正形成一个较大的市场。街道则通过星级评定、奖补的方式去监管这些三方维护公司。

（3）电梯保险

《杭州市老旧小区住宅加装电梯管理办法》指出："鼓励加装电梯申请人投保电梯综合服务保险。"由于目前杭州市加装电梯一半以上为居民自管，对电梯投保是一个较好的方式。

杭州市拱墅区大关西四苑小区目前一共有12台加装电梯，平时都是由单元业主轮流进行日常保洁等工作（图5-2）。8幢1单元的这台电梯在单元业主的一致协商下还上了保险，进一步保障了电梯的运行安全。为电梯加装后未来17年的维保、人身意外等问题加了一道安全防线，也为全市、全省乃至全国的加梯项目后续维保工作提供了大关模板。

图5-2 大关西四苑加装电梯

据悉，这份保险是加装电梯全生命周期升级版，保险缴费年限从原先的“10+1”分期付款扩展至“15+2”一次性付款。同时，该保险还创新性地将项目土建、钢结构以及连廊等均纳入保险项目。有问题的时候，居民可以找保险公司，可以找维保单位。同时维保单位会定期巡视。对于业主而言，一次性买保险后，不用再担心使用问题。

二、老旧小区改造让“老居民”畅享“新生活”

老旧小区原来一直有个说法，叫“老破小”。但经过这几年杭州老旧小区改造的推进，现在这些老破小已经变成了又新又功能齐全的住宅小区，老百姓生活的幸福感、获得感越来越高。

家住拱墅区叶青苑的居民斯大伯指出，尽管自己居住的小区建起来只有20年，但受前几年周边施工的影响，小区受到了一些损伤，出现了地基走样、管道漏水等问题，因此纳入了改造试点。改造前，居民抵触的情绪很多，毕竟脚手架一搭，会给生活带来不方便。“有人说我这个房子是住的，又不是拿来卖的，外面装得好看有什么用呢?”针对这些问题，社区积极做好群众工作，凝聚心力，如今，居民中抱怨的声音越来越少了，大家感觉到的都是一种获得感、幸福感和安全感。

下城区潮鸣街道小天竺社区的黄大伯谈及老旧小区改造非常高兴。潮鸣已有800年历史，此次改造充分挖掘潮鸣寺的文化底蕴，在保留小区文化情怀和特色韵味的基础上，融入新时代文化元素打造“看得见文化、望得到情怀”的老旧小区改造精品工程。“小区原先很多地方是卫生死角，望上去都是蜘蛛网，现在改造完前后对比非常明显。以前自来水放出来黄焦焦的，如果遇到下大雨，小区里面道路要积水的，这次改造全部进行了‘上改下’，小区里再也没有积过水，大家都很满意。”黄大伯及小区居民对改造成效非常满意，也对未来的小区改造寄予了新的期待，即创新居家社区服务模式，推进居家社区养老服务。

上城区南星街道闸口电厂二宿舍建于20世纪50年代，已使用近70年。改造前，该小区环境脏乱差、消防安防设施缺乏、公共活动空间缺失等老旧小区通病一个不落，居民“我要改”的呼声尤为强烈。居民沈大伯面对采访说道：“改造后的小区大门入口，感觉像走进了一个文创园区，门口是齿轮、信报箱、电厂工作证、厂徽、搪瓷锅碗、粮票布票等老物件展示墙和闸口电厂大事记，加上灰红色系的外立面保留着原汁原味的老建筑。改造前，我们没有阳台和天井，晒衣服成了一大难题，改造后给居民备置了晾衣架、长条凳、体育健身设施等（图5-3）。小区外面是八卦田景区，外来车辆都停到小区的各家门口，走路都不方便，经常会发生冲突。改造后划定了车位，小区环境变好了，走进去像花园一样，吃过晚饭，对面八卦新村的居民都到我们这里来玩。”

图5-3　改造后的闸口电厂二宿舍

杭州市自2019年展开第一轮老旧小区改造工作，因城市基础相对较好，在住房和城乡建设部提出的“纯水电路气改造”的基础上，赋予了新的意义，重点突出了综合改造和功能提升。杭州市建设管理服务中心专家面对采访时说道：“目前，我们的总体目标在有条不紊地进行，听到居民的认可，我觉得我们工作还做得不够，希望更多的小区能够享受到整个城市发展带来的红利。我认为这项工作得以稳步推进，得益于广大居民的充分参与。这项工作从项目的生成到落地，都需要居民来参与，能够结合大家的需求，把老百姓迫切想改的一些内容体现在这一工作中。我们也是在不断地总结，形成体制机制，改出杭州模式，形成能够广泛推广的一种模式。”

此轮拱墅区老旧小区改造，共整合了区级闲置房产7900多平方米，用来提升小区品质服务。如叶青苑将利用杭州市城市基础设施建设中心提供的两套房子，改造成养老服务用房，正好回应了居民对居家养老的更高期待和追求。如大关街道东二东三苑，利用闲置空地，给老百姓打造集唱戏、娱乐、健身于一体的文化家园。因此，老旧小区改造是综合性的改造、全方位的服务提升。

社区建设专家总结道，杭州市老旧小区改造，重视里子，讲究面子，更关心院子。里子工程直接影响居民安全生活，必须要把原来的老旧、破旧、渗漏等安全隐患彻底解决；面子工程是指小区雨棚、防盗窗、空调格栅、晾衣架四小件全部焕然一新，同时增设游步道、增加绿化率、建设公共空间等；院子工程是指植入阳光老人家、百姓戏园、便民食堂、四点半课堂等服务性的功能，让居民不出家门，也能体验到便捷、安全、幸福。此外，杭州市在旧改工作推进机制上有三个特点：一是改造要求标准化。通过制定标准，制定工作流程，成立项目专班的流程，制定清单式的杭州特色。二是改造方案人本化。以老百姓为核心，实现“项目生成、方案落地、项目实施、后期管理”的全程跟踪。三是长效管理同步化。从“改造见实效”到“管理有长效”，更要多方合力，共同提高老旧小区综合治理成效。

三、巧用城市“金角银边”打造家门口的“健身房”

废物堆积的桥下空间化身篮球场、足球场，曾经布满杂草的楼顶成为足球爱好者的乐园。如今在杭州，这种见缝插针的体育场地设施越来越多。在滨江区，钱江三桥东北侧的沿江景观公园已成为市民运动健身的好去处，篮球、轮滑、广场舞，附近居民的运动活力在这里得到了释放；在上城区，一个由停车场改造成的八个半片篮球场，成为年轻人切磋球技的首选地；而在拱墅区，嵌入式体育场所设施的类型更加丰富，既有充分利用桥下空间建设的篮球场，还有在楼顶修建的空中足球场……

嵌入式体育场所设施顾名思义就是见缝插针式的一些体育设施。嵌入式体育场所设施建设需要集中考虑三个方面：一是高便利度，打造“10分钟健身圈”；二是充分挖掘城市空间资源的潜力，包括建筑屋顶、公园绿化、滨水绿道、桥下空间，这些都是非常好的城市空间资源；三是因地制宜，能够有一些灵活多样性设置，根据场地形状、居民喜好、年龄层次来设置一些友好型设施。老百姓在进行运动健身的过程中，仍有一些痛点难点。比如去健身房可能要付出一些高昂资金成本，而且也不是非常方便，交通成本高。这些嵌入式的体育设施，最大的优势就是居民能够在家门口可以便利地、低成本地享受到这些公共体育服务。

嵌入式体育场所建设对推动全民健身具有重要意义，对个体而言，可以提高身体素质，增强国民的体质，改善居民的生活方式；对社区来说，可以促进邻里关系，促进社会交往；对杭州市来说，可以极大地提升健康杭州、活力杭州，提升运动休闲之都建设；从国家层面来看，体育是共同富裕建设中一个非常重要的部分，要提倡体育现代化。体育现代化就是要切入个体，切入社区，嵌入城市。

里面的部门问计于民，问需于民，杭州市发展改革委、体育局、杭网议事厅等部门都对居民进行了问卷调查，根据调查的结果看，总体情况还是不错的，也反映出一些居民态度：一是杭州目前的体育设施类型比较单一；二是对足球、篮球以外的其他体育设施需求旺盛；三是场所距离居民较远，还达不到“15分钟健身圈的标准”；四是希望社区或公园内继续增加运动场所；五是群众对体育设施建设有一定的支付意愿。总体上大家对于体育健身的需求，是在真正增长的。如何将这些细化问题在建设中具体落实，专家们有着不同的见解：

一是专门工作和群众工作相结合，共建共享。嵌入式体育场所建设的指导思想是以人民为中心，以健康为中心，以快乐为中心。要充分利用社会体育组织，要充分利用协会，要充分利用俱乐部社会体育指导员的力量，加强第三方专业团队的引进。如：黄龙体育中心的老年体育活动中心，老年乒乓球活动中心的爱好者、志愿者们组成了一个队委会，义务管理、组织中心活动。

二是空间的建设与利用要多动脑筋。首先，省、市要做到总体布局，明确标准与责任，把运动设施作为规划中必需的指标性的空间，把运动融入老百姓的普通生活中。可以跟着自然地貌、自然环境，让公园的空间用得更加丰富。也可以是运动和文化嵌入，把一个人的生活及其区域功能相结合起来，实现家长在阅读，小孩在运动或者家长在运动，小孩在旁边看书的模式。更可以将水陆空的空间利用起来，比如萧山区利用地铁车库的覆盖，打造出新的运动场景。

三是场馆的管理、运维要标准化。场馆的管理与运维要注重体验，精细化、科学化、专业性的要求不比标准化的体育场馆低。可以运用数字化平台来管理，比如杭州的城市大脑，保证老百姓能够通过数字化平台一屏触达的方式，找到自己想要去的体育场地，实现场馆联动。也要规范补助的标准和运维标准，发挥社会力量，交给社会力量进行维护，非高峰时期工作日可以组织培训，适当收费。同时也要增强风险意识，包括防火、医疗、急救、专业指导等，保障居民使用安全。

四、危旧小区的自主更新模式探索

推进城镇老旧小区改造还有一种特殊的类型，杭州以拱墅区浙工新村作为试点，先试先行，探索危旧小区如何进行自主更新。2023年12月17日，《我们圆桌会》邀请浙工新村居民代表、政府职能部门负责人、各行业专家齐聚圆桌，围绕“城市更新下的危旧小区如何改造”这一议题展开探讨，各抒己见。

浙工新村位于杭州市拱墅区朝晖六区西北角，共14幢建筑，其中住宅13幢，非住宅1幢，现为浙工大退休教职工活动中心，13幢住宅中有4幢住宅经鉴定为C级危房。我国《城市危险房屋管理规定》：C级危房要求立即停止使用，D级危房要求立即拆除。

浙工新村的4幢危房里住着160户居民，每年台风季街道社区面临很大的压力，经常需要采取紧急避险措施。拱墅区朝晖街道党工委书记表示：“我到街道工作15年，紧急避险的事情我已经做过3次了，每天晚上举全街之力，所有部门要把里面的住户都请到外面来，街道负责预订相应的酒店，要保证居民的安全，街道社区还要派人驻守在现场确保没有人员进出。可以想象有多危险，连刮个台风都要出来。”

浙江工业大学公共管理学院吴伟强教授介绍了浙工新村危房鉴定的历程。1993年以来，64幢、66幢、67幢、74幢经多次检测鉴定，均存在不同程度的房屋损坏现象。1993年，67幢房屋鉴定为“局部严重损坏房屋”，2000年二次鉴定为“严重损坏房屋，需要安全加固”，并于2001年实施了房屋安全加固工程。2010年，第三次鉴定建议再次实施维修加固，业主联名反对，要求拆除重建。2014年，第四次鉴定为C级危房，启动加固和重建两个方案的设计工作。自1993年起一轮一轮地鉴定，由居民、浙江工业大学方面包括社区、街道多方推动，跟政府一次次地讨论，直至2018年确定浙工新村的成片改造，可见时间跨度之长和工作难度之大，终于在2023年启动项目实施。

拱墅区城发集团负责浙工新村拆除重建的具体实施。目前，13幢住宅已全部拆除，桩基工程进展顺利，整个项目预计20个月完工。城发集团董事长介绍了重建后的浙工新村将拥有7幢11层的小高层，小区公共空间增设健身设施、儿童游乐设施，配套面积在原来600平方米的基础上增加900平方米，1500平方米配套怎么用由居民说了算。住宅毛坯交付，同时考虑到老年人装修不便，如果居民提出装修需要，可以由城发集团同步完成室内装修。

浙工新村危房解危的漫漫长路难在哪？主要难在群众工作、资金平衡、更新方案的制定如何衔接规划和政策三个方面。

拱墅区住房和城乡建设局局长指出，最大的难点在于更新方案的制定，更新方案的好坏直接决定了老百姓的接受程度和项目的成败。第一，以建筑套内面积不改变为原则，保证老百姓置换到新房后不会感到越住越小；第二，考虑到每户居民原来房屋朝向、楼层的差异性，创新地采用面积补差的办法，最大限度保证居民在选房时的公平性；第三，参考中高端商品房的建设标准进行重建，尤其要补足老旧小区停车难、配套不足等短板。最终的更新方案赢得了老百姓的高度认可，为后续项目的整体有序推进奠定了坚实的基础。

杭州市城乡建设管理服务中心副主任补充道："如果根据原来法律法规明确的方式方法，比如通过加固进行危房解危，我们认为在技术上是没有问题的，但它的问题是老百姓很难接受。不管是从外围加固、室内加固还是对墙体本身进行加固，对老百姓的居住条件谈不上改善，甚至会恶化。所以这也是刚才吴老师在谈解危历程的时候，为什么所有居民都反对。"第二种是根据"三不"原则，原址、原高、原面积不改变，由产权人出资重建。"其实难就难在这里了，老百姓不肯出钱。那么这次改造我们探索了新的办法，做到老百姓出了资金，同时能够获得适度的居住条件改善，在这两者间达成一种平衡。"

"新的办法"是指一户"扩面"最高不超过20平方米的建筑面积，小区绿化率、日照、户型都得到一定程度的优化，同时小区的环境、配套较以前都有大幅的改善，做到"对内有提升，对外不恶化"。

资金方面，坚持居民主体是这一模式最终走通的关键。居民既是权利的主体也是义务的主体，浙工新村自主更新项目总投资大概是6亿元，居民出资占据了项目资金的80%以上。居民出资主要在三个方面：第一是项目本体重建，旧房置换新房这部分1350元/平方米；第二是扩面的费用34520元/平方米；第三是车位的费用，居民如果有需求可以购买车位。而地块基础设施的更新、公共配套设施增加的费用由政府出资，通过政策补贴下放到项目上。杭州市市区两级对老旧小区改造按400元/平方米的标准进行补贴，对朝晖片区打造未来社区按300元/平方米的标准进行补贴，此外还有老旧小区加装电梯按每台20万元进行补贴。从最后的结果上看，达到了资金平衡，并且做到了每一笔资金来源和去向都清晰可追溯。

拱墅区城发集团所有户型方案调整了几十稿，这是非常繁琐复杂的工作。吴教授解释道："有些房子在扩面以后，整个房屋的结构、朝向等等会有一些微调，有时候为了保证大户型可能会牺牲小户型，服从了大户型的商品房品质以后，小户型是不是满意，这部分是特别需要关注的。所以必须要拿出很多的方案进行调整，这是非常难的一件事情。正儿八经落实到每户的时候，老百姓几十年住下来，很多东西稍微一动都很难。"居民代表喻大妈表示，这次扩面有5平方米、8平方米、19平方米三个档次可以挑选，对原有户型也做了多轮沟通和优化，表示非常满意。

此外，在浙工新村有机更新项目上，系统化地构建了党建引领下的“居民主体、政府主导、住建主推、街道主抓、建设主责”的统筹机制。拱墅区委组织部副部长指出：“这项工作涉及部门之广、繁杂主体之广，建领导小组、建专班、配干部，省市各部门也给予了我们大力支持，突破政策限制、畅通审批路径，否则所有事情是无法闭环的。”市区两级高度联动，区里和街道、部门和街道高度协同，老百姓的意愿也高度统一，这是党建统筹非常好的案例。还有党建引领下的群众工作方法，社区党委、居委会、社区干部、小区党支部、楼道支部、小区专员和老百姓之间密切联系，时时了解老百姓的想法。浙工新村项目创新性地成立了居民代表自愿有机更新委员会，按照一幢楼一代表选出13位居民代表，代表绝大多数老百姓的意愿来跟政府进行沟通，自然会深度参与到整个项目启动、方案设计、老百姓意愿征集以及宣传、沟通、解释、矛盾化解、帮助等等，发挥着非常重要的作用，这是突出居民主体的一个重要抓手。

浙江省律师协会政府法律顾问专业委员会副主任钱雪慧从法律角度阐述了自己的看法，浙工新村危房解危之路长时间悬而未决，存在三个法律上的卡点：第一是鉴定结果是C级危房而不是D级，还没到必须拆除重建的程度；第二是业主共有权的一种表达和决议，按《民法典》对业主共同决定事项的规定，改建、重建建筑物及其附属设施应当经参与表决专有部分面积3/4以上的业主且参与表决人数3/4以上的业主同意，浙工新村的问题是几幢鉴定为C级危房的居民很想拆除重建，但其他楼幢的居民想法未必是这样的；第三是资金的障碍，这不是征收，居民想改造危旧房，责任主体是业主，改造资金应当由业主承担，当时可以使用的是房管的公共维修基金，公共维修基金的使用要经过13幢业主共同投票，所以4幢危旧房也没办法使用。

杭州市城乡建设管理服务中心副主任强调，浙工新村项目整体推进很难，自主更新模式还是要明确危旧房这一对象，而且也不能“一刀切”地对待，还要因地制宜、一事一议，综合考虑小区所处的现状条件、老百姓的基本条件、项目周边可以拓展的范围，以及政府的创新、老百姓的主体意识，还有很长的路要不停地往前走。

资深媒体人叶峰老师感慨道，浙工新村有机更新项目也是习近平总书记强调的坚持好、发展好“枫桥经验”的一个生动实践，群众的事情群众自己办，社会治理让公众参与，让利益当事方都参与其中，什么事大家都商量着做。浙工新村项目最终得以动工，叶老师将之归纳为：理念以民为本，行动跨前一步，成效清晰可见，目标人民满意。在吃透政策的前提下，在守好法律底线的前提下，政府各职能部门通力合作，真正以人民为本地进行创新。

“浙工新村也是城市建设和立法建设相融合、相促进的生动案例。”钱律师补充道，城市建设和立法建设有三个阶段：早期城市建设的时候是《中华人民共和国建筑法》；到第二个阶段大拆大建的时候，相应法律是《中华人民共和国城市房屋拆迁管理条例》（已废止）、《国有土地上房屋征收与补偿条例》，以适应城市大建设的需要；到浙工新村项目，钱律师认为已经到了精雕细琢的第三个阶段，2023年杭州市人大立法计划里已经把《杭州市城市更新条例》作为预备立法展开调研了，正在出台相应的立法作为制度保障。

可以说，浙工新村项目集杭州近年来城市有机更新实践一些好的方式方法之大成，把老百姓的利益放在心上，坚持党建引领、人民参与、共同商量、部门协同，是一次非常好的探索和创新。

第三节　浙江电视台钱江都市频道《每家美户》

《每家美户》是由浙江电视台钱江都市频道《财富地产家》节目每周五推出的一档固定板块专题，主要探讨城镇老旧小区改造、适老化改造等主题，通过政策解读、专家观察带来全新视角。

一、老旧小区海绵化改造

在老旧小区改造的征程当中，海绵城市成为一个热点话题。《浙江省城镇老旧小区改造技术导则（试行）》提出：“老旧小区宜结合海绵化改造，宜优化整体竖向，采用生态排水设计，有条件的小区宜设置低影响开发雨水系统，并设计溢流排放系统与市政雨水系统衔接，缓解市政排水系统压力。”《杭州市老旧小区综合改造提升技术导则（试行）》也提出应融入海绵城市理念。

海绵城市，顾名思义，下雨时能够像海绵一样吸水、蓄水、渗水、净水，需要时将蓄存的水释放并加以利用，实现雨水在城市中自由迁移。

1. 海绵化改造的顶层设计

从杭州市实施海绵化改造情况看，早在2016年，杭州市海绵办牵头市财政局、市林水局、市规资局、市城管局、市园文局等部门，形成由市海绵办牵头，各部门各司其职、分工合作的推进机制。通过对海绵城市建设进行顶层设计，制定大海绵蓝图，结合杭州市域及中心城区生态空间分布，构建了“三楔四片，四廊多点；一城七区，分类控制；五水共导，互联成网”的海绵城市空间格局。

2018年，杭州市经市海绵办统筹协调，通过建立半月例会、专题研究会、项目复核和现场指导服务等日常工作沟通机制，强化市区两级联动，13个区县市均已开展海绵城市建设。2021年5月，杭州市入选全国首批系统化全域推进海绵城市建设示范城市，同年12月，《杭州市系统化全域推进海绵城市建设示范工作行动计划（2021—2023年）》正式发布，其中明确力争到2023年全市建成区40%的面积达到海绵城市建设要求，并初步建成系统化全域海绵城市建设示范城市。

2023年，杭州出台《杭州市海绵城市建设管理办法》，统筹推进海绵城市建设。截至2023年5月，示范建设期间，杭州全市共计划实施海绵城市项目537个，目前已开工514个、完工227个，改造会“喝水”的老旧小区数百个，并将海绵城市建设的要求与河湖治理、基础设施、景观融合建设，以绿色屋顶、公园水系等融合推进。

2. 老旧小区“微更新+海绵化改造”

杭州市加强海绵城市建设与城乡风貌（未来社区）、城市更新、城镇老旧小区改造等工作的结合，特别是结合老旧小区改造工作，以问题为导向，以“+海绵”理念提升人居环境。引入了海绵城市理念的老旧小区，部分路面采用了透水混凝土新型材料；所有的绿化带和路面交接的位置，采用了一个降低的处理，使得路面积水的地方，能够通过透水混凝土渗入地下，并通过边上的盲管将雨水引入雨水井中，使路面不产生积水的现象。

此外，杭州市建委与上城区政府联合编制的《杭州市老旧小区改造低影响开发设施建设指引》，将为既有建筑业小区改造和海绵城市建设提供新的技术支撑。杭州市通过试点建设，探索出一条可复制的杭州市老旧小区“微更新+海绵”相结合的道路。

3. 示范样板带动连片效应

在推动建设项目量的增长、面的拓展的同时，也注重质的提升与效的提高，逐步形成海绵化改造连片效应。

如上城区老旧小区实施低影响开发起步早，为全市老旧小区改造提供了一些可复制、可参考的经验。2018年1月，上城区首个“海绵城市”建设老旧小区改造试点——美政花苑初步完工，该小区是2000年以前建造的，改造前小区管网纵横错乱，又缺乏日常维护，很多管道已经生锈堵塞。同时，由于经费欠缺、人员不足，小区绿化长久得不到修整，小区整体环境状况不佳。美政花苑海绵化改造主要分为以下三方面：

一是实施阳台雨污水分流工程。改造保留了原有的外墙落水管作为排水管，就近改接入市政污水管网，新建的雨水管则连通新建的下渗溢流井内，接入市政雨水管网。下渗溢流井的底面铺设了厚碎石层，可以快速高效地将收集到的雨水渗流“反哺”地下水，而过多的雨水则溢流至市政雨水管网，最终流入河道。

二是改建了小区花园，既拥有“海绵”功能，又能够提升小区环境。来自屋顶或地面的雨水可以先汇入“花园”的旱溪，利用石头、植物根系过滤泥沙之后，再渗入地下回收利用，可以用来灌溉、洒扫等。最后，经过渗、滞、蓄、用、净等一系列处理后，剩余部分的雨水再经市政管网流入河道，这样一来就提高了进入河道的雨水水质，缓解城市内涝和市政管网的双重压力。

三是小区对道路、停车场、绿化等都进行了海绵化改造。比如，小区停车场变得可以“吸水”了，而且通过透水道路侧石，还可以把路面上的雨水引入绿化带，再利用绿地内的植草沟，对雨水进行滞留和净化。根据初步测算，试点的美政花苑小区有望实现污水减量4万升/年（图5-4）。

图5-4　美政花苑海绵化改造

除此之外，杭州市上城区小营街道金钱社区也进行了海绵化改造（图5-5），范围南北分别以南班巷、严衙弄为界，主要包括6～14幢建筑立面、室外环境及一处邻里公园，占地面积约9900平方米，其中室外景观面积5600平方米，建筑占地约4300平方米。过去，每逢暴雨过后路面积水，住在那里的居民总是要避着水坑走。主要设计理念有：一是绿地整体下凹，打破以往下凹式绿地择地深度下凹的概念，在不影响大树成活和基础设施运行的前提下，绿地整体下凹5～10厘米；二是雨水花园打造景观，在小区邻里公园的绿地门户位置设计一处植草沟＋雨水花园，打造海绵城市的景观工程，选择耐旱涝且美观的植物，打破海绵城市景观效果差的固有印象；三是非车行道铺装透水设计，项目红线范围内的铺装整体改造，除车行道因结构性原因不能透水外，其他如健身步道、停车位、邻里公园铺装等均设计为透水铺装，减少地面雨水径流；四是改造雨落水管，针对屋面雨水经雨落水管直接排放至管网的传统排水方式进行改造，将有改造条件的雨落水管下端增设高位花坛，实现小雨滞流浇洒植物、大雨溢流排放管网的功能。

图5-5 南班巷小区海绵化改造

拱墅区金星村桃源居是回迁安置小区，小区雨天道路积水、屋顶漏雨情况较多，在该项目老旧小区改造中，拱墅区充分考虑了海绵城市建设要求，将原本积水的不透水停车区域改为透水沥青铺装，增强渗透雨水的能力，实现小区雨天无路面积水。此外还采用雨污水分流改造、屋顶雨水断接等形式，因地制宜地改造激活老旧小区的海绵功能。

同时杭州市建设了一套数字化赋能的海绵城市监测体系，提升海绵城市建管智慧化水平。在整合林水、城管、生态环境等部门数据资源的基础上，杭州以市内涝监测预警平台为底座，逐步建成“杭州市海绵城市智慧管控平台”，实现项目管控、绩效评估、监测预警分析等智慧化功能，不断构建更为完善的海绵城市监测体系。

二、老旧小区打通“生命通道”

为进一步消除小区消防安全隐患，着力营造安全、文明的小区环境，积极推进老旧小区改造，杭州市各社区积极开展“打通生命通道”集中治理专项行动，打造“以人为本”的社区微循环交通体系。

大关街道东一社区位于杭州市拱墅区，建成于20世纪90年代初，已经有近30年的历史。改造之前，东一社区面临内部道路十分狭窄、停车泊位需求量不足的现状，已经不能满足现有家庭的车辆增加量。此外，小区内配套服务设施分布较少，整体空间布局较为混乱，也进一步限制了邻里之间的沟通交流。2019年初，大关街道结合旧改工程，全面启动了“打通生命通道线”项目（图5-6、图5-7）。

大关东一社区经过改造，这些问题得到了明显的改善。规划后社区固定车位206个，新增新能源汽车专用车位5个和残疾人专用车位6个，总体增加50个车位。如今，走进大关东一社区，车辆井然有序地停在车位中，给小区增添了一抹亮丽的色彩，还标识了“生命的宽度”字样。“生命的宽度”是指东一社区改造后路面拓宽的距离，这条长约4米的“生命的宽度”也让救护车、消防车进入小区内部单元楼变得更加便利。

图5-6　大关东一社区“打通生命通道线”一

图5-7　大关东一社区“打通生命通道线”二

杭州市萧山区俊良社区崇化三区北临萧金路，东靠崇化路，小区建于1993年，房屋主体以混合结构六层为主，局部框架结构，平屋面。改造涉及20幢房屋、711户，约2466人。在此之前，小区存在着车位乱占、电动车乱充电、消防通道被占用等问题，曾发生过电动自行车燃烧的情况，甚至媒体也曾报道过里面的消防隐患和停车难等问题。

崇化三区的消防安全改造主要存在两方面难度：一是本身老旧小区的空间就极其有限；二是存在着众口难调的问题。由于设置消防通道，现有小区路面宽度有限，需要拓宽，有时候可能需要牺牲一定面积的小区绿地，则会出现有人反对、有人支持的情况，从而影响方案的实施；乱停车的问题一方面需要增设停车位，另一方面需要物业进行封闭式管理。

属地街道从实际痛点和居民需求出发，反复打磨老旧小区改造方案，经过设计、施工，崇化三区焕美新生。

一是社区在萧金路新建崇化三区北入口，并对位于崇化路上的东入口进行人车分流，既解决了老旧小区缺乏符合规范的消防通道问题，又有效消除了人车混行的安全隐患。

二是拓宽道路，增加停车位。小区内主道路宽度由4米拓宽到了6米左右；楼幢建筑之间的道路宽度，从不超过2.5米达到了4.5米，私家车也能够实现会车。通过改造楼层停车位至192个，减少了乱停车的现象。

三是引入物业，小区实现封闭式管理。物业进驻后对业主车辆进行登记，车辆识别进入小区，三个临时出入口被分别改造为消防出口、人行出口、车行出口，实现生命通道完全贯通。

崇化三区的改造，通过盘活闲置资源打通生命通道，被中央电视台《东方时空》栏目“时空特稿”进行了报道。

第四节 《浙江日报》专版报道

一、在旧改中率先构建“完整居住社区”，探索民生改善与城市升级双向同步新模式——泛城设计：老旧小区的“逆袭”密码[68]

杭州德胜新村——一个20世纪80年代建成的小区，如今成功“逆袭”：政府和居民对小区新貌赞不绝口，来自全国城市更新领域的参观者更是络绎不绝。

逆袭的秘诀，是德胜新村老旧小区的“总设计师”泛城设计股份有限公司城市更新研究院院长王贵美，在这个老旧小区改造中构建了一个“绿色生态、友邻关爱、安全智慧、教育学习、管理有序”的“完整居住社区”，让老旧小区人民群众真切感受到美好生活“看得见、摸得着、真实可感”。

对高质量发展建设共同富裕示范区的浙江来说，全面推进城镇老旧小区改造和社区建设，缩小老旧小区与新建小区中居民获得感、幸福感和安全感的差距，是示范区的题中之义。

住房和城乡建设部科技委社区建设专委会委员、泛城设计股份有限公司城市更新研究院院长王贵美为我们解读了这个老旧小区“逆袭”的密码（图5-8）。

12 | 浙江日报 | 美好生活

2021年7月5日 星期一
版式：赵蕾
ZHEJIANG DAILY

美好生活 浙江实践

在旧改中率先构建“完整居住社区” 探索民生改善与城市升级双向同步新模式

泛城设计：老旧小区的“逆袭”密码

元 力

改造后的德胜新村南大门

杭州德胜新村——一个上世纪80年代建成的小区，如今成功“逆袭”：政府和居民对小区新貌赞不绝口，来自全国城市更新领域的参观者更是络绎不绝。

逆袭的秘诀，是德胜新村老旧小区的“总设计师”泛城设计股份有限公司城市更新研究院院长王贵美，在这里的老旧小区改造中构建了一个“绿色生态、友邻关爱、安全智慧、教育学习、管理有序”的“完整居住社区”，让老旧小区人民群众真切感受到美好生活“看得见、摸得着、真实可感”。

对高质量发展建设共同富裕示范区的浙江来说，全面推进城镇老旧小区改造和社区建设，缩小老旧小区与新建小区中居民安全感、获得感、幸福感的差距，是示范区的题中之义。

日前，住房和城乡建设部科技委社区建设专委会委员、泛城设计股份有限公司城市更新研究院院长王贵美，带笔者走进德胜新村，解读这个老旧小区“逆袭”的密码。

惊艳蝶变
30年老旧小区成全国标杆

“我们小区建成于1988年。”从1989年起就住在德胜新村的老虞，是小区的第一任居委会主任。30多年来，眼见这个有85栋居民住宅、20栋公共配套用房、居民近万人的大型居住社区，从当初人人羡慕的“洋房”小区，慢慢沦为“老破小”，老虞的心里很不是滋味。

“基础设施陈旧，消防安全隐患较大，绿化损坏严重，无障碍建设、安防建设、社区文化建设缺失，居民的改造愿望十分强烈。”王贵美院长说。

从最初的走访调研，到2020年5月开工改造，再到后续补充完善，王贵美院长带领泛城设计的团队，全身心扑进了德胜新村。

去年底，改造顺利完工，德胜新村惊艳亮相：大门充满了江南韵味，“万物育德，人以德胜”8个大字彰显出小区的文化底蕴；出入口人车分流、自动识别，小区道路拓宽、停车位增加，不畅的消防通道全部打通，保证了“生命的宽度”；“蜘蛛网”式的架空管线全部“上改下”；安装了整套的智慧安防系统，连接“城市大脑”，生活更安心……“房屋不漏了、道路变宽了、设施完备了、绿化靓亮了、小区通透亮堂了、生活环境变美了、安全隐患消除了，老小区年轻了。”老虞和居民们，终于舒心了。

更多的赞美，来自全国各地的业内人士。近年来，泛城设计依靠自身综合设计实力，整合城市规划、社会养老、社会资本、社会运营等多方面优势资源，在城市更新研究方面做足了文章，且在多地城市更新住区改造中展现了标杆形象。本次改造，正是泛城设计城市更新研究院王贵美院长提出的“完整居住社区”理念，在老旧小区改造中的首次全面落地。

王贵美院长还有一个身份，是住房和城乡建设部科技委社区建设专委会委员，业界“大咖”。在2020年7月出台的《国务院办公厅关于全面推进城镇老旧小区改造工作的指导意见》（国办发〔2020〕23号）文件中，他提出的老旧小区改造中构建“完整居住社区”理念也被写入其中，受到全国同行的瞩目。

所以，全国各地老旧小区改造参与者，纷纷来到德胜新村考察：国务院文件中提出的“更好为社区居民提供精准化、精细化服务”的“完整居住社区”，到底长什么样？具体要怎么改？

德胜新村社区乐龄家护理中心

以人为本
植入“完整居住”大场景

“改造建筑本体和基础设施，是老旧小区改造的前提和第一要素。但是，如果不给老旧小区赋予功能，改得再漂亮也没用。”在王贵美院长的理念中，所谓“完整居住社区”，必须打破以往小区只供人居住的简单功能，还要在小区内实现看病、养老、休闲、健身、学习的本地化、一体化。居民不出小区，就能享受生活圈的各种便民服务。

他说：“通过调研，我们认为德胜新村最核心的问题不是设施的老旧，而是功能的缺失，包括社区养老、托幼、学习、休闲等。”

所以，德胜新村重点改造完善了小区配套和市政基础设施，构建了“五个圈”：满足老年人集“健养、乐养、膳养、休养、医养”于一体的“社区乐龄养老生态圈”；满足居民生活的“便民商业服务圈”；满足居民教育学习的“文化教育学习圈”；满足老年人及残障人士的“无障碍生活圈”；满足居民就近休闲健身娱乐的“社区公共休闲圈”。

说着，王贵美院长带我们来到小区的中心公园“德胜公园”。此刻，“一剪梅”的音乐飘荡在公园里，十几位居民伴着歌声跳起扇子舞。“公园占地11亩，但长期得不到维护，不能满足居民室外公共休憩的需求。”他介绍，改造不仅提升了绿化品质，还新建了居民休息凉亭、儿童活动场地、社区藏书广场、百姓舞台、居民健身等功能场所。

此外，德胜新村打通了3.8公里的休闲环道，建设和改造了以“德胜八景”为主题的休息凉亭8处和口袋小公园3处，休憩场所里还展示社区名人故事，小区“走得进、留得住、记得下乡愁”。

路边，一个灰色的小桩子引起了笔者的注意。据介绍，这是泛城设计自主研发的电子导盲系统“无障碍视残人通道”，是小区信息化无障碍生活圈的基础设施。小区在主要通道、十字路口都布局了这种小桩子，戴着导航手环的残疾人一走到附近，手环就能语音提示视障人士通行及休息，也能帮助智力下降的老人找到归家之路。

“老旧小区要更关心院子。”王贵美强调，“完整居住社区”的核心，就是要从人民群众最关心、最直接、最现实的利益根本点出发，关心院子才是真正关心到了人。

改造后的托幼中心

破题可持续
引社会资本共建美好家园

相对于“硬件”上的更新，如何引入配套服务，实现可持续发展，是不少老旧小区在改造中，最为难解的题。

德胜新村老年人占比超过20%，而居家养老、托幼服务中心、社区食堂等公共配套服务性场所缺失。所以，泛城设计将小区内废弃的自行车库改造成供居民居家养老的“阳光老人家”服务中心，一楼为社区食堂和公共活动区域，二、三层设置了18张护理床位。

为实现社区养老服务的造血功能，“阳光老人家”交给了第三方机构运营。为此，该机构也投资600余万元参与内部改造，为街道减轻了资金压力。今年3月，德胜“乐龄家”养老园正式营业。

该机构负责人郭福琴介绍：“居民每个月最少只需210元，就能获得6小时的居家养老服务，包括家政、医疗、康复等。也有托养床位，80元一天。”通过第三方提供社区服务，居民购买服务的方式，有效弥补了社区的服务缺失。

同时，德胜新村在改造中建设了一个“阳光护理中心”，成为浙江省首个“社区级护理中心”。自此，德胜新村实现了小区里的医养结合。

“老旧小区改造，绝不仅仅是一项建筑工程，而是民生、发展、改革、社会、治理和建筑‘六大工程’，其中，治理工程和社会工程一定是核心。一家设计院，如果只把老旧小区改造当做建筑工程，那它一定是失败的。作为社会工程，设计院一定要牵头把所有协同单位的配套打通；作为治理工程，一定要在改造过程中预留接口，深挖资源、为社会治理和可持续发展赋能。”王贵美说：“提高社会资本参与城市更新的积极性，还能将后期的长效管理和城市治理融入再规划中，探索城市运营商的城市开发建设模式，有序推进城市更新，建设韧性城市，逐步实现建设未来城市。”

“这次改造，跟以前真的不一样了。不只是盯着刷刷墙壁、修修马路，小区里的生活更方便、更舒心、更美好了。”在“老虞们”的眼里，德胜新村通过基础设施更新、服务配套完善、社区环境与服务提升，加上积淀其中的浓浓烟火气和人情味，一幅人们群众“看得见、摸得到、体会得到”的美好家园图景，已然成为现实。

总设计师王贵美听取全国老旧改造意见

（本版图片由泛城设计www.ancity.com.cn提供）

图5-8 《浙江日报》专版报道一

1. 惊艳蝶变　30年老旧小区改造成全国标杆

“我们小区建成于1988年。”从1989年起就住在德胜新村的老虞，是小区的第一任居委会主任。30多年来，眼见这个有85栋居民住宅、20栋公共配套用房、居民近万人的大型居住社区，从当初人人羡慕的“洋房”小区，慢慢沦为“老破小”，老虞的心里很不是滋味。

“基础设施陈旧，消防安全隐患较大，绿化损坏严重，无障碍设施建设、安防设施建设、社区文化建设缺失，居民的改造愿望十分强烈。”王贵美院长说。

从最初的走访调研，到2020年5月开工改造，再到后续补充完善，王贵美院长带领泛城设计的团队，全身心扑进了德胜新村。

改造顺利完工后，德胜新村惊艳亮相：大门充满了江南韵味，“万物育德，人以德胜”8个大字彰显出小区的文化底蕴；出入口人车分流、自动识别，小区道路拓宽、停车位增加，不通畅的消防通道全部打通，保证了“生命的宽度”；“蜘蛛网”式的架空管线全部“上改下”；安装了整套的智慧安防系统，连接“城市大脑”，生活更安心……“房屋不漏了、道路变宽了、设施完备了、绿化漂亮了、小区通透亮堂了、生活环境变美了、安全隐患消除了，老小区年轻了。”老虞和居民终于舒心了。

更多的赞美，来自全国各地的业内人士。近年来，泛城设计依靠自身综合设计实力，整合城市规划、社会养老、社会资本、社会运营等多方面优势资源，在城市更新研究方面做足了文章，且在多地城市更新住区改造中展现了标杆形象。本次改造，正是泛城设计股份有限公司城市更新研究院王贵美院长提出的“完整居住社区”理念，在老旧小区改造中的首次全面落地。

王贵美院长还有一个身份，是住房和城乡建设部科技委社区建设专委会委员，业界“大咖”。在2020年7月出台的《国务院办公厅关于全面推进城镇老旧小区改造工作的指导意见》（国办发〔2020〕23号）文件中，包含着他曾提出的老旧小区改造中构建“完整居住社区”理念，受到全国同行的瞩目。

所以，全国各地老旧小区改造参与者纷纷来到德胜新村考察：国务院文件中提出的“更好为社区居民提供精准化、精细化服务”的“完整居住社区”，到底长什么样？具体要怎么改？

2. 以人为本　植入“完整居住”大场景

“改造建筑本体和基础设施，是老旧小区改造的前提和第一要素。但是，如果不给老旧小区赋予功能，改得再漂亮也没用。”在王贵美院长的理念中，所谓“完整居住社区”，必须打破以往小区只供人居住的简单功能，还要在小区内实现看病、养老、休闲、健身、学习的本地化、一体化。居民不出小区，就能享受生活圈的各种便民服务。

他说："通过调研，我们认为德胜新村最核心的问题不是设施的老旧，而是功能的缺失，包括社区养老、托幼、学习、休闲等。"

所以，德胜新村重点改造完善了小区配套和市政基础设施，构建了"五个圈"：满足老年人集"健养、乐养、膳养、休养、医养"于一体的"社区乐龄养老生态圈"；满足居民生活的"便民商业服务圈"；满足居民教育学习的"文化教育学习圈"；满足老年人及残障人士的"无障碍生活圈"；满足居民就近休闲健身娱乐的"社区公共休闲圈"。

说着，王贵美院长带我们来到小区的中心公园"德胜公园"。此刻，"一剪梅"的音乐飘荡在公园里，十几位居民伴着歌声跳起扇子舞。"公园占地11亩，但长期得不到维护，不能满足居民室外公共休憩的需求。"他介绍，改造不仅提升了绿化品质，还新建了居民休息凉亭、儿童活动场地、社区疏散广场、百姓舞台、居民健身等功能场所。

此外，德胜新村打通了3.8公里的休闲环道，建设和改造了以"德胜八景"为主题的休憩凉亭8处和口袋小公园3处，休憩场所里还展示社区名人故事，小区"走得进、留得下、记得住，留得下乡愁"。

路边，一个灰色的小桩子引起了笔者的注意。据介绍，这是泛城设计股份有限公司自主研发的电子导盲系统"无障碍残疾人通道"，是小区信息化无障碍生活圈的基础设施。小区在主要通道、十字路口都布局了这种小桩子，戴着导航手环的残疾人一走到附近，手环就能语音提示视障人士通行及休憩，也能帮助智力下降的老人找到归家之路。

"老旧小区要更关心院子。"王贵美强调，"完整居住社区"的核心，就是要从人民群众最关心、最直接、最现实的利益根本点出发，关心院子才是真正关心到了人。

3. 破题可持续　引社会资本共建美好家园

相对于"硬件"上的更新，如何引入配套服务，实现可持续发展，是不少老旧小区在改造中，最为难解的题。

德胜新村老年人占比超过20%，而居家养老、托幼服务中心、社区食堂等公共配套服务性场所缺失。所以，泛城设计将小区内废弃的自行车库改造成供居民居家养老的"阳光老人家"服务中心，一楼为社区食堂和公共活动区域，二、三层设置了18张护理床位。

为实现社区养老服务的造血功能，"阳光老人家"交给了第三方机构运营。为此，该机构还投资600余万元参与内部改造，为街道减轻了资金压力。今年3

月，德胜“乐龄家”养老院正式营业。

该机构负责人介绍说：“居民每个月最少只需210元，就能获得6小时的居家养老服务，包括家政、医疗、康复等。也有托养床位，80元一天。”通过第三方提供社区服务，居民购买服务的方式，有效弥补了社区的服务缺失。

同时，德胜新村在改造中建设了一个“阳光护理中心”，成为浙江省首个“社区级护理中心”。自此，德胜新村实现了小区里的医养结合。

“老旧小区改造，绝不仅仅是一项建筑工程，而是民生、发展、改革、社会、治理和建筑‘六大工程’，其中，治理工程和社会工程一定是核心。一家设计院，如果只把老旧小区改造当作建筑工程，那它一定是失败的。作为社会工程，设计院一定要牵头把所有协同单位的配套打通；作为治理工程，一定要在改造过程中预留接口、深挖资源，为社会治理和可持续发展赋能。”王贵美说：“提高社会资本参与城市更新的积极性，还能将后期的长效管理和城市治理融入再规划中，探索城市运营商的城市开发建设模式，有序推进城市更新，建设韧性城市，逐步实现建设未来城市。”

“这次改造，跟以前真的不一样了。不只是盯着刷刷墙壁、修修马路，小区生活更方便、更舒心、更美好了。”在“老虞”们的眼里，德胜新村通过基础设施更新、服务配套完善、社区环境与服务提升，加上积淀其中的浓浓烟火气和人情味，一幅人民群众“看得见、摸得到、体会得到”的美好家园图景，已然成为现实。

（作者：元力，2021-07-05报道）

二、杭州德胜新村构建“完整居住社区”，以小改造驱动大变革——泛城设计：让老旧小区成为共富重要单元[69]

共同富裕大道上，老旧小区不能掉队。

2020年底，杭州德胜新村这个三十多岁的“高龄”小区，通过老旧小区改造构建起一个“完整居住社区”。居民们发现，小区不只美了，新建小区里有的休闲、医疗、教育、养老、学习等场景，自家小区里也都有了。

“让老旧小区成为共同富裕重要单元。”德胜新村改造“总设计师”、泛城设计股份有限公司城市更新研究院院长王贵美表示，以小改造驱动大变革，实现老旧小区环境提升、发展提质，有效破解城镇优质公共服务共享难题，形成群众看得见、摸得着、体会得到的幸福图景（图5-9）。

10 | 浙江日报 | 专版

2021年8月3日 星期二
版式：卢正芳
ZHEJIANG DAILY

共同富裕『浙』样干

杭州德胜新村构建"完整居住社区" 以小改造驱动大变革——

泛城设计：让老旧小区成为共富重要单元

元 力

共同富裕大道上，老旧小区不能掉队。

杭州德胜新村的居民，已感受到生活的方方面面，都"富了一点"。2020年底，这个三十多岁的"高龄"小区，通过老旧小区改造构建起一个"完整居住社区"。居民们发现，小区不止美了，新建小区里有的休闲、医疗、教育、养老、学习等场景，自家小区里也都有了。

"让老旧小区成为共同富裕重要单元。"德胜新村改造"总设计师"、泛城设计股份有限公司城市更新研究院院长王贵美表示，以小改造驱动大变革，实现老旧小区环境提升、发展提质，有效破解城镇优质公共服务共享难题，形成群众看得见、摸得着、体会得到的幸福图景。

近年来，我省国家高新技术企业——泛城设计股份有限公司依靠自身综合设计实力，整合城市规划、社会养老、社会资本、社会运营等多方面优势资源，在城市更新研究方面做足了文章，且在多地城市更新住区改造中展现了标杆形象，探索城市运营商的城市开发建设模式。通过在城镇老旧小区改造中实践"完整居住社区"，实现城市升级提能，正成为泛城设计探索居住领域共同富裕的有效抓手。

改造后的德胜公园入口

功能从"住"到"生活" 公共服务均等便捷

杭州市德胜新村，19[illegible]年建成，85栋居民住宅、20栋公共配套用房，居民近万人。改造前，这里基础设施陈旧，消防安全隐患较大，绿化损坏严重，无障碍建设、安防建设、社区文化建设缺失。

从2020年5月开工改造，到当年年底完工，德胜新村焕发新生。房屋不漏了、道路变宽了、设施完备了、绿化漂亮了、小区通透亮堂了、安全隐患消除了、居民生活环境变美了。但在小区居民眼中，比"面子"上的改造更重要的，是如今大家可以在小区里实现看病、养老、休闲、健身、学习，不出小区就享受到各种便民服务。

原先社区出租出去的房屋被收回，改造成为社区卫生服务站，解决了居民看病难的问题，同时建立了社区卫生防疫应急体系。小区社区综合服务中心里，社区服务大厅、社区居委会办公室、警务室等社区功能一应俱全，方便群众办事。一个杭州市水务集团的泵房，被改造提升为德胜百姓学堂、物业服务中心、红盟荟活动中心等公共服务生配套场所……

小改造驱动大变革。德胜新村的旧改，打破以往小区只供人居住的单一功能，带来了公共服务的均等、普惠、便捷、可持续。"我们在此构建了一个'完整居住社区'。"王贵美院长表示。

王贵美是住房和城乡建设部科技委社区建设专委会委员，我国城市更新领域的权威专家。在2020年7月出台的《国务院办公厅关于全面推进城镇老旧小区改造工作的指导意见》（国办发〔2020〕23号）文件中，他提出的在老旧小区改造中构建"完整居住社区"理念，被写入其中。

王贵美院长将"浙江经验"输送到安徽并作专业授课

"完整居住社区"，指为群众日常生活提供基本服务和设施的生活单元，是社区治理的基本单元。一个完整居住社区，需要配备学校、养老院、社区医院、运动场馆、公园等设施，与15分钟生活圈相衔接，为居民提供更加完善的公共服务。

通过改造，德胜新村里多了"5个圈"：社区乐龄养老生态圈、便民商业服务圈、文化教育学习圈、无障碍生活圈和社区公共休闲圈。

"不出小区，就能享受到均等化的优质公共服务服务。"小区居民纷纷点赞。

改造后的德胜新村公共休闲圈

注重"院子"和"精神" 人本关怀全面提升

"老旧小区要更关心院子。"王贵美表示，"从人民群众最关心、最直接、最现实的利益长远点出发，关心院子才是真正关心到了人。"

德胜新村在此次改造中，充分拓展公共休憩空间。小区公园"德胜公园"新建了居民休息凉亭、儿童活动场地、社区疏散广场、户外舞台、居民健身等，公园从居民"绕着走"变成了"网红打卡地"。同时，小区里还铺设了3000米长社区游步道，新建了3个口袋公园。

"老吾老以及人之老，幼吾幼以及人之幼。"先哲孟子这样描绘大同社会。共同富裕要关怀人的全生命周期实现公共服务优质共享，尤其要着力完善"一老一小"服务功能。德胜新村因地制宜，重点保障儿童、青少年、老年人的娱乐休闲需求，推进居民共享美好环境与幸福生活。

小区老年人占比超过20%，德胜新村改造过程中，充分挖掘小区的存量资源，通过拆违打合、国有资产的退让、引进专业养老机构等多种形式，建设满足老年人的社区养老需求。

荒废的自行车库，被改造为提供居家养老服务的"阳光老人家"服务中心，一楼是社区食堂和公共活动区域，二、三层设置了18张护理床位。

老有所养，幼有所托。德胜幼儿园投资150万元，建立了幼托场所，实现居民、社区、幼儿芳共赢。人本关怀体现在各种细节上。

共同富裕不仅是物质上的富裕富足，更要在精神上自信自强。王贵美院长及团队，在小区改造中非常注重挖掘小区的发展历史、地域特点、特色建筑、文化共识等元素，为公共空间确定文化艺术主题，形成贯穿小区的设计语言，并将其融入小区改造设计。

小区里的8处休息点分别以"德胜八景"为主题，各个休憩点上树立展板介绍"德胜人"的故事，像20年写下40万字《运河日记》的民间河长汪孙豪、"钱塘剪纸"非遗传人方建国……这些"有意为之"，增进居民对社区的认同感、归属感和自豪感，"小区走得进、留得下、记得住、留得下乡愁"。

植入未来场景 构建数字化时代社区形态

"完整居住社区，要利用数字化的手段，运用物联网、互联网技术，为社区居民提供安全、舒适、便捷的智能化生活环境，形成基于信息和智能化管理和服务的社区管理新形态。"王贵美院长强调。

数字化是推动共同富裕的利器。德胜新村在改造过程中，十分注重数字化未来场景的植入。

德胜新村社区乐龄家护理中心

"我敢一个人上街了！"今年3月，小区视障居民余女士，第一次戴着社区送上的智能手环在小区里走了一圈。"前方5米有阶梯！""左侧5米有栏杆！"……手环的智能语音服务，让她清楚了解自己的方位、周边路况等信息。

与手环"配对"的，是小区里一个个灰色的小柱子，小区的主要通道、十字路口都有布局。据介绍，这是泛城设计自主研发的电子导盲系统"无障碍残疾人通道"，是小区信息化无障碍生活圈的基础设施。整个无障碍生活圈，覆盖德胜新村内部及周边2公里，并接入周边公共交通。

小区的2000多名老年居民，也全部纳入"德胜新村社区健康养老综合管理平台"。购买"阳光老人家"居家养老服务的老人，家中配有保障时监测心率、呼吸等情况数据的智能床垫和"一键呼叫"，数据全部接入平台。

通过一系列探索，德胜新村渐渐亮出数字化牵引推进共同富裕的社区破题密钥。

（本版图片由泛城设计提供）

图5-9 《浙江日报》专版报道二

近年来，我省国家高新技术企业——泛城设计股份有限公司依靠自身综合设计实力，整合城市规划、社会养老、社会资本、社会运营等多方面优势资源，在城市更新研究方面做足了文章，且在多地城市更新住区改造中展现了标杆形象，探索城市运营商的城市开发建设模式。通过在城镇老旧小区改造中实践“完整居住社区”，实现城市升级提能，正成为泛城设计股份有限公司探索居住领域共同富裕的有效抓手。

1. 功能从“住”到“生活” 公共服务均等便捷

杭州市德胜新村，1988年建成，85栋居民住宅、20栋公共配套用房，居民近万人。改造前，这里基础设施陈旧，消防安全隐患较大，绿化损坏严重，无障碍建设、安防建设、社区文化建设缺失。

从2020年5月开工改造，到当年年底完工，德胜新村焕发新生。房屋不漏了、道路变宽了、设施完备了、绿化漂亮了、小区通透亮堂了、安全隐患消除了、居民生活环境变美了。但在小区居民眼中，比“面子”上的改造更重要的是，如今大家可以在小区里看病、养老、休闲、健身、学习，不出小区就能享受到各种便民服务。

原先社区出租出去的房屋被收回，改造成为社区卫生服务站，解决了居民看病难的问题，同时建立了社区卫生防疫应急体系。小区社区综合服务中心里，社区服务大厅、社区居委会办公室、警务室等社区功能一应俱全，方便群众办事。杭州市水务集团的一个泵房，被改造提升为德胜百姓学堂、物业服务中心、红盟荟活动中心等公共服务性配套场所……

小改造驱动大变革。德胜新村的旧改，打破以往小区只供人居住的简单功能，带来了公共服务的均等、普惠、便捷、可持续。“我们在此构建了一个‘完整居住社区’。”王贵美表示。

王贵美是住房和城乡建设部科技委社区建设专委会委员，我国城市更新领域的权威专家。在2020年7月出台的《国务院办公厅关于全面推进城镇老旧小区改造工作的指导意见》（国办发〔2020〕23号）文件中，他提出的在老旧小区改造中构建“完整居住社区”理念，被写入其中。

“完整居住社区”，指为群众日常生活提供基本服务和设施的生活单元，是社区治理的基本单元。一个完整居住社区，需要配备学校、养老院、社区医院、运动场馆、公园等设施，与15分钟生活圈相衔接，为居民提供更加完善的公共服务。

通过改造，德胜新村里多了“5个圈”：社区乐龄养老生态圈、便民商业服务圈、文化教育学习圈、无障碍生活圈和社区公共休闲圈。

“不出小区，就能享受到均等化的优质公共服务。”小区居民纷纷点赞。

2. 注重“院子”和“精神” 人本关怀全面提升

“老旧小区要更关心院子。”王贵美强调，“从人民群众最关心、最直接、最现实的利益根本点出发，关心院子才是真正关心到了人。”

德胜新村在此次改造中，充分拓展公共休憩空间。小区公园“德胜公园”新建了居民休息凉亭、儿童活动场地、社区疏散广场、百姓舞台、居民健身场等，公园从居民“绕着走”变成了“网红打卡地”。同时，小区里还铺设了3800米的社区游步道，新建了3个口袋公园。

“老吾老以及人之老，幼吾幼以及人之幼。”先哲孟子这样描绘大同社会。共同富裕要求在人的全生命周期实现公共服务优质共享，尤其要着力完善“一老一小”服务功能。德胜新村因地制宜，重点保障儿童、青少年、老年人的娱乐休闲需求，推进居民共享美好环境与幸福生活。

小区老年人占比超过20%，德胜新村改造过程中，充分挖掘小区的存量资源，通过拆整结合、国有资产的退让、引进专业养老机构等多种形式，满足老年人的社区养老需求。

荒废的自行车库，被改造为提供居家养老服务的“阳光老人家”服务中心，一楼是社区食堂和公共活动区域，二、三层设置了18张护理床位。

老有所养、幼有所托。德胜幼儿园投资150万元，建立了幼托场所，实现居民、社区、幼儿园共赢。人本关怀体现在各个细节上。

共同富裕不仅是物质上的富裕富足，更要在精神上自信自强。王贵美及团队，在小区改造中非常注重挖掘小区的发展历史、地域特点、特色建筑、文化共识等元素，为公共空间确定文化艺术主题，形成贯穿小区的设计语言，并将其融入小区改造设计中。

小区里的8处休憩凉亭分别以“德胜八景”为主题，各个休憩点上竖立展板介绍“德胜人”的故事，像20年写下40万字《巡河日记》的民间河长汪孙聚、“钱塘剪纸”非遗传人方建国……这些“有意为之”，增进居民对社区的认同感、归属感和自豪感，“小区走得进、留得下、记得住，留得下乡愁”。

3. 植入未来场景 构建数字化时代社区形态

“完整居住社区，要利用数字化的手段，运用物联网、互联网技术，为社区居民提供安全、舒适、便捷的智能化生活环境，形成基于信息与智能化管理和服务的社区管理新形态。”王贵美强调。

数字化是推动共同富裕的利器。德胜新村在改造过程中，十分注重数字化未来场景的植入。

“我敢一个人上街了！”小区视障居民余女士，第一次戴着社工送上的智能手环在小区里走了一圈。“前方5米有阶梯！”“左侧5米有栏杆！”……手环的智能语音服务，让她清楚了解自己的方位、周边路况等信息。

与手环“配对”的，是小区里一个个灰色的小桩子，小区的主要通道、十字路口都有布局。据介绍，这是泛城设计股份有限公司自主研发的电子导盲系统“无障碍残疾人通道”，是小区信息化无障碍生活圈的基础设施。整个无障碍生活圈，覆盖德胜新村内部及周边2公里，并接入周边公共交通。

小区的2000多名老年居民，也全部纳入“德胜新村社区健康养老综合管理平台”。购买“阳光老人家”居家养老服务的老人，家中配备能实时监测心率、呼吸等健康数据的智能床垫和“一键呼叫”，数据全部接入平台。

通过一系列探索，德胜新村渐渐亮出数字化牵引推进共同富裕的社区破题密码。

（作者：元力，2021-08-03报道）

三、深耕细作城市更新行业　致力建设共富基本单元——泛城设计：争当以未来社区理念推进城镇旧改实践先行者[70]

老旧小区改造（以下简称“旧改”）提升，是致力于“让城市生活更美好”及实现共同富裕的基本单元。运用未来社区建设理念，全面推进城镇旧改提升和社区建设，增强老旧小区居民获得感、幸福感、安全感，建立科学的城市更新机制，持续推进民生改善和城市升级优化，是高质量发展建设共同富裕示范区的重要篇章。

近年来，泛城设计股份有限公司已作了不少探索实践，形成“泛城模式”。公司将未来社区建设理念应用于旧改提升，因地制宜落地场景应用，全面推动城市更新和民生改善，让老旧小区居民真切感受到共同富裕建设“行动快、成效实、体验佳”。泛城设计正以实力与行动，争当以未来社区理念推进城镇旧改实践的先行者，受到业内瞩目（图5-10）。

1. 深耕城市更新研究　助力共同富裕建设

泛城设计股份有限公司是集建筑综合设计、高新技术研发、城市更新研究、碳中和建筑研究、全过程咨询管理和EPC总承包于一体的国家高新科技企业，入榜2020年“杭州市重点拟上市企业”。眼下，正在加力冲刺IPO主板上市。

泛城设计股份有限公司依托公司成熟的技术研发体系优势，联袂多所高校战略合作，设立专家智库，专门成立城市更新研究院，由住房和城乡建设部科技委社区建设专委会委员王贵美担任院长。研究院以贯彻践行政府的重大战略部署为己任，以推动城市更新和城市升级同步发展为使命，致力于共同富裕基本单元的建设。

2021年月日 星期
版式：
ZHEJIANG DAILY

专版 | 浙江日报 | 0

共同富裕「浙」样干

深耕细作城市更新行业　致力建设共富基本单元

泛城设计：争当以未来社区理念推进城镇旧改实践先行者

王沁辉　王伟星

老旧小区改造(以下简称"旧改")提升，是致力"让城市生活更美好"、实现共同富裕的基本单元。运用未来社区建设理念，全面推进城镇旧改提升和社区建设，增强老旧小区居民获得感、幸福感、安全感，建立科学的城市更新机制，持续推进民生改善和城市升级优化，是高质量发展建设共同富裕示范区的重要篇章。

近年来，泛城设计股份有限公司已作了不少探索实践，形成"泛城模式"。公司将未来社区建设理念应用于旧改提升，因地制宜落地场景应用，全面推动城市更新和民生改善，让老旧小区居民真切感受到共同富裕建设"行动快、成效实、体验佳"。泛城设计正以实力与行动，争当以未来社区理念推进城镇旧改实践的先行者，受到业内瞩目。

深耕城市更新研究
助力共同富裕建设

坚持问题需求导向
打造精品旧改项目

勇于总结推广经验
助力城市更新发展

(本版图片由泛城设计股份有限公司提供)

图5-10 《浙江日报》专版报道三

“随着我国城镇化率的不断提高，城市开发建设模式也逐步由建设城市向管理和经营城市转变，城市有机更新便是每个城市必经之路，老旧小区更是‘让城市生活更美好’的基本单元。”王贵美说，特别是随着浙江高质量发展建设共同富裕示范区行动的开展，作为专业从事建筑设计的企业，应该要有责任有担当，全力主动践行，这是他们成立城市更新研究院的初心。

老旧小区，大多位于城镇的核心区。居民基本以老年人居多，有的基础设施陈旧、配套服务功能缺少、居住环境较差。随着群众对美好生活的需求日益提升，尤其是在我省高质量发展建设共同富裕示范区的新背景下，全面推进城镇旧改的迫切性日益突显。主动作为引导旧改提升，自然成了王贵美用心着力的一项重要工作。

王贵美带领团队，反复学习有关城市更新、未来社区建设、旧改提升和城乡风貌整治等政策文件，读懂读透政策精髓、领会掌握政策内涵，认真探究适合每个城市更新和旧改提升的目标要求。从项目推进机制研究、资金筹措、多方参与、方案设计到实施管理和后期长效运维等方面，建立了一套科学的“泛城模式”。特别是旧改后的长效管理，直接影响着居民的获得感和体验感，而一些地方由于种种原因，没有合适的长效管理资源。为此，泛城设计股份有限公司城市更新研究院对行业资源进行整合，成立由养老、康养、教育、医疗、社区服务等运营服务商组成的老旧小区管理服务联盟，为街道和社区提供全链式服务，解决了政府和居民的后顾之忧。

2. 坚持问题需求导向　打造精品旧改项目

“旧改的实施，应该以解决居民的实际需要和问题为导向，真正以居民为核心，满足人们对美好生活的向往和需求，同时运用未来社区的建设理念，打造不同的生活圈层，构建人本化有温度的美好家园。”王贵美说，这是他们在旧改实践中的核心指导思想，并据此打造了多个精品范例。

杭州大关街道德胜新村小区建成于1988年，是一个有85栋住宅、20栋公共配套用房、居民近万人的大型社区，历经30多年的时光，这个当初人人羡慕的“洋房”小区，慢慢沦为“老破小”。小区居民中老年人比例较高，残障人较多。“基础设施陈旧，消防安全隐患较大，绿化损坏严重，无障碍设施建设、安防设施建设、社区文化建设缺失，居民的改造愿望十分强烈。”大关街道负责人说。

从最初的实地调研，到2020年5月开工改造，再到后续补充完善，王贵美带领团队，全身心投入了德胜新村改造工作。“改造建筑本体和基础设施，是旧改的前提和第一要素，但如果不赋予完善功能，改得再漂亮也没用。”在王贵美的理念中，所谓“人本化有温度的美好家园”，必须打破以往只供人居住的简单功能，在社区中实现生活、工作、学习、娱乐、休闲的本地化、一体化。他认为，德胜新村不仅是设施的老旧，还有服务功能的缺失，包括社区养老、托幼、学习、休闲等，必须挖潜整合存量资源，打造不同的生活圈层。

在具体的设计改造中，王贵美团队充分运用未来社区的建设理念，在改造完善小区配套和市政基础设施的前提下，匠心独具构建了“五个圈”：满足老年人集“健养、乐养、膳养、休养、医养”于一体的“社区乐龄养老生态圈”；满足居民生活的“便民商业服务圈”；满足居民教育学习的“文化教育学习圈”；满足老年人及残障人士的“无障碍生活圈”；满足居民就近休闲健身娱乐的“社区公共休闲圈”。

在浙中浦江，泛城设计股份有限公司正在积极施展才华。该县城的旧改工程，涉及宣和、龙峰、西街、南苑、太白、文景6个社区，包括12个公房小区和12个自建房小区，总建筑面积36万多平方米。小区数量多，布局不同，有的只有一栋房子，分布范围广，情况复杂，存在基础设施陈旧，服务功能缺失，消防安全隐患较大，绿化损坏严重，无障碍设施建设、安防设施建设、社区文化建设缺失等问题……“这就需要从城市更新的角度进行整体设计，运用未来社区理念，进行片区统筹改造，同时结合数字化技术应用，建立智慧社区服务平台，打造现实与数字‘孪生’社区，以新技术新业态新模式提升社区服务的精准化、精细化水平。”王贵美说，这是指导浦江旧改工作的核心理念。

坚持问题和需求导向，实行片区统筹改造，建立未来社区5＋4应用场景。“我们因地制宜，设计了‘未来邻里、未来教育、未来健康、未来服务、未来治理’的5个特色场景和‘未来交通、未来建筑、未来低碳、未来创业’的4个辅助场景，还结合了城乡风貌整治提升行动。”王贵美向我们介绍了别出心裁的设计方案。

在改造中，将县财政局和供销社闲置的宿舍共4栋房屋收回，设置为以浦江非遗研学为主题的具有旅游服务、社区服务等功能的社区综合体。深挖非遗文化特色，通过活态化展示浦江米塑、剪纸、麦秆画、根雕等非遗传统文化，衔接后街历史文化街区，围绕社区综合体的文化家园、社区活动、社区文化展示等需求，组合打造了特色友好邻里场景。

通过社区综合体非遗研学馆、图书馆、小人书阅读室、周边教育机构、老年大学等，与片区内幼儿园、小学等基础教育机构联建，打造了特色全龄教育场景。

围绕居民生活需求，提升周边商业网点业态，推广“平台＋管家”物业服务，为居民提供手机端报事报修、生活缴费、一键管家、到家服务、问卷调查、物品借用、智能巡更服务，建立数字孪生智慧社区，打造了特色品质服务场景。

充分发挥党建引领优势，在六大社区分散布置社区服务大厅、社区调解室、党员活动室、志愿服务室、业委会办公室等功能，形成“一心多点”空间管理结构。建立社区自治机制、协商机制和联合调解机制，发挥居民参与治理积极性，打造了特色精细治理场景。

统筹6个社区卫生服务站与上级卫生系统形成医联体，配备全科、中医科、药房、护理、健康管理等科室，建立社区防疫卫生应急体系，打造了特色舒心健康场景。

还因地制宜打造了社区创业、安全建筑、便民交通、绿色低碳四大辅助场景，大大地提升了居民的幸福感、获得感和安全感，让老旧小区居民真切感受到了共同富裕建设“行动快、成效实、体验佳”。

3. 勤于总结推广经验　助力城市更新发展

随着旧改的推进，浦江老旧小区逐渐发生了华丽蝶变。面对居民的称赞，王贵美团队信心满满。

在多年的实践中，王贵美带领团队，始终秉承匠心，坚持奉献初心，心中有信念、肩上有责任、手上有行动，用专业知识与技术，为人们迈向美好生活书写着新篇章。

勤于研究实践的王贵美，还善于总结升华经验，行业知名度不断扩大。至今，王贵美已承担住房和城乡建设部“美好环境与幸福生活共同缔造”“城镇老旧小区改造有关政策研究”“城镇老旧小区改造九项机制”等部省级课题研究13项，参与“国务院关于全面推进城镇旧改工作的指导意见”、浙江省和杭州市的“城镇老旧小区改造技术指南”“西藏自治区城镇旧改技术导则”等多项部省市级、行业标准规则和技术标准规范的制定，助力城市更新行业的稳健发展。

“一家有社会责任和使命担当的企业，应该将自己的成功经验分享给更多的同行。”王贵美告诉笔者，泛城设计股份有限公司城市更新研究院就是这样做的。他身体力行，笔耕不辍，出版和发表了《杭州市城镇老旧小区综合改造提升实践与探索》《城镇老旧小区改造技术指南》《城镇老旧小区改造负面清单》等专著和学术论文。

王贵美还积极将研究成果和成功经验推介到浙江全省和全国各地。至今，已先后免费到本省的市县及安徽、山东、云南、海南、新疆等省区市进行专业授课和技术指导，把“浙江经验”播向全国，用实际行动推进和引领城市更新的有序发展，为加快高质量发展建设共同富裕示范区贡献智慧和力量。

（作者：王光辉　王伟星，2021-11-29报道）

四、直击杭州翠苑一区未来社区综合提升改造工程现场——未来社区的“泛城”实践[71]

始建于1984年的杭州翠苑一区，正在有史以来最彻底的一次提升改造中，一步跨入“未来社区”。

2022年3月18日，翠苑一区未来社区综合提升改造（老旧小区整合提升）工程正式开工。未来社区是浙江“重要窗口”建设的标志性成果，是共同富裕现代化基本单元。作为杭州最早的大型居住社区之一，让拥有住宅69栋、居民上万人的庞大“老破小”实现“未来化”，承担起共同富裕现代化基本单元的使命，并非易事（图5-11）。

“留得住记忆，看得见未来，让居民真正体验到未来生活的获得感。”翠苑一区本次提升改造的“总设计师”、住房和城乡建设部科技委社区建设专委会委员、泛城设计股份有限公司城市更新研究院院长王贵美为改造定下了目标：在浙江省高质量发展建设共同富裕示范区的背景下，以满足人民群众对美好生活的向往为核心目标，充分考虑翠苑一区居民需求，切实提高居民生活水平，将翠苑一区打造成为以红色文化引领为核心特色的未来社区。

通过调研，团队整理出如缺乏邻里交流空间、立面破损开裂严重、景观绿化单一、缺乏生活配套服务设施、数字化应用不足等小区十大“民呼”痛点，由此形成了相应的十大“我为”重点。

在小区东大门不远处，泛城设计股份有限公司设置了一处现场样品展示台，里面放着接下来要安装的户外雨棚、晾衣杆、花架等样品，供大家看看摸摸、提提建议。

“现在这个，不是最美观的，但却是大家选的。”王贵美院长拿起一个户外晾衣杆的样品。与一般晾衣杆不同的是，这款晾衣杆前端高出了30厘米。“这是第四版了。”

设计师最早选的是可伸缩晾衣杆，但居民觉得不牢固、不实用。第二版，设计师将晾衣杆改成了固定款式。样品放到展示区，居民又提出新想法：老小区层高低，用这样的晾衣杆晒被子，会挂到楼下邻居的雨棚上。第三版，晾衣杆已经是现在的样子，但居民觉得焊接还不够牢固。第四版，设计师在制作细节上下足功夫，居民连连称赞。

这样的案例，举不胜举。从一楼住户“天井”围栏的款式，到儿童游乐区的配置，到小区绿化的疏通整治……也正因为居民的全程参与，翠苑一区的提升改造进展十分顺利。

12 | 浙江日报 | 专版

2022年4月22日 星期五
版式：盛引歌

ZHEJIANG DAILY

直击杭州翠苑一区未来社区综合提升改造工程现场

未来社区的"泛城"实践

元力

我们走在大路上

高质量发展建设 共同富裕示范区

始建于1984年的杭州翠苑一区，正在有史以来最彻底的一次提升改造中，一步跨入"未来社区"。

3月18日，翠苑一区未来社区综合提升改造(老旧小区整合提升)工程正式开工。未来社区是浙江"重要窗口"建设的标志性成果，是共同富裕现代化基本单元。作为杭州最早的大型居住社区之一，让拥有住宅69栋、居民上万人的庞大"老破小"实现"未来化"，承担起共同富裕现代化基本单元的使命，并非易事。

"留得住记忆，看得见未来，让居民真正体验到未来生活的获得感。"翠苑一区本次提升改造的"总设计师"、住房和城乡建设部科技委社区建设专委会委员、泛城设计股份有限公司城市更新研究院院长王贵美为改造定下了目标；在浙江省高质量发展建设共同富裕示范区的背景下，以满足人民群众对美好生活的向往为核心目标，充分考虑翠苑一区居民需求，切实改善居民生活，将翠苑一区打造成为以红色文化引领为核心特色的未来社区。

日前，笔者跟随王贵美院长来到改造中的翠苑一区，看设计师是如何让老旧小区破茧成蝶、迈向未来的。

翠苑一区北大门效果图

民有所呼 我有所为

改造中的翠苑一区，水泥搅拌车、起重机等大型工程车正进进出出，一派繁忙。老小区内道路十分狭窄，大车却能一路畅通无阻，这是因为小区里原本停得满满当当的私家车，全都不见了踪影。"平时停着1000多辆车。"翠苑一区社区党委书记项菲菲说，为给施工腾出空间，在社区协调下，大家把车全部停到了小区外，一辆不剩。

一个小小细节，足见居民的支持和认可。

去年，翠苑一区被列入浙江省第四批未来社区创建名单。翠苑一区总用地面积270亩，共有建筑69栋，其中住宅53栋、单元139个，居民3146户，人口上万人，老年人占比20.8%，儿童11.8%。

"打造由老百姓'设计'出来的未来社区。"项菲菲介绍，"民有所呼，我有所应，民有所呼，我有所为"就是在翠苑一区里提出的。

所以，小区的本次提升改造，也必须"民呼我为"问needs于民，以居民的需求为导向创建未来社区。这与王贵美院长的理念不谋而合。"未来社区怎么建，就应该由老百姓来决定。"他表示，要将翠苑一区打造成为"民呼我为"理念的最佳实践展示社区。

百姓百姓百条心，翠苑一区尤其特殊：地处杭州曾经的高教区教工路，居民中有不少大学教职工；北门就是翠苑一小，大批年轻父母为学区而来，小区里孩子也很多；小区内还有一幢市政府廉租房……为彻底摸清居民需求，泛城设计的团队在小区里蹲点调研了整整一个月，和社区一起发放了3000多份调查问卷，通过线上和线下的方式将问卷覆盖到每一家住户，将小区居民的构成、大家的需求等，都摸得一清二楚。

泛城设计股份有限公司城市更新研究院院长王贵美现场指导工作

翠苑一区俯瞰效果图

通过调研，团队整理出如缺乏邻里交流空间、立面破损开裂严重、景观绿化单一、缺乏生活配套服务设施、数字化应用不足等小区十大"民呼"痛点，由此形成了相应的十大"我为"重点。

在小区东大门不远处，泛城设计设置了一处现场样品展示台，里面放着接下来要安装的户外雨棚、晾衣杆、花架等样品，供大家看看提提建议。

"现在这个，不是最美观的，但却是大家选的。"王贵美院长拿起一个户外晾衣杆的样品。与一般晾衣杆不同的是，这款晾衣杆前端竟出了30厘米。"这是第四版了。"

设计师最早选的是可伸缩晾衣杆，但居民觉得不牢固、不实用。第二版，设计师将晾衣杆改成了固定款式。样品放到展示区，居民又有提出新想法：老小区层高低，用这样的晾衣杆晒被子，会挂到楼下邻居的雨棚上。第三版，晾衣杆已经是现在的样子，但居民觉得焊接还不够牢固。第四版，设计师在制作细节上下足功夫，居民连连称赞。

这样的案例，举不胜举。从一楼住户"天井"围栏的款式、到儿童游乐区的配置，到小区绿化的疏通整治……也正因为居民的全程参与，翠苑一区的提升改造进展十分顺利。

看得见未来 留得住记忆

像翠苑一区这样的老旧小区，要一步升级成为未来社区，具体应该怎么做？王贵美院长说了10个字：看得见未来，留得住记忆。

翠科馆(创智基地)效果图

翠苑一区在未来社区创建中，更将"三化九场景"理念始终贯穿其中，除了提升基础设施外，还要把邻里、治理、服务、教育和健康场景的功能元素植入进来。通过拆改结合、功能优化等手段，构建老年活动中心、文化礼堂、翠食坊老年食堂、青少年创智中心、翠乐园儿童活动基地、0-3岁成长驿站、工疗站（残疾人之家）等公共配套设施，重点完善"一老一幼一弱"群体的使用需求，构建"无障碍友好社区"，补齐了公共服务配套短板。

在这方面，王贵美院长经验丰富。他是住建部科技委社区建设专委会委员，业界"大咖"。在2020年7月出台的《国务院办公厅关于全面推进城镇老旧小区改造工作的指导意见》文件中，他提出的"完整居住社区"理念也被写入其中，受到全国同行的瞩目。全国首个安全健康、设施完善、管理有序的"完整居住社区"改造——杭州德胜新村，就是出自他的手笔。

翠食坊(老年食堂)效果图

在浙江，未来社区创建和老旧小区改造理念同源、目标同向。"在实践中，我们把'九场景'更加具象化、精准化。"王贵美院长举例说，如未来邻里，着力打造"远亲不如近邻"的友好邻里场景；未来教育，是终生学习的全龄教育；未来建筑，首先要打造艺术与风貌交融的安全建筑。

翠松居(文化家园)效果图

一边是要让老旧小区焕发生机勃勃，另一边，也要挖掘发扬小区的文化和特色，为居民留住往昔的时光和记忆。"我们坚持将社区的文化传承放在首位。"王贵美院长告诉我们，浙江的未来社区建设在实践中也迭代升级建设标准，首先突出的就是党建统领和文化彰显。

针对翠苑小区以红色党建为引领的文化特色，王贵美带领泛城设计团队以"重故事、轻建设"的表现形式，将软性故事作为线索，通过建筑、室内、雕塑、景观等表达形式，全方位展现翠苑一区的党建特色。"新时代的党建，不仅要让人感受到无处不在的红色文化，还要把党建统领与老百姓的日常需求结合起来。"王贵美院长介绍。

作为上世纪80年代建造的小区，如何让居民感受到生机勃勃的"年代感"？团队没有将内部景观全部重建，而是精心保留闪光的记忆点：完整保留小区中心公园的老式水泥葡萄架；公园则做成一个很有年代感的"盆景园"，既符合小区居民的喜好，居民也可以把自家盆景摆进盆景园里，促进邻里交流；小区北大门，原本的方案是拆除重建，而王贵美院长再三考虑后，决定放弃原方案，保留大门现在的样子，只做了一些微调，修复城市基因，保留历史记忆。

"我们翠苑一区的未来社区改造，不是说要突然变成高档小区了，而是想保留老小区的味道。"项菲菲说，现在的改造方案，已经做到了。

社会工程 赋能运营

你或许想不到，翠苑一区目前物业费很低廉，但翠苑一区不仅服务设施齐备，还请来绿城物业，这是怎么做到的？

实现社区可持续运营，是未来社区建设的核心内容。只有将运营思维整体贯穿到规划、设计、建设全过程，才能真正做到场景之间相互打通融合，提升居民生活服务品质。设计师的作用，就是要把可以产生经济收入的点位、场景、业态布置进去。

中午，翠苑一区老年食堂又热闹起来了。"这里的红烧肉出了名的好吃！"老人们热情推荐，10元档、6元档、4元档菜品齐全，老人就餐88折优惠，小区老人还有补贴。这是杭州第一家老年食堂，为了实现可持续经验，食堂对外开放。10多年来，老年食堂经过两次升级，功能不断完善，但目前食堂"蜗居"在小区西南角，服务半径过窄，同时，由于场地设施限制，每餐也只能提供7种菜品，就餐选择太少。

按照规划，老年食堂将被移到小区中央的核心位置——东大门口，旁边就是小区景观池塘，就餐环境更好。这样不仅有了更加均衡的服务半径，方便本小区居民就餐，也利于食堂对外开放，增加经营者的收入，实现老年食堂可持续运营。这个新的老年食堂4.0版本，将融合数字化、智能化的功能，如打通小区内老人的健康信息，通过医养结合的方式，为每一位老人"量身定制"健康餐。

在小区文化礼堂的设计中，团队在一楼设置多功能的礼堂，居民可以在里面跳舞、举行各种社区活动。文化礼堂的二楼，设计师为未来引入经营性的健身房和瑜伽馆等，预留了空间，让社区居民健身足不出小区。

"老旧小区的未来社区改造，决不只是建筑工程，而更是社会工程、治理工程。"王贵美院长强调，只有把这个核心吃透了，才能真正把握住未来社区建设的关键。

预计，今年6月底，翠苑一区未来社区综合提升改造(老旧小区整合提升)工程就将完工。一个留得住记忆、看得见未来，让居民真正体验到未来生活获得感的翠苑一区，即将展现在人们面前，请拭目以待。

(本版图片由泛城设计股份有限公司城市更新研究院提供)

http://www.sscity.com.cn

图5-11 《浙江日报》专版报道四

1. 看得见未来 留得住记忆

像翠苑一区这样的老旧小区，要一步升级成为未来社区，具体应该怎么做?王贵美院长说了10个字：看得见未来、留得住记忆。

翠苑一区在未来社区创建中，将“三化九场景”理念始终贯穿其中，除了提升基础设施外，还要把邻里、治理、服务、教育和健康场景的功能元素植入进来。通过拆改结合、功能优化等手段，构建老年活动中心、文化礼堂、翠食坊老年食堂、青少年创智中心、翠乐园儿童活动基地、0～3岁成长驿站、工疗站（残疾人之家）等公共配套设施，重点完善“一老一幼一弱”群体的使用需求，构建“无障碍友好社区”，补齐了公共服务配套短板。

在这方面，王贵美院长经验丰富。他是住房和城乡建设部科技委社区建设专委会委员，业界“大咖”。在2020年7月出台的《国务院办公厅关于全面推进城镇老旧小区改造工作的指导意见》文件中，他提出的“完整居住社区”理念也被写入其中，受到全国同行的瞩目。全国首个安全健康、设施完善、管理有序的“完整居住社区”改造——杭州德胜新村，就是出自他的手笔。

在浙江，未来社区创建和老旧小区改造理念同源、目标同向。“在实践中，我们把‘九场景’更加具象化、精准化。”王贵美院长举例说，如未来邻里，着力打造“远亲不如近邻”的友好邻里场景；未来教育，是终身学习的全龄教育；未来建筑，打造艺术与风貌交融的安全建筑。

一边是要让老旧小区焕发生命力，另一边也要挖掘发扬小区的文化和特色，为居民留住往昔的时光和记忆。“我们坚持将社区的文化传承放在首位。”王贵美院长告诉我们，浙江的未来社区建设在实践中迭代升级建设标准，首先突出的就是党建统领和文化彰显。

针对翠苑一区以红色党建为引领的文化特色，王贵美带领泛城设计团队以“重故事、轻建设”的表现形式，将软性故事作为线索，通过建筑、室内、雕塑、景观等表达形式，全方位展现翠苑一区的党建特色。“新时代的党建，不仅要让人感受到无处不在的红色文化，还要把党建统领与老百姓的日常需求结合起来。”王贵美院长介绍。

作为20世纪80年代建造的小区，如何让居民感受到生机勃勃的“年代感”?团队没有将内部景观全部重建，而是精心保留闪光的记忆点：完整保留小区中心公园的老式水泥葡萄架；公园则做成一个很有年代感的“盆景园”，既符合小区居民的喜好，居民也可以把自家盆景摆进盆景园里，促进邻里交流；小区北大门，原本的方案是拆除重建，而王贵美院长再三考虑后，决定放弃原方案，保留大门现在的样子，只做了一些微调，修复城市基因，保留历史记忆。

“我们翠苑一区的未来社区改造，不是说要突然变成高档小区了，而是想保留老小区的味道。”项菲菲说，现在的改造方案，已经做到了。

2. 社会工程　赋能运营

你或许想不到，翠苑一区目前物业费很低廉，但翠苑一区不仅服务设施齐备，还请来绿城物业，这是怎么做到的?

实现社区可持续运营，是未来社区建设的核心内容。只有将运营思维整体贯穿到规划、设计、建设全过程，才能真正做到场景之间相互打通融合，提升居民生活服务品质。设计师的作用，就是要把可以产生经济收入的点位、场景、业态布置进去。

中午，翠苑一区老年食堂又热闹起来了。“这里的红烧肉出了名的好吃!”老人们热情推荐，10元档、6元档、4元档菜品齐全，老人就餐88折优惠，小区老人还有补贴。这是杭州第一家老年食堂，为了实现可持续经营，食堂对外开放。10多年来，老年食堂经过两次升级，功能不断完善，但目前食堂“蜗居”在小区西南角，服务半径过窄，同时，由于场地设施限制，每餐也只能提供7种菜品，就餐选择太少。

按照规划，老年食堂将被移到小区中央的核心位置——东大门口，旁边就是小区景观池塘，就餐环境更好。这样不仅有了更加均衡的服务半径，方便本小区居民就餐，也利于食堂对外开放，增加经营者的收入，实现老年食堂可持续运营。这个新的老年食堂，将融合数字化、智能化的功能，如打通小区内老人的健康信息，通过医养结合的方式，为每一位老人“量身定制”健康餐。

在小区文化礼堂的设计中，团队在一楼设置多功能的礼堂，居民可以在里面跳舞、举行各种社区活动。文化礼堂的二楼，设计师为未来引入经营性的健身房和瑜伽馆等预留了空间，让社区居民健身足不出小区。

“老旧小区的未来社区改造，绝不只是建筑工程，更是社会工程、治理工程。”王贵美院长强调，只有把这个核心吃透了，才能真正把握住未来社区建设的关键。

预计，2022年6月底，翠苑一区未来社区综合提升改造（老旧小区整合提升）工程就将完工。一个留得住记忆、看得见未来，让居民真正体验到未来生活获得感的翠苑一区，即将展现在人们面前，请拭目以待。

（作者：元力，2022-04-22报道）

五、“点亮”社区，重构生活——以杭州市德胜新村老旧小区改造为例[72]

随着全国城镇老旧小区改造工作的持续推进，住在老房子里的居民生活正在悄然发生变化、弥合新旧边界。

位于杭州市拱墅区大关街道的德胜新村小区同样迎来了改变，焕然一新（图5-12）。该小区建成于1988年，共105栋建筑，总户数3551户，占地面积16.34万平方米，总建筑面积22.46万平方米。改造项目于2020年5月开工，同年12月完工，仅7个月时间就实现了片区焕新，达到了政府、设计团体、企业品牌及所在地居民的多赢局面。

图5-12 改造后的德胜社区党群服务中心

据悉，该项目还被评为“2020年度老旧小区综合改造提升工作最佳案例”“2021年度全国既有建筑改造及城市更新样板案例”“省级无障碍社区”“城镇老旧小区改造实践典范案例”，成为全国老旧小区综合改造的样板。

接过该小区改造“总工程师”重担的，正是泛城设计股份有限公司城市更新研究院院长、技术研发中心主任王贵美。作为拱墅区人大代表、住房和城乡建设部科技委社区建设专委会委员、浙江省城镇老旧小区改造专家、正高级工程师，他立足专业所长，从群众期盼中找准人大代表的履职方向，为助力城市更新、行业稳健发展贡献自己的一份智慧。

1. 唤醒社区归属感 以人的精神“重构附近”

社区是城市的血肉，是居民和城市发展的地理纽带，更是“人的容器”。当我们关注社区，其实关注的是人和人的生活。

“德胜新村居住着怎样的一群人?”怀揣着这一疑问，在改造之前王贵美院长带领团队，以地毯式调研方式，深入了解群众画像和居民实际需求，让居民踊跃参与到社区改造治理过程中，打破了规划设计与公众需求之间的隔阂。

“每个社区都有它独有的精气神，发现它，也就找到人与人之间建立连接的关键。”王贵美说：“德胜新村是一个有底蕴的社区，三十多年的积淀，形成了‘德文化’，通过深入挖掘和利用，我们提炼了‘万物育德，人以德胜’的理念，这是‘小区里人的精神’，基于这一立足点，完成了‘一园、五区、八景’的最终设计。”

通过挖掘小区的发展历史、地域特点、特色建筑、文化共识等元素，王贵美团队为公共空间确定文化艺术主题，形成了贯穿小区的设计语言，并将其融入小区改造设计，在德胜文化家园、非遗传承人纪念景墙，甚至是休憩的走廊、一砖一瓦上传播德胜文化，全景打造德胜文化教育圈，进一步增强了居民对社区的认同感、归属感和自豪感。

正如德胜社区党委书记、拱墅区人大代表邢晓春所说，“一园、五区、八景”唤醒了“社区的自豪感”，召唤了大家的主人翁意识，凝聚了多方力量，激活了基层治理的“一池春水”，实现了共建共享。

“德胜新村旧改的成功离不开居民、社区、政府的多方合力、合作共赢。”王贵美分析：“当居民的发展需求和社区现有生活产生冲突，多方之间将达成新的共识，项目因而在自我更新中生长出更多可能。”

比如，杭州水务集团将德胜公园的300平方米水泵房提供给社区建设“百姓学堂”，为德胜新村中青年居民提供学习的场所；德胜幼儿园投资150万元，建立了幼托场所，实现居民、社区、幼儿园共赢；杭州公交集团鼎力支持，将1004路开进了小区，打通了接驳专线微公交车线路……城市与居民的“双向奔赴”，在德胜新村精彩上演，厚描出惠民暖色调，重构了一个有人情味的“生活”（图5-13）。

图5-13　德胜社区红色三方邻里坊

谈及幕后推波助澜的这位老熟人，邢晓春感慨道："他是真真切切'从骂声中进来，从掌声中出去'，整个旧改过程，王院长亲力亲为、扎根德胜，听群众心声、解群众难题，规划设计哪能尽如人意，但是他从不抱怨，努力找寻居民需求的'最大公约数'，做出改造的最优解。"也正因此，王贵美赢得了群众的口碑，在拱墅区人大代表的选举中高票通过。

2. 接地气的想象力　走进"具体的生活里"

新老共生、烟火传续，这是老旧小区改造提升的应有之义。德胜新村老旧小区改造，同样也承接了小区居民对于美好生活的诸多想象。

王贵美始终坚持，"城市更新是建筑，是美学，是文化，更是围绕'人'的一系列布局。设计一个理想中的社区不难，但重建一种生活则需要'接地气'的想象力。"

因此，他更注重于构建一个接地气的"完整居住社区"。

走过中式的"翘屋角"门头，德胜新村向我们展开了一幅"热气腾腾"的生活图景——从乐龄养老生态圈到便民商业服务圈，再到文化教育学习圈和无障碍生活圈以及社区公共休闲圈，一个个"圈子"的叠加让德胜新村"有容乃大"，于方寸之地重建诸多生活场景，满足了居民在社区里的多元化需求。

王贵美介绍，规划设计要呈现的不能只停留在"美好生活"概念上，而是鲜活地发生在每个人身上的那些真实而具体的生活日常。为此，每一个以服务为导向的生态圈的建立，更需要精准地面向特定的人群，深入他们的生活，挖掘他们真正的需求，以他们的视角来构建其所需要的服务场景。

比如，社区乐龄养老生态圈，主要是为了满足老年人集"健养、乐养、膳养、休养、医养"于一体的需求。硬件设施上，将废弃的非机动车库改造成供社区居民居家养老的"阳光老人家"中心，设置了康养中心、阳光餐厅和慈善超市；软件服务上，引入第三方专业运营机构，建成杭州市首家社区护理中心"乐龄家护理中心"，配备内科、中医科、康复科等科室，为社区老年居民建立健康档案，并提供20张床位以接收具有拱墅户籍的失能和半失能老人。不仅如此，王贵美还自掏腰包，在主要通道与公共配套设施增设无障碍电子导盲系统，提高了小区的智能化与舒适性。

王贵美解释说："德胜新村小区大概有1万多人，老年人占了近三成，还有为数不少的残障人士，充分考虑这一现实情况，我们构建了社区乐龄养老生态圈，以更细致的笔法精细描画老人群体所需要的乐活全场景。正所谓服务无止境，我们的场景构建亦如是。"

深入小区，我们发现这样针对特定人群的服务场景全过程打造还有很多，拼凑出“完整居住社区”的一个个局部。

3. 空间的透气性 传递“重新生长的气息”

以往的德胜新村就像是一个硬壳核桃，学校、公园、草坪、道路、车库等，一个个功能区域密匝匝地裹在一起，彼此覆盖，充满了过载之感。

在王贵美看来，“德胜新村需要‘大口呼吸’，通过畅通道路和打开绿化等公共空间，以‘适当的留白’为居民的品质生活留有余地。”

打响“第一枪”的就是拓宽道路。据悉，王贵美团队在德胜新村累计拓宽道路1235平方米，打通了消防通道，既保证了“生命的宽度”，也消除了安全隐患，同时还增加了147个机动车停车位，大大缓解了老旧小区停车难的问题。

不仅如此，为了让小区里的交通更加顺畅，王贵美团队还针对关键堵点对症下药，利用点位“拆改”结合，打起了公共空间保卫战。

据了解，杭州市德胜小学位于小区核心区块，学校门口道路狭窄，且对面还有一个“走不进去”的口袋公园。每当放学时分，家长倚着电瓶车、自行车拥堵在那里，给小区交通造成了严重的困扰。

为此，王贵美团队重新梳理了学校门口的道路交通，将道路拓宽，同时合理地规整了绿化和人员动线，将口袋公园打开，开辟可供家长休憩的等候区域。不远处，还设置了风雨连廊、机动车停车区，进一步分散人流。

循着这样的思路，德胜公园也迎来了新生。昔日，这里灌木茂盛，杂草丛生，蚊虫众多，被部分居民戏称为“原始森林”，鲜有人问津。如今，德胜公园视野豁然开阔，凉亭矗立一角，一条人工小溪穿流而过，溪边芦苇摇曳，俨然一派江南小园林景象，公园还分为老人健身、儿童活动等四大区块，以满足不同居民的需求（图5-14）。

图5-14 改造后的德胜社区公共休闲圈

疏解空间、留白增绿，诸如此类的变化还有很多，王贵美笑言："即便螺蛳壳里做道场，也要讲究空间感和透气性，舒朗开来，品质生活自然而来。"

回溯德胜新村老旧小区改造的整个过程，我们可以看到王贵美解法的一二：重新梳理社区文化内核，先造社区共鸣，再以"完整居住社区"构建为亮点，赋能、加温、重置功能板块，实现"以人为本"的空间重构与社区激活，向新而兴，以此更好地延续社区生命。

而这个坚持以"社区居民"视角重构小区生活的人，坚定了人大代表履职方向，找到了终身事业。

王贵美始终关注城市更新这一与民生息息相关的领域，并颇有建树。目前，已承担住房和城乡建设部"美好环境与幸福生活共同缔造""城镇老旧小区改造有关政策研究""城镇老旧小区改造九项机制""城镇老旧小区安全隐患整治对策指南"等省部级课题研究15项，参与了《国务院办公厅关于全面推进城镇老旧小区改造工作的指导意见》、浙江省和杭州市的《城镇老旧小区改造技术指南》、《西藏自治区城镇旧改技术导则》等多项国家、省部市级行业标准规则和技术标准规范的制定。

一路行思，贯穿始终的是心系群众办实事的责任担当。王贵美认为，作为一个设计师，唯有将情怀作为前提，创造出的作品才能有高度更有温度。就在不久前，他又提交了一份人大代表建议——《关于加强未来社区综合运营的建议》，为城市建设献智献策。

关注人和城市的双向奔赴，王贵美努力将所思所想"刻"进城市发展的答卷，推动城市更新高质量发展，为熨帖民生厚描出一份精彩。

（作者：陈潇奕，2024-02-21报道）

第六章

结语和展望

共同富裕本身就是社会主义现代化的一个重要目标。我们要始终把满足人民对美好生活的新期待作为发展的出发点和落脚点，在实现现代化过程中不断地、逐步地解决好这个问题。浙江高质量发展建设共同富裕示范区，是国家部署的重要示范改革任务，为全国推动共同富裕提供省域范例。

扎实推进城镇老旧小区改造，是浙江践行这一任务的重要切面。随着本书对城镇老旧小区综合改造提升的深入探讨，一个个鲜活的改造案例以实景形式呈现出全省旧改深入推进、升级发展的新成果，蕴含着先行先试、特色创新的旧改“浙江经验”，也饱含浙江省打造共同富裕最小单元的“民生密码”。浙江省各地区以改造带动全面提升，围绕基础设施完善、居住环境整洁、社区服务配套、管理机制长效、小区文化彰显、邻里关系和谐等要求，重点抓好顶层设计、党建引领、规范管理等工作内容，持续扎实稳妥推进城镇老旧小区改造。

通过这些具体实践，浙江省不仅在物质层面上提升了居民的生活水平，更在精神和文化层面上丰富了居民的生活，实现了物业管理、养老托幼、停车加梯、文化健身等领域从无到有、从有到优的迭代升级；实现了社会理念全面转变，从“要我改”到“我要改”，从政府推动到自主更新，在不显性或隐性伤害转移他人财富下，居民有动力、有能力积极参与改造居住环境，生动展现了共同富裕的美好生活新图景。

城镇老旧小区改造事关社区民生，也关乎城市高质量发展。未来的城镇老旧小区改造，应更加注重存量时代下与城市规划的整体协调性，始终围绕人的需求，以去房地产化的内涵式发展眼光，持续推进老房子、老小区、老社区、老城区更新改造，系统推进好房子、好小区、好社区、好城区“四好”建设，让人民群众生活得更方便、更舒心、更美好。

共同富裕既是理想境界，更是实践创举。期待与社会各界携手，探索城市更新“共富新路径”，在推进共同富裕中展现新作为、彰显新亮点，为全国推动城镇老旧小区改造提供更多浙江样板和浙江智慧。行而不辍，未来可期！

参 考 文 献

［1］浙江省人民政府．袁家军：扎实推进共同富裕现代化基本单元建设　为共同富裕和现代化先行打牢基础［EB/OL］．［2022-05-28］．https://www.zj.gov.cn/art/2022/5/28/art_1554467_59707438.html.

［2］浙江省住房和城乡建设厅．浙江城市化发展综述［EB/OL］．［2021-12-03］．https://jst.zj.gov.cn/art/2021/12/3/art_1229601718_58928340.html.

［3］杭州网．2005年起，杭州实施大规模背街小巷改善工程［EB/OL］．［2021-05-14］．https://hznews.hangzhou.com.cn/chengshi/content/2021-05/14/content_7964614_0.htm.

［4］今日早报．杭州背街小巷改善工程　真正长久惠民［EB/OL］．［2011-01-12］．https://www.chinanews.com/estate/2011/01-12/2781597.shtml.

［5］宁波市人民政府．关于印发宁波市中心城区背街小巷综合整治实施方案的通知［EB/OL］．［2011-06-27］．https://www.ningbo.gov.cn/art/2011/6/27/art_1229541704_59032614.html.

［6］廊坊日报．浙江丽水：小巷工程让老街巷重获新生［EB/OL］．［2023-04-07］．https://new.qq.com/rain/a/20230407A06ML400.

［7］庆元网．浙江省小城镇环境综合整治行动实施方案［EB/OL］．［2017-02-03］．https://qynews.zjol.com.cn/qynews/system/2017/02/03/021033174.shtml.

［8］方臻子．浙江推进老旧小区加装电梯［N］．浙江日报，2023-07-13（02）.

［9］上虞区人民政府．绍兴市上虞区人民政府办公室关于高质量推进城镇老旧小区改造工作实施意见的通知［EB/OL］．https://www.shangyu.gov.cn/art/2023/10/9/art_1229345926_1888728.html.

［10］浙江省住房和城乡建设厅．浙江省住房和城乡建设厅关于省十二届政协四次会议第267号提案的答复［EB/OL］．［2021-12-30］．https://jst.zj.gov.cn/art/2021/12/30/art_1229159683_4851869.html.

［11］杭州市西湖区人民政府网．杭州市西湖区人民政府办公室关于印发西湖区老旧小区综合改造提升工作实施方案的通知（西政办〔2019〕58号）［EB/OL］．［2019-09-25］．https://www.hzxh.gov.cn/art/2019/9/25/art_1229312737_1422539.html.

［12］杭州市西湖区人民政府网．关于印发西湖区老旧小区综合改造提升工作实施方案的通知［EB/OL］．［2024-01-04］．https://www.hzxh.gov.cn/art/2024/1/4/art_1229312578_4229764.html.

［13］台晓玮．社区参与模式下的老旧小区改造策略探究［J］．工程建设与设计，2023（24）：13-15.

［14］浙江省住房和城乡建设厅．关于印发浙江省城镇老旧小区改造工作领导小组成员名单和成员单位职责分工的通知［EB/OL］．［2020-06-22］．https://jst.zj.gov.cn/art/2020/6/22/art_1229159343_48453350.html.

［15］浙江政府网．浙江省住房和城乡建设厅　浙江省发展和改革委员会　浙江省自然资源厅关于优化城镇老旧小区改造项目审批的指导意见［EB/OL］．［2020-07-30］．https://www.zj.gov.cn/art/

2020/7/30/art_1229278089_2120551.html.

[16] 浙江政府网. 浙江省住房和城乡建设厅 浙江省发展和改革委员会 浙江省自然资源厅关于优化城镇老旧小区改造项目审批的指导意见 [EB/OL]. [2020-07-30]. https://www.zj.gov.cn/art/2020/7/30/art_1229278089_2120551.html.

[17] 中华人民共和国国家发展和改革委员会. 浙江省温州市鹿城区聚焦“六民”举措聚力推动城镇老旧小区整体提升 [EB/OL]. [2022-03-11]. https://www.ndrc.gov.cn/xwdt/ztzl/czljxqgz/202203/t20220311_1319125.html.

[18] 浙江省人民政府. 宁波市海曙区“三公开三解决”推进老旧小区改造“蝶变新生”[EB/OL]. [2021-01-27]. https://www.zj.gov.cn/art/2021/1/27/art_1657786_59079615.html.

[19] 浙江省住房和城乡建设厅. 浙江省城镇老旧小区改造工作领导小组办公室关于公布浙江省城镇老旧小区改造专家库第一期人员名单的通知 [EB/OL]. [2021-05-18]. https://jst.zj.gov.cn/art/2021/5/18/art_1229159343_58926621.html.

[20] 浙江省人民政府. 湖州市吴兴区“社会力量+”精准服务“一老一小”[EB/OL]. [2022-08-05]. https://www.zj.gov.cn/art/2022/8/5/art_1229413434_59734436.html.

[21] 浙江建设. 亮点工作巡礼|温州市住房和城乡建设局：深入实施“三大革命” 以人为本打造老旧小区改造温州模式 [EB/OL]. [2024-01-10]. https://mp.weixin.qq.com/s/9gEDv8IinM5C7ozBYUAcyg.

[22] 浙江省住房和城乡建设厅. 浙江省住房和城乡建设厅关于深入推进城乡风貌整治提升 加快推动和美城乡建设的指导意见 [EB/OL]. [2023-11-08]. https://jst.zj.gov.cn/art/2023/11/8/art_1229159074_2495499.html.

[23] 住房和城乡建设部. 住房和城乡建设部关于开展2022年城市体检工作的通知 [EB/OL]. [2024-01-14]. https://www. gov. cn/zhengce/zhengceku/2022-07/09/content_5700178. html.

[24] 芜湖市镜湖区人民政府. 开展老旧小区体检 提升居民居住幸福感[EB/OL]. [2023-10-07]. https://www.whjhq.gov.cn/xwdt/bmdt/18397324.html.

[25] 湖州市人民政府. 安吉入选全国深化城市体检工作制度机制试点城市 [EB/OL]. [2023-07-13]. http://www.huzhou.gov.cn/art/2023/7/13/art_1229213489_59062448.html.

[26] 安吉发布. 城市怎么体检？安吉为全国打样！[EB/OL]. [2023-12-15]. https://mp.weixin.qq.com/s?__biz=MzA5Mzg5NzkyMQ==&mid=2650288400&idx=1&sn=5babaa3f38efec4ca831a181abd9e1b5&chksm=885a44bebf2dcda86b19e240a728c6deeec97c36e7a9f7b0669fd5994c7694f61188fd5a8daf&scene=27.

[27] 规划中国. 宁波：人本“真”体检，面向“真”更新 [EB/OL]. [2023-05-10]. https://mp.weixin.qq.com/s/4AgXYPi056rBBxX1Rq4qog.

[28] 宁波市自然资源和规划局. 为宁波城镇老旧小区改造提供高效便捷的信息化平台 [EB/OL]. [2020-08-11]. https://zgj.ningbo.gov.cn/art/2020/8/11/art_1229036864_54301336.html.

[29] 浙江省人民政府网. 鹿城区优化四大公开模式 传递旧改“好声音”推进“老破小”小区品质升级 [EB/OL]. [2023-07-28]. https://www.zj.gov.cn/art/2023/7/28/art_1229020401_60152896.html.

[30] 浙江省住房和城乡建设厅. 浙江杭州市临平区坚持“综合改一次”助力老旧小区焕颜新生 [EB/OL]. [2023-07-13]. https://www.zhjsw.cn/news/show-44399.html.

［31］宁波市住房和城乡建设局．宁波三项经验做法获全国推广！住房和城乡建设部印发城镇老旧小区改造可复制政策机制清单（第七批）［EB/OL］．［2023-06-12］．http://zjw.ningbo.gov.cn/art/2023/6/12/art_1229126185_58921254.html.
［32］浙江省住房和城乡建设厅．湖州市建设局"三步走"推进老旧小区改造拆改利用新模式［EB/OL］．［2021-09-16］．https://jst.zj.gov.cn/art/2021/9/16/art_1569972_58927654.html.
［33］上海市规划和自然资源局．关于印发《上海市15分钟社区生活圈规划导则（试行）》的通知［EB/OL］．［2016-08-15］．https://hd.ghzyj.sh.gov.cn/zcfg/ghss/201609/t20160902_693401.html.
［34］李萌．基于居民行为需求特征的"15分钟社区生活圈"规划对策研究［J］．城市规划学刊，2017，233（01）：111-118.
［35］中华人民共和国中央人民政府．商务部等12部门关于推进城市一刻钟便民生活圈建设的意见［EB/OL］．［2021-05-28］．http://www.gov.cn/zhengce/zhengceku/2021-06/03/content_5615099.html.
［36］王贵美．城镇老旧小区改造中构建完整居住社区的探索［J］．城乡建设，2021（4）：14-17.
［37］王贵美．构建完整居住社区的实践——以浙江省杭州市德胜新村老旧小区改造为例［J］．城乡建设，2021（4）：18-23.
［38］浙江省住房和城乡建设厅网．浙江省住房和城乡建设厅关于深入推进城乡风貌整治提升　加快推动和美城乡建设的指导意见［EB/OL］．［2023-11-08］．https://jst.zj.gov.cn/art/2023/11/8/art_1229159074_2495499.html.
［39］浙江政务网．杭州将对670个老旧小区进行综合改造提升　［EB/OL］．［2023-05-17］．https://www.hangzhou.gov.cn/art/2023/5/17/art_812262_59080303.html.
［40］孙德芳，沈山，武廷海．生活圈理论视角下的县域公共服务设施配置研究——以江苏省邳州市为例［J］．规划师，2012，28（8）：68-72.
［41］浙江省发展与改革委员会．省政府印发《浙江省未来社区建设试点工作方案》［EB/OL］．［2019-03-25］．https://fzggw.zj.gov.cn/art/2019/3/25/art_1599545_34126877.html?eqid=adddc1ec000588f7000000056461f356.
［42］王光辉，何颖．未来社区建设背景下的老旧小区改造提升实践［J］．建设科技，2023.
［43］金华市人民政府．金华市深化低效用地再开发工作实施意见［EB/OL］．［2020-12-10］．http://www.jinhua.gov.cn/art/2020/12/10/art_1229160383_1712839.html.
［44］杭州市人民政府．269个惠及近10万户　老旧小区改造民生实事超额完成［EB/OL］．［2023-12-26］．https://www.hangzhou.gov.cn/art/2023/12/26/art_812262_59091422.html.
［45］杭州日报．富阳百亿专项债绘出"安居乐业共富图"［EB/OL］．［2022-5-19］．https://baijiahao.baidu.com/s?id=1733243145499042687&wfr=spider&for=pc.
［46］浙江在线．"综合改一次"杭州出台老旧小区管线改造指导意见［EB/OL］．［2020-07-06］．http://hangzhou.zjol.com.cn/jrsd/bwzg/202007/t20200706_12113001_ext.shtml.
［47］浙江省住房和城乡建设厅．浙江省住房和城乡建设厅关于省十三届人大五次会议丽69号建议的答复［EB/OL］．［2021-12-30］．https://jst.zj.gov.cn/art/2021/12/30/art_1229159667_4851920.html.
［48］中国建设新闻网．国家开发银行、中国建设银行　支持市场力量参与城镇老旧小区改造签约仪

式在北京举行［EB/OL］.［2020-07-20］. http://www.chinajsb.cn/html/202007/20/11900.html.

［49］浙江日报. 浙江老旧小区改造　钱从哪里来？国开行金融“活水”来了［EB/OL］.［2021-02-02］. https://baijiahao.baidu.com/s?id=1690576220140464169&wfr=spider&for=pc.

［50］浙江省住房和城乡建设厅. 浙江省住房和城乡建设厅关于省十三届人大五次会议温111号建议的答复［EB/OL］.［2021-12-30］. https://jst.zj.gov.cn/art/2021/12/30/art_1229159667_4851987.html.

［51］中国建设银行. 建设银行：为北京城市更新做好“新金融加法”［EB/OL］.［2022-07-15］. http://www2. ccb.com/cn/ccbtoday/newsv3/20220715_1657852333. html.

［52］中国政府网. 住房城乡建设部关于扎实有序推进城市更新工作的通知［EB/OL］.［2023-07-05］. https://www.gov.cn/zhengce/zhengceku/202307/content_6891045.htm.

［53］中国商报. 完善金融支持体系“护航”城市更新［EB/OL］.［2023-07-26］. https://baijiahao.baidu.com/s?id=1772468610770630038&wfr=spider&for=pc.

［54］中华人民共和国中央人民政府. 中共中央　国务院关于加强基层治理体系和治理能力现代化建设的意见［EB/OL］.［2021-04-28］. https://www.gov.cn/zhengce/2021-07/11/content_5624201.htm.

［55］中国共产党新闻网. 浙江杭州市拱墅区：打造党建统领融合型大社区大单元治理新模式［EB/OL］.［2022-07-29］. http://dangjian.people.com.cn/n1/2022/0729/c441888-32489681.html.

［56］中共杭州市委　杭州市人民政府. 杭州市城乡建设委员会关于市政协十二届二次会议第427号提案的答复［EB/OL］.［2023-06-02］. https://www.hangzhou.gov.cn/art/2023/6/2/art_1229505914_4170267.html.

［57］中共杭州市委　杭州市人民政府. 杭州市人民政府办公厅关于全面推进城市更新的实施意见［EB/OL］.［2023-05-11］. https://www.hangzhou.gov.cn/art/2023/5/19/art_1229063382_1831751.html?eqid=d63ba28f00026c4700000004646d5fab.

［58］杭州市拱墅区人民政府. 拱墅：大社区照护服务助力家门口的“老有康养”［EB/OL］.［2023-11-17］. http://www.gongshu.gov.cn/art/2023/11/17/art_1229704688_59077427. html.

［59］杭州西湖区门户网站. 住有宜居：“幸福荟”民生综合体捧回省级奖项，在西湖区“共享”幸福［EB/OL］.［2023-12-21］. http://www.hzxh.gov.cn/art/2023/12/21/art_1229773605_59034496.html.

［60］杭州财政网. 西湖财政：助力打造西湖“幸福荟”创新基层社会治理体系建设［EB/OL］.［2023-06-19］. http://czj.hangzhou.gov.cn/art/2023/6/19/art_1651747_58982286.html.

［61］瓯海新闻网. “共享社・幸福里”的银发力量［EB/OL］.［2023=05-14］. https://wdapp.wzrb.com.cn/app_pub/xw/ll2/202305/t20230514_417771.html?docId=417771.

［62］鹿城新闻网. “织就”美好生活画卷，蒲鞋市街道推进“共享社・幸福里”建设［EB/OL］.［2022-12-05］. https://www.66lc.com/lcyw/202212/t20221205_7728524.shtml.

［63］腾讯网. 效果图惊艳曝光！城西这个老旧小区即将改造为“未来社区”，快来看看有你家吗？［EB/OL］.［2022-02-12］. https://new.qq.com/rain/a/20220212A02CDJ00.

［64］浙江省住房和城乡建设厅. 台州市椒江区云港未来社区融合六点民生　共建旧改典范［EB/OL］.［2024-01-29］. https://jst.zj.gov.cn/art/2024/1/29/art_1569972_58934946.html.

［65］蒋敏华，李毅恒. 浙江诞生首个危旧小区自主更新案例　浙工新村548户居民自掏5亿重建小

区［N］. 钱江晚报，2024-01-11.

［66］杭州市城乡建设委员会. 以浙工新村更新为试点　探索在城市危旧小区推进居民自主更新［EB/OL］.［2023-12-27］. https://mp.weixin.qq.com/s/luBd-lXOV6bRsf9LKQLWMg.

［67］潮新闻. 东清大厦“蝶变”　依法依规让老旧高层改造更“笃定”［EB/OL］.［2021-01-29］. https://tidenews.com.cn/news.html?id=2701304.

［68］浙江日报. 在旧改中率先构建“完整居住社区”　探索民生改善与城市升级双向同步新模式　泛城设计：老旧小区的“逆袭”密码［EB/OL］.［2021-07-05］. https://zjrb.zjol.com.cn/html/2021-07/05/content_3452260.htm?div=-1.

［69］浙江日报. 杭州德胜新村构建“完整居住社区”，以小改造驱动大变革——泛城设计：让老旧小区成为共富重要单元［EB/OL］.［2021-08-03］. https://zjrb.zjol.com.cn/html/2021-08/03/content_3461710.htm?div=-1.

［70］浙江日报. 深耕细作城市更新行业　致力建设共富基本单元　泛城设计：争当以未来社区理念推进城镇旧改实践先行者［EB/OL］.［2021-11-29］. https://zjrb.zjol.com.cn/html/2021-11/29/content_3496208.htm?div=-1.

［71］浙江日报. 直击杭州翠苑一区未来社区综合提升改造工程现场　未来社区的“泛城”实践［EB/OL］.［2022-04-22］. https://zjrb.zjol.com.cn/html/2022-04/22/content_3544092.htm?div=-1.

［72］浙江日报.“点亮”社区　重构生活——以杭州市德胜新村老旧小区改造为例［EB/OL］.［2024-02-21］. https://zjrb.zjol.com.cn/html/2024-02/21/content_3722109.htm?div=-1.

致　谢

本书书写的初衷，是见证浙江省各市、县（区）在践行共同富裕建设，实施城镇老旧小区改造中创造的一个个鲜活有特色的实践案例，还有贯穿于城镇老旧小区改造全过程中政府、居民和社会多方的共同努力，希望能够以笔墨展示这一宏大民生工程背后不可或缺的力量。

这之中，有广大居民对美好生活的质朴纯真的共同向往，有浙江各级政府各部门积极践行八八战略，勇于担当、不断创新的实干精神，还有广大基层工作者和社区服务者穿梭巷陌，竭尽全力地默默付出，以及建设工作者坚守的理想信念和美好情怀。很遗憾这些深刻真实的人文精神难以在本书中一一呈现和记录，因此在本书付梓出版之际，特作如下说明，表达本书编审委员会深深的感激之情。

这里要诚挚感谢浙江省住房和城乡建设厅，浙江省各市、县（区）住房和城乡建设部门对本书撰写过程中的指导和帮助，不仅提供了丰富的图文资料，还提出了诸多宝贵意见与建议。同时要感谢所有入编案例属地街道、社区工作人员的全力配合，他们在百忙之中协助本书的调研工作，从中帮忙联络安排，并且对社区治理提出了富有实践的真知灼见，在整个调研中看到所有基层干部事必躬亲，很多社区支部书记在实地走访中对每户居民情况如数家珍，也让本书获得了生动丰富的一手资料。

期待本书的字里行间能够展现“浙江建设”勇立潮头的风貌，能够给全国城镇老旧小区改造提供有益的经验借鉴。限于水平和时间，本书难免有疏漏和不足之处，恳请广大读者批评指正。